高等学校数学系列教材

# 高 等 数 学
## （文科微积分）

主　编　铁　军　车维平　徐隆洋
副主编　张　硕　刘玥琳
主　审　刘红梅　康承秀　冀有虎

U0390948

国防工业出版社
·北京·

# 内 容 简 介

本书主要内容有高等数学课程思政导论、函数、极限与连续、导数与微分、导数的应用、不定积分、定积分及其应用和微分方程。各节后附有适量的习题,书后附有习题答案。全书难易适度、结构严谨、重点突出、理论联系实际,有利于提高普通高等院校本科学生、高职高专学生的解题能力,特别是学生对基础理论的掌握和思想方法的学习,以及有利于培养他们的抽象思维能力、逻辑推理能力、空间想象能力和自学能力。

本书适合作为普通高等院校和高职高专院校理工科、经管类、农林牧渔及医学类等专业学生的教材。

**图书在版编目(CIP)数据**

高等数学.文科微积分 / 铁军,车维平,徐隆洋主编 . —北京:国防工业出版社,2023.6
ISBN 978-7-118-12934-2

Ⅰ.①高… Ⅱ.①铁…②车…③徐… Ⅲ.①高等数学—高等学校—教材 Ⅳ.①O13

中国国家版本馆 CIP 数据核字(2023)第 077778 号

※

国防工业出版社出版发行
(北京市海淀区紫竹院南路 23 号 邮政编码 100048)
三河市天利华印刷装订有限公司印刷
新华书店经售
*
开本 787×1092 1/16 印张 12¼ 字数 270 千字
2023 年 6 月第 1 版第 1 次印刷 印数 1—2000 册 定价 39.80 元

**(本书如有印装错误,我社负责调换)**

国防书店:(010)88540777 书店传真:(010)88540776
发行业务:(010)88540717 发行传真:(010)88540762

# 前　言

　　高等数学是高等院校大多数专业必修的一门重要基础课,该课程在自然科学、工程技术和经济管理等很多领域有着广泛的应用。通过对该课程的学习,学生能够掌握高等数学的基本理论和基本方法,对自身能力的培养(如逻辑推理能力、抽象思维能力)和数学素养的提高也有着重要的作用,并且为一些后续课程的学习及在各个领域进行理论研究和实践工作提供必要的保证。

　　本书根据高等教育数学课程的基本教学要求,结合作者多年的教学实践、教学改革经验,以及课程思政的要求,遵循以应用为目的,以"易学、必需、够用"为原则编写而成的。

　　本书按照党的二十大精神和习近平新时代中国特色社会主义思想的科学体系,撰写了高等数学课程思政导论,通过高等数学的学习,有机融入社会主义核心价值观、中国优秀传统文化教育,特别是中国特色社会主义的"四个自信"(道路自信、理论自信、制度自信、文化自信)教育的内容。

　　本书在内容的安排上具有以下特点:

　　(1)结构严谨,由浅入深、循序渐进、通俗易学,努力突出高等数学的基本思想和方法。一方面,使学生能够较好地了解各部分的内在联系,从总体上把握高等数学的思想方法;另一方面,培养学生的基本计算能力和严密的逻辑思维能力。

　　(2)简明实用。以提出问题或简单实例引入概念,力求深入浅出、通俗简单、难点分散;删去了一些烦琐的理论证明;引导学生理解概念的内涵和外延,培养学生用高等数学的思想和方法分析与解决实际问题的能力。

　　(3)叙述通俗易懂、语言简单明快、注意前后联系,使知识结构从逻辑上严密自然,恰当掌握其深度与广度,适于本科各专业使用,同时照顾到高职高专等不同层次的需求。

　　(4)主要包括高等数学课程思政导论、函数、极限与连续、导数与微分、导数的应用、不定积分、定积分及其应用和微分方程等内容。各节后附有适量的习题,书后附有习题答案。

　　本书在编写过程中,参考了众多的国内外教材,并得到了天津财经大学和国防工业出版社的鼎力相助,在此一并表示衷心感谢!

参与本书编写和提供帮助的还有姜铭久、王友雨、冀有虎、马薇、李永平、李自立、孙志慧、平国庆、孙丛丛等同志。

　　由于编者水平有限,加之时间仓促,书中难免有不妥之处,错误亦在所难免,希望读者批评指正。


编　者

2023 年 5 月

# 目　　录

# 第一章 高等数学课程思政导论

高校立身之本在于立德树人,党的二十大报告指出:"坚持为党育人、为国育才,全面提高人才自主培养质量,着力造就拔尖创新人才,聚天下英才而用之."数学既是语言也是文化,既是科学基础也是创新工具,它有重大的现实意义,可以说社会的每一次重大进步背后都有数学作为强有力的支撑.从某种意义上说,数学上的突破,往往会带动很多其他相关学科的重大突破.

本章按照习近平新时代中国特色社会主义思想的科学体系,通过高等数学的学习,有机融入社会主义核心价值观、中国优秀传统文化教育,特别是中国特色社会主义的"四个自信"(道路自信、理论自信、制度自信、文化自信)教育的内容.在高等数学课程知识中融入课程思政元素,强调主流价值引导与思政课程同向同行,形成协同效应;实现知识传授与价值引导的有机统一,引导"借助于鱼,学会去捕鱼",即把落脚点放在能力与素质的提高上.通过数学思想方法培养创新能力和熏陶科学素质,进而从僵固的知识发掘出灵活的能力,使知识成为能力的载体,用无形的能力牵导和带动对有形知识的掌握和理解,使能力成为知识大厦的向导.

本章重视习近平新时代中国特色社会主义思想和马克思主义科学方法论对高等数学的引领和渗透,瞄准"顶天立地"模式,寻求已知和未知的联系,真正掌握所学的数学知识.这样有利于在高等数学学习的早期就能使学生接受初步的数学建模和实践课题,启发创造性思维,提高分析问题、解决问题的能力.

在高等数学的学习过程中,深入领会党的二十大精神,深刻领悟过去五年工作和新时代十年伟大变革,深刻领悟"两个确立"的决定性意义,深刻领悟习近平新时代中国特色社会主义思想的世界观和方法论,深刻领悟以中国式现代化全面推进中华民族伟大复兴的使命任务,深刻领悟以伟大自我革命引领伟大社会革命的重要要求,深刻领悟团结奋斗的时代要求,不断增强"四个意识",坚定"四个自信",坚决做到"两个维护"、坚决捍卫"两个确立".从高等数学自身特点和人文角度思考,瞄准"顶天立地"模式有两层含义:一是在探究式学习和创新性思考方面的顶天立地;二是注重基础、勤于做题的立地与理念高远的顶天.

## 1.1 高等数学中的科学辩证法——马克思《数学笔记》原著研读

党的二十大报告深刻阐述了习近平新时代中国特色社会主义思想的世界观和方法论,即"六个必须坚持",深刻揭示了这一科学思想的理论品格和鲜明特质.牢牢把握习近平新时代中国特色社会主义思想的世界观和方法论,是学习贯彻党的二十大精神的重要遵循.根据《习近平总书记在纪念马克思诞辰 200 周年大会上的重要讲话》和《习近平总书记到北京大学考察时的重要讲话》,研读马克思《数学笔记》,读原著、学原文、悟原理,演示创新线、寻求创新点,提出马克思主义科学方法论是青年师生为人做学的必修课,更是升华观念、提高大学生创新能力和师德建设的重要途径.探索马克思《数学笔记》中的"术与道、创新、法与史",提出当代大学生应学习马克思具备知识探索者的素质,以做人为基点、做学问为途径,掌握习近平新时代中国特色社会主义思想和马克思主义科学方法论.

## 一、习近平总书记关于马克思数学成就和科学方法论的重要论述

2018年5月4日,习近平总书记在纪念马克思诞辰200周年大会上发表重要讲话时指出:"马克思主义理论的科学性和革命性源于辩证唯物主义和历史唯物主义的科学世界观和方法论,为我们认识世界、改造世界提供了强大思想武器,为世界社会主义指明了正确前进方向."

习近平总书记对于马克思的科学精神和数学成就给予高度评价:"即使在多病的晚年,马克思仍然不断迈向新的科学领域和目标,写下了数量庞大的历史学、人类学、数学等学科笔记.正如恩格斯所说:马克思在他所研究的每一个领域,甚至在数学领域,都有独到的发现,这样的领域是很多的,而且其中任何一个领域他都不是浅尝辄止."

## 二、马克思《数学笔记》是马克思主义科学方法论的重要内容

马克思的《数学笔记》在人类的历史上是一笔十分宝贵的财富,这笔财富对当时那个时代的人们,对如今的我们都有着极其深远的影响.马克思在他的《数学笔记》中展示了他对数学领域,尤其是微积分相关的领域做出的深入的研究,他在函数、变量、极限、微分、积分等方面都有所涉猎,这对于一个思想家来说实属不易.马克思的《数学笔记》除了论证了数学上的许多观点外,还巧妙地运用了辩证法的思想对这些观点加以佐证,辩证法思想在数学上的运用在世界数学史上不可不谓一个巨大的进步,它以不同的角度、变化的思维来认识事物,寻找世间万物之间的联系和影响,从而更好地研究数学问题,摆脱了前人对数学的"非此即彼"的认识,推动了数学极大的发展.辩证法的思想和数学关系密切,辩证法的思想在研究数学问题的过程中是一种具体的体现,而数学的发展则与辩证法的运用密不可分.这种辩证法的思想包含了运动观、信息观、时空观、系统观等观点,并且将这些观点巧妙地进行了联系、划分、转化、交错,使它们形成了一个整体的系统观点,辩证法思想的应用不仅推动了当时数学水平的发展,更是推动了当代数学水平的发展.

作为一个思想家,在研究经济学的过程中,马克思遇到了许多和数学相关的难题,这正是他开始研究数学的起因,但慢慢地他却深深迷恋数学不可自拔.他日复一日、年复一年,在数学这片广袤的田野里耕种,才有了如今我们能够研读的《数学笔记》.马克思创作的《数学笔记》汇集了,如布沙拉、辛德、拉库阿等人的思想,并且进行了反复推敲,继而总结和升华,最终形成了自己对数学的独特看法.

为了更好地撰写《资本论》,马克思系统地学习和研究了政治经济学原理,在他学习和研究的过程中经常遇到数学问题,为了解决这些问题,他便开始了对数学的研究.正如马克思曾在写给恩格斯的信中这样说到:"在制定政治经济学原理时,计算的错误大大阻碍了我,失望之余,只好重新坐下来把代数好好地温习一遍,算术我一向很差,不过间接地用代数方法,我很快又计算正确了".

马克思在《数学笔记》中对数学的研究与经济学研究紧密结合.在研究经济学问题时,

他充分利用数学的思想解决经济学问题,他曾在写给恩格斯的信中提到:"工资第一次被描写为'隐藏在它背后的一种关系的不合理的表现形式',这一点通过工资的两种形式,即计时工资和计件工资得到了确切的说明(在高等数学中常常可以找到这些公式,这对我很有帮助)."从这点可以看出马克思对数学的兴趣是由于他想把数学运用到经济学中而产生的.马克思也曾经说过:"一门学科,只有当它达到能够成功地运用数学时,才算是真正地发展了".

### 三、马克思创作《数学笔记》的灵感来源

19世纪60年代后,马克思研究了大量的微积分方面的书籍,如布沙拉、辛德、拉库阿等人撰写的著作.在研究中,马克思深深感到了数学的魅力所在,所以便产生了对数学,尤其是微积分领域的深入思考.之后,马克思便开始对微分、泰勒定理、导函数概念等数学问题的研究,并且撰写了一些著作.

马克思把微分学看作是一种在科学上的新发现,他经常在思索微分学和经济学之间的联系,目的是为了更好地研究经济学.在研究过程中,他对微分学有了非常生动而富有哲理的论述.

马克思曾经把微分学的约一百多年的发展分为三个阶段,分别是牛顿的"神秘微分学"阶段、莱布尼茨的"理性微分学"阶段和拉格朗日的"纯代数微分学"阶段.

在学习和研究微积分学的过程中,马克思遇到了很多困难,但是他并没有气馁,而是采用了辩证法来研究问题,最终成功地解决了这些问题,从而进一步深入理解了微积分这门学科.例如:在研究微积分中"极限"这一概念时,马克思通过阅读各种与之相关的教材,运用辩证法的观点,向世人证明了微积分学的博大精深.也许从现在世人对微积分学的认识来看,这些内容简单易懂,但在当时这却是马克思为探索微积分学而做出的历史性的努力.

通过运用辩证法来研究微分问题便也成为了马克思创作《数学笔记》的重要灵感来源.

### 四、剖析微积分概念定理及经济学中蕴含的辩证唯物主义思想

高等数学的主要内容是微积分,在微积分概念和定理中蕴含了丰富的辩证数学思想,如数学范畴(常量与变量、有限与无限、离散与连续、直线与曲线、线性与非线性、近似与精确、随机性与确定性、正运算与逆运算等)的对立统一、普遍联系相互制约、量变质变、否定之否定、数学化归、极限(无限迫近)思想.

马克思认为,数学是建立辩证唯物主义哲学的一个重要基础,所以他把对数学的研究当作是一种丰富辩证思维的不竭动力.通过多年来对数学的学习和研读,他认为,他已经在数学中找到了形式最简单并且最符合逻辑的辩证运动.恩格斯曾经这样说到:"高等数学的主要基础之一是这样一个矛盾,在一定条件下直线和曲线应该是一回事".

基于习近平新时代中国特色社会主义思想科学方法论和马克思《数学笔记》,微积分中辩证思想的具体体现是研究在一定条件下,使微积分中直与曲、常量与变量、有限与无限、局部与整体、近似与精确、特殊与一般、离散与连续、对立与统一、量变与质变、否定与肯定等基本矛盾的对立面相互转化.

同时,用辩证唯物主义的理论来分析和解决经济问题(表1),不仅可以准确地把握问题的实质,使学习和研究问题更加深入,还能提高和发展辩证思维能力,形成良好的科学的

思维方式.

极限思想中包含了变与不变、过程与结果、有限与无限、近似与精确、量变与质变以及否定与肯定的对立统一．在微积分中,处处存在着对立统一的概念．例如:常量与变量、有限与无限、局部与整体、近似与精确、微分与积分等.其中微分与积分自始至终贯穿于整个高等数学中,而微积分学基本定理揭示了微分和积分的内在联系,是它们由对立走向统一的桥梁.又如:无穷小量与无穷大量是对立的,也是统一的,两者之间可以通过倒数运算实现相互转换.由罗尔定理、拉格朗日定理、柯西定理组成的微分中值定理是微分学的理论基础,它们之间既有联系，又有区别，是一个由浅入深，由特殊到一般，逐步完善的过程．它们反映了人们认识客观世界的普遍规律，它们之间的关系体现了哲学中的特殊与一般的辩证统一关系．曲边梯形面积的计算，是先通过无限细分曲边梯形，然后用小矩形面积近似代替对应的小曲边梯形面积累加得到．这样一个先通过部分得到整体，以不变代替变化，然后在无限变化的过程中实现近似转化为精确的结果，深刻反映了近似与精确、部分与整体、有限与无限的辩证统一关系．

表 1　经济学中蕴含的辩证唯物主义思想

| 微积分理论 | 经济学应用 | 辩证法思想 |
|---|---|---|
| 函数图像 | 供应图与需求图 | 对立统一 |
| 导数 | 边际利润与成本、弹性分析 | 变与不变、过程与结果、有限与无限、近似与精确、量变与质变 |
| 极值问题 | 利润最大化、成本最小化、征税问题 | 整体与局部 |
| 积分 | 基尼系数、消费剩余与生产者剩余 | 近似与精确、部分与整体、有限与无限 |
| 无穷级数 | 市场经济中的蜘蛛网模型、乘数效应 | 有限与无限、近似与精确、量变与质变 |
| 差分方程 | 人口增长的 Logistic 模型 | 连续与离散 |

# 1.2　高等数学中的数学文化内容与价值

文化兴则国运兴,文化强则民族强．习近平总书记指出:"一个国家、一个民族的强盛,总是以文化兴盛为支撑的,中华民族伟大复兴需要以中华文化发展繁荣为条件.对历史文化特别是先人传承下来的道德规范,要坚持古为今用、推陈出新,有鉴别地加以对待,有扬弃地予以继承."党的十八大以来,以习近平同志为核心的党中央把文化建设提升到一个新的历史高度,把文化自信和道路自信、理论自信、制度自信并列为中国特色社会主义"四个自信".我国的文化建设在正本清源、守正创新中取得了历史性成就、发生了历史性变革,为新时代坚持和发展中国特色社会主义、开创党和国家事业全新局面提供了强大正能量．根据党的二十大报告中关于中华优秀传统文化、增强文化自信的论述,所以在高等数学课程中要不断推进社会主义文化强国建设,坚持守正创新,坚定文化自信,博大的开放气度,始终坚持人民至上的政治立场.

## 一、凝练数学文化,实现数学文化与创新精神同频共振

高等数学属于自然科学,课程思政隶属人文社会科学,将思政教育融入高等数学课程

中,是数学教育与德育教育相结合地体现,实现了自然科学与人文社会科学的相互交叉.我国的人文社会科学兼顾自然科学方面的研究,起始于南开大学顾沛教授.从 2001 年开始,顾沛教授开设全国第一门数学文化课,着重传授数学思想,并将自然科学和人文素质教育结合起来.

微积分是数学发展史上最重要的科学理论之一,它有着深厚的数学文化背景,凝聚了众多数学家的思想和智慧.当代数学分析权威 R. 柯朗曾经说过:"微积分乃是一种震撼人心灵的智力奋斗的结晶."微积分作为高等数学的基础理论,它处于自然科学与人文科学之间的地位.这门科学是一种撼人心灵的智力奋斗的结晶;这种奋斗经历了两千五百多年之久,它深深扎根于人类活动的许多领域,并且只要人类认识自己和认识自然的努力一日不止,这种奋斗就将继续下去.可以说,一部微积分的发展史,就是一部人类进步的文化史.

数学理论优美深刻,是全人类的共同财富.数学文化是优秀文化,美国当代数学家、教育家克莱因指出:"数学一直是一种重要的文化力量,具有极其重要的实用价值,在使人赏心悦目和提供审美价值方面,至少可以与其他任何一种文化门类媲美."数学是一种先进的文化,数学教学体现了素质教育的精神,为数学教学与课程思政的融合创造了条件.当代数学史上有很多辈数学家追求真理、攻坚克难、兢兢业业的励志故事,他们厚植爱国主义情怀、扎根于中国土地,创造出了世界一流的数学成果.

以华罗庚先生为例.1936 年华罗庚前往英国剑桥大学学习,抗日战争期间回到灾难深重的祖国,并在昆明的一个吊脚楼上写出了堆垒数论.1950 年他放弃了美国优越的生活条件和良好的研究环境,克服重重困难回到祖国怀抱,投身我国数学教育和研究事业.归途中,他写了一封致留美学生的公开信,信中说:"为了抉择真理,我们应当回去;为了国家民族,我们应当回去;为了为人民服务,我们应当回去;就是为个人出路,也应当早日回去,建立我们工作的基础,为我们伟大祖国的建设和发展而奋斗!"华罗庚凭借自己的智慧和巨大的影响力,为中国数学事业的发展做出了巨大的贡献,被誉为"人民的数学家".

在世界数学发展史上,也不乏信念坚定、砥砺奋斗的感人例子.例如:陈景润先生凭借其对数学的热爱和坚强的毅力,克服种种困难,在十分艰苦的条件下攻克了世界著名数学难题"哥德巴赫猜想"中的"1+2",发表了题为《大偶数表为一个素数及一个不超过两个素数的乘积之和》的学术研究论文.该研究成果震撼全世界,成为研究"哥德巴赫猜想"发展史上的里程碑.

数学文化蕴含着创新意识与创新精神,这也是一流数学人才必须具备的.在我国数学发展史上,刘徽开创了"割圆术"探索圆周率的精确方法,祖冲之在此基础上运用开幂法,实现了创新与突破,并首次将"圆周率"精算到小数第七位,即在 3.1415926 和 3.1415927 之间.这是对中国乃至世界数学研究的重大贡献,使得当时中国的数学研究水平领先世界近千年.南宋数学家秦九韶的《数书九章》,标志着世界数学在中世纪达到的最高水平.他始创"大衍求一术"(求解一次同余式组的算法),在数学界被冠以"中国剩余定理";他提出的"正负开方术"(高次方程求正根法),则称为"秦九韶算法".

## 二、数学文化的特征与辐射

习近平总书记指出:"中华民族创造了源远流长的中华文化,中华民族也一定能够创造出中华文化新的辉煌.独特的文化传统,独特的历史命运,独特的基本国情,注定了我们必然要走适合自己特点的发展道路．对我国传统文化,对国外的东西,要坚持古为今用、洋为中用,去粗取精、去伪存真,经过科学的扬弃后使之为我所用．"

数学作为一种文化,除具有文化的某些普遍特征外,还有区别于其他文化形态的独有特征:数学符号语言的简洁性,数学思维方法的独特性(抽象思维、逻辑思维、形象思维、直觉思维),数学之美的高雅性(简洁性、和谐性、统一性、奇异性),数学精神的深刻性,数学发展的时代性．

下面从数学与文学、数学与史学、数学与经济、数学与语言、数学与高科技等方面阐述数学文化的特征与辐射．

**1. 数学与文学**

数学与文学的联系源远流长,其中数学与文学的思考方法往往是相通的．比如:数学里有"对称",文学中则有"对仗"．对称是一种变换,变换后却有些性质保持不变．轴对称是依对称轴对折图形的形状和大小都保持不变.那么对仗是什么？无非是上联变成下联,但是字词句的某些特性不变,王维诗云"明月松间照,清泉石上流",这里明月对清泉都是自然景物没有变,形容词"明"对"清",名词"月"对"泉",词性不变,其余各词均如此．

运用数学研究《红楼梦》也是一个很好的例子．1980 年 6 月在美国威斯康星大学召开的首届国际《红楼梦》研讨会上,美籍华裔学者陈炳藻宣读了论文《从词汇统计论〈红楼梦〉的作者》．

更令人吃惊的是,有人把数学、物理中的谱频分析概念与快速傅里叶变换密切联系,并成功地运用于文学研究。文学作品的微量元素,即文学的"指纹",就是文章的句型风格,其判断的主要方法是谱频分析.日本有的专家利用谱频分析,随意挑选一段文字,不讲明作者,经过分析后就可以准确判断是谁的作品．

**2. 数学与史学**

把数学方法引入到史学研究中,就产生了一门新学科——史衡学．由于数学方法的引进,开拓了史学研究的新领域,同时使加工、整理更科学化、准确化．数学的介入,排除了较多的人为主观因素.近年来,网络新媒体、数字化的出现,更为史学研究添虎翼之功．

**3. 数学与经济**

数学与经济学可以说密不可分,以至于在今天不懂数学就无法研究经济．当今世界,人们需要运用数学建立经济模型,寻求经济管理中的最佳方案,运用数学方法组织、调度、控制生产过程,从数据处理中获取经济信息等,使得代数学、分析学、概率论和统计数学等大量数学的思想方法进入经济学领域,并反过来促进了数学科学的发展．今天,一位不懂数学的经济学家是决不会成为一位杰出经济学家的．1969—1981 年 13 位诺贝尔经济学奖的获得者中,有 7 位获奖者是因其杰出的数学工作起了主要作用．其中苏联数学家坎托罗维奇因对物资最优调拨理论的贡献而获 1975 年诺贝尔经济学奖,他也被公认为现代经济数学理论的奠基人．Klein 因"设计预测经济变动的计算机模式"而获 1980 年诺贝尔经济学奖.Tobin 因"投资决策的数学模型"而获 1981 年诺贝尔经济学奖．Debren 获 1982—1983 年诺贝尔经济学奖,而他的主要工作都反映在数学上．

**4. 数学与语言**

法国数学家阿达马曾经说过,语言学是数学和人文科学之间的桥梁．数学与语言学的结合非常密切,包括产生了新兴的学科——数理语言学、计算语言学.把演绎方法引入语言学,建立了代数语言学,特别是借助计算机,对语言进行整理和编撰辞书都已经比较普遍.

**5. 数学与高科技**

数学与高科技的相互渗透,在今天已经非常广泛和深刻.作为高新技术的应用科学,其基础就是数学,高科技在本质上是一种数学技术和数学应用较为密切的高技术领域,如现代能源科学、航空航天技术、空间科学、遥感技术、生命科学、人工智能、微电子技术、系统科学、现代通信技术、芯片技术等.其实各行业都有各自的高技术领域,但它们与数学往往密切相关.

# 1.3  数学中的中国传统文化

本节将介绍中华民族古代数学取得的光辉成就.习近平总书记指出:"中华民族具有5000 多年连绵不断的文明历史,创造了博大精深的中华文化,为人类文明进步做出了不可磨灭的贡献.经过几千年的沧桑岁月,把我国 56 个民族、13 亿多人紧紧凝聚在一起的,是我们共同经历的非凡奋斗,是我们共同创造的美好家园,是我们共同培育的民族精神,而贯穿其中的、更重要的是我们共同坚守的理想信念."

## 一、中国古代光辉的数学成就

数学是一切科学技术发展的基础,素有"科学之王"的美誉.在中国历史上,中华民族以非凡的勤劳和智慧,在古代数学王国里耕耘拼搏,创造了世界第一流的研究成果.中国传统数学曾长期在世界上领先.中国在约 1800 年间是数学大国,在约 1600 年间是数学强国.可以说,在世界文明的长河中,中国的数学研究大约有三分之一的时间居于世界领先地位.

从《周髀算经》《九章算术》以及 2000 年公布的《算数书》来看,战国时期(公元前 475—前 221 年)数学已相当发达.中国战国时期的数学与古希腊的数学东西辉映.大约在《九章算术》编定时(公元 1 世纪左右)中国取代了古希腊成为世界数学研究的中心.实际上,从中国成为数学大国起有三次大的发展高潮.

中国传统数学的第一个发展高潮发生在战国至西汉时期.其标志是《算数书》《周髀算经》《九章算术》.《九章算术》是中国传统数学最重要的经典著作,它使中国传统数学在分数四则运算、比例和比例分配算法、盈不足算法、开平方法与开立方法、线性方程组解法、正负数加减法则、解勾股形和勾股数组等方面都走在了世界的前列.《九章算术》奠定了中国传统数学的基本框架.

中国传统数学的第二个发展高潮发生在魏晋南北朝时期.其标志是刘徽的《九章算术注》(公元 263 年)和祖冲之(429—500 年)的数学成就.受当时辩难之风的影响,刘徽以演绎逻辑为主要方法全面证明了《九章算术》的公式解法,奠定了中国传统数学的理论基础.刘徽在圆面积公式和"刘徽原理"的证明中,在世界数学史上首次将极限思想和无穷小分割方法引入数学证明;首创了求圆周率精确近似值的科学方法,在开方不尽时提出用"微数",即十进分数逼近无理根的方法,奠定了中国圆周率计算领先世界千余年的基础;"刘徽原理"将多面体体积理论建立在无穷小分割基础之上,实际上已经开始探讨希尔伯特第三问题(1900 年).祖冲之将圆周率精确到 8 位有效数字并提出密率 355/113,领先世界千年左右.他和他的儿子(祖暅之)还在"刘徽原理"的基础上提出"祖暅之原理",彻底解决了球体问题.

中国传统数学的第三个发展高潮发生在宋元时期.其主要有两个方向:第一个方向是高深数学的研究.许多著作已经失传,现存重要的有:北宋贾宪(11世纪上半叶)撰《黄帝九章算经细草》,进一步抽象《九章算术》的算法,创造"开方作法本源"(贾宪三角)和"增乘开方法",奠定了宋元数学高潮的基础.南宋秦九韶(约1202—1261年)撰《数书九章》(1247年),提出"大衍总数术",完善了一次同余式组解法,并把以增乘开方法为主导的高次方程数值解法发展到十分完备的程度.金元李冶(1192—1279年)撰《测圆海经》(1248年)、《益古演段》(1259年),其集此前勾股容圆知识之大成,同时完善了设未知数列方程的方法"天元术".元朱世杰撰《算学启蒙》(1299年)、《四元玉鉴》(1303年),提出"四元术",即多元高次方程组解法,并在沈括(1031—1095年)、杨辉(13世纪)、王恂(1235—1281年)、郭守敬(1231—1316年)等的基础上将高阶等差级数求和问题和高次招差法发展到相当完备的程度.这些成就大多超前于西方文明几个世纪,有的问题是欧洲17—19世纪的数学大师才开始解决的.第二个方向是自唐中叶起随着商业发展的需要,改进筹算的乘除捷算法,导致了珠算盘的产生.珠算盘在明代最终取代了算筹,完成了计算工具的改革.至今在中国、日本和东南亚地区人们的生产、生活中珠算都发挥着重要的作用.到目前为止,《四元玉鉴》是中国传统数学现存水平最高的著作.

极限是高等数学重要概念之一,贯穿微积分的发展,是微积分的灵魂.刘徽发明的割圆术利用圆内接正多边形来推算圆面积,是极限思想在几何应用深刻的论述,奠定了他在微积分历史上的不朽地位;庄子提出"一尺之棰,日取其半,万世不竭",暗含了朴素的无穷思想和极限思想.从他们可以了解中国古人伟大的智慧和创造,激励我们树立"文化自信".

## 二、中华民族命运共同体——中国古代著名数学家简介

在中华民族的历史上涌现出了很多世界级的数学家.习近平总书记指出:"我国56个民族共同构成了你中有我、我中有你、谁也离不开谁的中华民族命运共同体.中华文明由中国各民族共创共传共享,形成了悠久的民族共同体传统,充分体现了鲜明的民族和谐交往之道."

### 1. 刘徽的数学成就

在《隋书·律历志》中提到"魏陈留王景元四年刘徽注九章",由此可以知道刘徽是公元3世纪魏晋时人,并于公元263年(景元四年)撰《九章算术注》.《九章算术注》包含了刘徽本人的许多创造,完全可以看成是独立的著作,奠定了这位数学家在中国数学史上的不朽地位.

刘徽数学成就中最突出的是"割圆术"和体积理论.

### 2. 祖冲之和祖暅之

祖冲之(429—500年),字文远,范阳郡遒县(今河北省涞水县)人,南北朝时期杰出的数学家、天文学家.其一生钻研自然科学,主要贡献在数学、天文历法和机械制造三方面.他在刘徽开创的探索圆周率的精确方法的基础上,首次将"圆周率"精算到小数第7位,即在3.1415926和3.1415927之间,他提出的"祖率"对数学的研究有重大贡献.直到16世纪,阿

拉伯数学家阿尔·卡西才打破了这一纪录.祖冲之因此入选世界纪录协会的世界第一位将圆周率值计算到小数第 7 位的科学家.祖冲之还给出圆周率($\pi$)的两个分数形式:22/7(约率)和 355/113(密率),其中密率精确到小数第 7 位.祖冲之对圆周率数值的精确推算值,对于中国乃至世界是一个重大贡献,后人将"约率"用他的名字命名为"祖冲之圆周率",简称:"祖率".由他撰写的《大明历》是当时最科学最进步的历法,对后世的天文研究提供了正确的方法.其主要著作有《安边论》《缀术》《述异记》《历议》等.

祖暅(456—536 年),一作祖暅之,字景烁,范阳遒县(今河北涞水)人,南北朝时期数学家、天文学家,祖冲之之子.他与祖冲之一起圆满解决了球面积的计算问题,得到正确的体积公式,并据此提出了著名的"祖暅原理".祖暅与祖冲之总结了魏晋时期著名数学家刘徽的有关工作,提出"幂势既同则积不容异",即等高的两立体,若其任意高处的水平截面积相等,则这两立体体积相等,这就是著名的祖暅公理(或刘祖原理).祖暅应用这个原理,解决了刘徽尚未解决的球体积公式.该原理在西方直到十七世纪才由意大利数学家卡瓦列利(Bonaventura Cavalieri)发现,比祖暅晚一千一百多年.

### 3. 贾宪和杨辉

贾宪是中国十一世纪上半叶(北宋)的杰出数学家,曾撰《黄帝九章算法细草》(九卷)和《算法古集》(二卷),都已失传.据《宋史》记载,贾宪师从数学家楚衍学天文、历算,著有《黄帝九章算法细草》《释锁算书》等书.此外,"立成释锁开方法"的给出、"勾股生变十三图"的完善,以及"增乘方求廉法"的创立,都表明贾宪对算法抽象化、程序化、机械化做出了重要贡献.贾宪著作已佚,但他对数学的重要贡献被南宋数学家杨辉引用,得以保存下来.

杨辉著《详解九章算法》(1261 年)中曾引用贾宪的"开方作法本源"图(指数为正整数的二项式展开系数表,现称:"杨辉三角形")和"增乘开方法"(求高次幂的正根法)."杨辉三角形"比帕斯卡(1623—1662 年)的求解三角形方法早 600 年,"增乘开方法"比霍纳(1786—1837 年)的求解三角形方法(1819 年)早 770 年.

### 4. 秦九韶

秦九韶(1208—1268 年),字道古,祖籍鲁郡(今河南省范县),出生于普州(今资阳市安岳县),南宋著名数学家.其与李冶、杨辉、朱世杰并称宋元数学四大家.他在 1247 年完成著作《数书九章》,其中的大衍求一术(一次同余方程组问题的解法,也就是现在所称的中国剩余定理)、三斜求积术和秦九韶算法(高次方程正根的数值求法)是具有世界意义的重要贡献,表述了一种求解一元高次多项式方程的数值解的算法——正负开方术.

《数书九章》是对《九章算术》的继承和发展,概括了宋元时期中国传统数学的主要成就,标志着中国古代数学的高峰.当它还是抄本时就先后被收入《永乐大典》和《四库全书》.秦九韶的成就也代表了中世纪世界数学发展的主流与最高水平,在世界数学史上具有崇高的地位.美国著名科学史家萨顿称秦九韶"他是那个民族、他那个时代,并且确实也是所有时代最伟大的数学家之一".

### 5. 明安图

明安图(1692—1765 年),字静庵,清代杰出的数学家、天文历法学家和测绘学家,是中国古代少有的多学科科学家之一.他学识渊博,研究领域广泛,不仅在数学研究中有重大突破,而且在天文历法、地图测绘等方面都做出了巨大贡献.明安图在研究工作中运用了严密的逻辑推理,这在中国古代数学史上是罕见的.他一共提出了九个基本方程,列出三角函数和反三角函数的幂级数表达式,并且计算出展开式的各项系数,为三角函数和反三角函数的解析研究开辟了新的途径.明安图在数学研究上的丰硕成果在中国数学史上具有重要地位,被清朝学者称为"明氏新法""弧矢不祧之祖".他在数学上的贡献对中国近代数学的发展产生了深远的影响.

# 第二章 函数、极限与连续

高等数学的主要研究对象是函数,函数是现代变量数学的核心概念之一. 极限方法是高等数学的基本分析方法,极限定义是微积分的主要思想和理论基础,而函数的连续性是可导性与可积性的重要条件. 本章将归纳温习函数的基础知识并讨论数列和函数的极限、函数的连续性与间断点.

## 2.1 函 数

在现实生活和科学技术中,事物的运动和静止是对立统一的. 17 世纪初,数学家们首先从对运动(如力学、天文、航海问题等)的研究中引出了函数这个基本概念. 在那以后的二百多年里,这个概念在变量数学涉及的几乎所有的科学研究工作中占据了中心位置. 现代的机械、电子、土木建筑、经济、金融乃至航空航天、国防军工、芯片和大数据的研究经常用到函数这一基本概念.

本节将介绍函数的概念、定义域、函数的复合运算、初等函数与函数的特性.

数学中的中国传统文化——函数:

中文数学书上使用的"函数"一词是转译词,是我国清代数学家李善兰在翻译《代数学》(1859 年)一书时把"function"译成"函数"的. 中国古代"函"字与"含"字通用,都有"包含"的意思,李善兰给出的定义是:"凡式中含天,为天之函数."中国古代用天、地、人、物 4 个字来表示 4 个不同的未知数或变量.这个定义的含义是:"凡是公式中含有变量 $x$ ,则该公式叫作 $x$ 的函数."所以,"函数"是指公式里含有变量的意思.我们所说的方程的确切定义是指含有未知数的等式.但是"方程"一词在我国古代的数学专著《九章算术》中,意思指的是包含多个未知量的联立一次方程,即所说的线性方程组.

### 一、函数的概念

**定义**:设 $x$ 与 $y$ 是两个变量, $D$ 是一个给定的数集. 如果对于每个数 $x \in D$ ,变量 $y$ 按照一定法则 $f$ 总有确定的数值与之对应,则称 $y$ 是 $x$ 的函数,记作 $y = f(x)$ . 数集 $D$ 叫做这个函数的定义域, $x$ 叫做自变量, $y$ 叫做因变量. 当 $x$ 遍取 $D$ 的各个数值时,对应的函数值全体组成的数集:

$$W = \{y \mid y = f(x), x \in D\}$$

称为函数的值域.

关于函数的概念,大家需要注意以下情形:

(1) 函数的定义域是自变量 $x$ 的取值范围,它是函数的重要组成部分. 如果两个函数的定义域不同,不论对应法则相同与否,都是不同的函数. 例如: $y = x^2 (x \in \mathbf{R})$ 与 $y = x^2 (x$

$> 0$) 是不同的两个函数.

（2）对应法则是函数的核心. 一般地,在函数 $y = f(x)$ 中,$f$ 代表对应法则,$x$ 在 $f$ 的作用下可得到 $y$,因此,$f$ 是使对应得以实现的方法和途径,是联系 $x$ 与 $y$ 的纽带,因而是函数的核心 . $f$ 有时可用解析式表示,有时只能用数表或图像表示

（3）当 $x = a$ 时,函数 $y = f(x)$ 的值 $f(a)$ 叫做 $x = a$ 时的函数值,函数值的全体称为函数的值域 . 一般地,函数的定义域与对应法则确定后,函数的值域也就随之确定了.

（4）定义域和对应法则为确定函数的两个主要因素 . 由此,我们说某两个函数相同,指它们有相同的定义域和对应法则 . 特别地,两个相同的函数,其对应法则的表达形式可能不同 .

（5）常用函数的定义域,有

$y = \dfrac{1}{x}$,定义域:$x \neq 0$;$y = \sqrt[2n]{x}\,(n \in N)$,定义域:$x \geqslant 0$;

$y = \log_a x\,(a > 0, a \neq 1)$,定义域:$x > 0$;

$y = \sin x$ 或 $y = \cos x$, 定义域:$(-\infty, +\infty)$;

$y = \tan x$,定义域:$x \neq k\pi + \dfrac{\pi}{2}, k \in Z$;

$y = \cot x$,定义域:$x \neq k\pi, k \in Z$;

$y = \arcsin x$ 或 $y = \arccos x$,定义域:$[-1, 1]$.

单值函数与多值函数:

在函数的定义中,对每个 $x \in D$,对应的函数值 $y$ 总是唯一的,这样定义的函数称为单值函数 . 如果给定一个对应法则, 按这个法则, 对每个 $x \in D$, 总有确定的 $y$ 值与之对应, 但这个 $y$ 不总是唯一的, 我们称这种法则确定了一个多值函数 . 例如:设变量 $x$ 和 $y$ 之间的对应法则由方程 $x^2 + y^2 = r^2$ 给出 . 显然, 对每个 $x \in [-r, r]$, 由方程 $x^2 + y^2 = r^2$,可确定出对应的 $y$ 值, 当 $x = r$ 或 $x = -r$ 时, 对应 $y = 0$ 一个值; 当 $x$ 取 $(-r, r)$ 内任一个值时, 对应的 $y$ 有两个值. 所以该方程确定了一个多值函数.

对于多值函数, 往往只要附加一些条件, 就可以将它化为单值函数, 这样得到的单值函数称为多值函数的单值分支 . 例如:在由方程 $x^2 + y^2 = r^2$ 给出的对应法则中, 附加"$y \geqslant 0$" 的条件, 即以"$x^2 + y^2 = r^2$ 且 $y \geqslant 0$"作为对应法则, 就可得到一个单值分支 $y = y_1(x) = \sqrt{r^2 - x^2}$;附加 "$y \leqslant 0$" 的条件, 即以"$x^2 + y^2 = r^2$ 且 $y \leqslant 0$"作为对应法则, 就可得到另一个单值分支 $y = y_2(x) = -\sqrt{r^2 - x^2}$. 除非特别指出之外, 以后我们把函数均视为单值函数.

**例1**:比较函数 $f(x) = \sqrt{\dfrac{x+1}{x-1}}$ 与 $g(x) = \dfrac{\sqrt{x+1}}{\sqrt{x-1}}$ 是否相同?

**解**:首先求出函数的定义域:由 $\dfrac{x+1}{x-1} \geqslant 0$ 得到 $x \leqslant -1$ 或 $x > 1$,故函数 $f(x) = \sqrt{\dfrac{x+1}{x-1}}$ 的定义域为 $(-\infty, -1] \cup (1, +\infty)$;同理可得函数 $g(x) = \dfrac{\sqrt{x+1}}{\sqrt{x-1}}$ 的定义域为 $(1, +\infty)$,从而得出 $f(x)$ 和 $g(x)$ 不是同一个函数 .

**例2**:判定下列各对函数是否相同,并说明理由 .

12

（1）$y = \ln(6 - x - x^2)$ 与 $y = \ln(3 + x) + \ln(2 - x)$；

（2）$y = \arctan(\tan x)$ 与 $y = x$；

（3）$y = \dfrac{1}{x^2} - 1$ 与 $y = \dfrac{1 - x^2}{x}$.

**注**：对数函数记为 $y = \log_a x$（$a$ 是常数且 $a > 0, a \neq 1$），特别地，当 $a = e$ 时，称为自然对数且记为 $y = \ln x$，其中：$e = 2.718281828459045\cdots$.

**解**：（1）相同．定义域都是 $(-3, 2)$，且对应法则相同：按对数性质，有 $\ln(6 - x - x^2) = \ln(3 + x) + \ln(2 - x)$.

（2）不相同．定义域不同：前者是 $x \neq k\pi + \dfrac{\pi}{2}, k \in \mathbf{Z}$；而后者是 $(-\infty, +\infty)$.

（3）不相同．定义域都是 $[-1, 0) \cup (0, 1]$；但对应法则不同：$y = \dfrac{1}{x^2} - 1 = \dfrac{1 - x^2}{|x|}$ 与 $y = \dfrac{1 - x^2}{x}$，当 $x \in [-1, 0)$ 时对应不同的值．

## 二、函数的定义域

我们知道，一个函数 $y = f(x)$ 的确定要有两个要素，即函数的定义域和对应法则．关于函数的定义域，在实际问题中应根据问题的实际意义具体分析并确定．如果讨论的是纯数学问题，则往往取使函数的表达式有意义的一切实数所构成的集合作为该函数的定义域，这种定义域又称为函数的自然定义域．因此，函数的定义域就是自变量所能取的，同时使算式有意义的一切实数值的全体．

函数的定义域通常表示为实数的集合，常见的数集有自然数、整数、有理数、实数及区间与邻域等．

**1. 常见的数集**

全体自然数集记为 $\mathbf{N}$，全体整数的集合记为 $\mathbf{Z}$，全体有理数的集合记为 $\mathbf{Q}$，全体实数的集合记为 $\mathbf{R}$. 以后不特别说明的情况下考虑的数集均为实数的集合．

**2. 区间**

区间包括有限区间和无限区间：

区间是用得较多的一类数集．设 $a$ 和 $b$ 都是实数，且 $a < b$. 数集：
$$\{x \mid a < x < b\}$$
称为开区间，记作 $(a, b)$，即
$$(a, b) = \{x \mid a < x < b\},$$
$a$ 和 $b$ 称为开区间 $(a, b)$ 的端点，这里 $a \notin (a, b), b \notin (a, b)$. 数集：
$$\{x \mid a \leq x \leq b\}$$
称为闭区间，记作 $[a, b]$，即
$$[a, b] = \{x \mid a \leq x \leq b\}.$$
$a$ 和 $b$ 也称为闭区间 $[a, b]$ 的端点，这里 $a \in [a, b], b \in [a, b]$.

类似地可说明：
$$[a, b) = \{x \mid a \leq x < b\},$$

$$(a,b] = \{x \mid a < x \leqslant b\}.$$

$[a,b)$和$(a,b]$都称为半开区间.

上面这些区间都称为有限区间. 数$b-a$称为这些区间的长度. 从数轴上看,这些有限区间是长度为有限的线段. 闭区间$[a,b]$与开区间$(a,b)$在数轴上表示出来,分别如图 1-1 (a)与(b)所示. 此外还有所谓无限区间. 引进记号$+\infty$(读作正无穷大)及$-\infty$(读作负无穷大),则可类似地表示无限区间,例如:

$$[a, +\infty) = \{x \mid x \geqslant a\},$$
$$(-\infty, b) = \{x \mid x < b\}.$$

这两个无限区间在数轴上如图 2-1(c)、(d)所示.

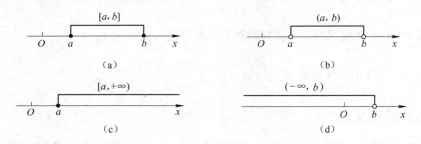

图 2-1

全体实数的集合 **R** 也可记作$(-\infty, +\infty)$,它也是无限区间.

在不需要辨明所论区间是否包含端点,以及是有限区间还是无限区间的场合,我们就简单地称它为"区间",且常用 $I$ 表示.

**3. 邻域**

邻域是高等数学中常用的可以用区间表示的数集,如函数极限的定义、连续性、导数的定义等均常用到邻域的概念. 当考虑某点附近的点所构成的集合时,我们常用邻域的概念来描述.

设 $\delta$ 是任一正数,则开区间$(a-\delta, a+\delta)$就是点 $a$ 的一个邻域,这个邻域 1 称为点 $a$ 的 $\delta$ 邻域,记作 $U(a,\delta)$, 即

$$U(a,\delta) = \{x \mid a-\delta < x < a+\delta\},$$

点 $a$ 称为这领域的中心,$\delta$ 称为这邻域的半径(图 2-2).

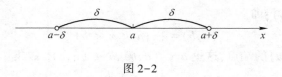

图 2-2

由于 $a-\delta < x < a+\delta$ 相当于 $|x-a| < \delta$, 因此

$$U(a,\delta) = \{x \mid |x-a| < \delta\}.$$

更一般地,以点 $a$ 为中心的任何开区间均可称为点 $a$ 的邻域,当不需要特别表明邻域的半径时,点 $a$ 的邻域可简单记作 $U(a)$.

**4. 去心邻域**

有时用到的邻域需要把邻域中心去掉.点 $a$ 的 $\delta$ 邻域去掉中心 $a$ 后,称为点 $a$ 的**去心 $\delta$ 邻域**,记作 $\overset{\circ}{U}(a,\delta)$,即

$$\overset{\circ}{U}(a,\delta) = \{x \mid 0 < |x-a| < \delta\}.$$

这里 $0 < |x-a|$ 就表示 $x \neq a$.

为了方便,有时把开区间 $(a, -\delta, a)$ 称为 $a$ 的**左 $\delta$ 邻域**,把开区间 $(a, a+\delta)$ 称为 $a$ 的**右 $\delta$ 邻域**.

**例 3**:函数 $f(x) = \ln x - \ln(1-x)$ 的定义域是(    )

(A) $(-1, +\infty)$.          (B) $(0, +\infty)$.

(C) $(1, +\infty)$.          (D) $(0,1)$.

**解**:本题主要考查函数的定义域,函数若要有意义,必须满足以下条件:

$\ln x$ 的自然定义域为 $x>0$,$\ln(1-x)$ 的自然定义域为 $1-x>0$,即 $x<1$.因此,函数 $f(x) = \ln x - \ln(1-x)$ 的定义域是这两个函数的定义域的交集:$0<x<1$.应选 D.

**例 4**:求函数 $y = \dfrac{1}{x} + \sqrt{1-x^2}$ 的定义域,用区间表示该定义域.

**解**:函数若要有意义,必须满足以下条件:

$x \neq 0$ 且 $1 - x^2 \geq 0$,即 $x \neq 0$ 且 $-1 \leq x \leq 1$,所以定义域为 $[-1,0) \cup (0,1]$.

**例 5**:设 $f(x)$ 的定义域为 $[0,4]$,求函数 $g(x) = f(x-1) + f(x+1)$ 的定义域.

**解**:$g(x)$ 的定义域满足 $0 \leq x-1 \leq 4$ 且 $0 \leq x+1 \leq 4$,即 $1 \leq x \leq 5$ 且 $-1 \leq x \leq 3$,所以定义域为 $[1,3]$.

## 三、函数的几种特性

下面介绍函数的奇偶性、周期性、单调性和有界性,函数这四种性质均具有直观的几何意义,所以也称为函数的几何特性.

**1. 函数的奇偶性**

(1)设函数 $f(x)$ 在实数集 $D$ 上有定义,且 $D$ 关于原点对称.若任取 $x \in D$,恒有 $f(-x) = -f(x)$,则称 $f(x)$ 为奇函数;若取 $x \in D$,恒有 $f(-x)=f(x)$,则称 $f(x)$ 为偶函数.比如:$y=x^2$,$y=\cos x$,$y=|x|$,是偶函数;$y=x^3$,$y=\sin x$,$y=\mathrm{sgn}\,x$,是奇函数.$y=x^2+x^3$,$y=\cos x + \sin x$ 是非奇非偶函数.

**注**:(1)在平面直角坐标系中,偶函数 $f(x)$ 的图形关于 $y$ 轴对称(图 2-3),奇函数 $f(x)$ 的图形关于坐标原点 $O(0,0)$ 对称(图 2-4).

(2)判断奇偶性的方法:

① 若 $f(x)$ 的定义域不对称于原点,则 $f(x)$ 必非奇非偶.

② 若 $f(x)$ 的定义域对称于原点时,计算 $f(-x)$,并将 $f(-x)$ 与 $f(x)$ 及 $-f(x)$ 进行比较,再依据定义.

③ 利用下述结果:设 $f(x)$,$g(x)$ 都定义在 $(-a,a)$ 内,若 $f(x)$,$g(x)$ 都是偶函数,则 $f(x) \pm g(x)$,$f(x) \cdot g(x)$ 也是偶函数;若 $f(x)$,$g(x)$ 都是奇函数,则 $f(x) \pm g(x)$,$f(x) \cdot g(x)$ 为奇函数,而 $f(x) \cdot g(x)$ 为偶函数;若 $f(x)$ 为奇(偶)函数,$g(x)$ 为偶(奇)函数,则

15

$f(x) \cdot g(x)$ 为奇函数.

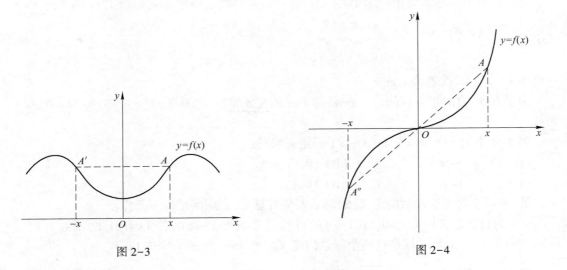

图 2-3　　　　　　　　　　　　图 2-4

**例 6**:判别下列函数的奇偶性.

(1) $f(x) = \ln\left(x + \sqrt{x^2 + 1}\right)$;

(2) $f(x) = F(x)\left(\dfrac{1}{a^x - 1} + \dfrac{1}{2}\right)$,其中:$a > 0, a \neq 1, F(x)$ 为奇函数;

(3) $f(x) = \begin{cases} x(1 - x), & x > 0, \\ x(1 + x), & x < 0. \end{cases}$

**解**:

(1) $f(-x) = \ln\left(-x + \sqrt{x^2 + 1}\right)$,

则 $f(x) + f(-x) = \ln\left(x + \sqrt{x^2 + 1}\right) + \ln\left(-x + \sqrt{x^2 + 1}\right)$

$\qquad\qquad = \ln\left(x + \sqrt{x^2 + 1}\right)\left(-x + \sqrt{x^2 + 1}\right)$

$\qquad\qquad = \ln 1 = 0.$

故 $f(x)$ 是奇函数.

(2) 令 $G(x) = \dfrac{1}{a^x - 1} + \dfrac{1}{2}$,

则 $G(-x) = \dfrac{1}{a^{-x} - 1} + \dfrac{1}{2} = \dfrac{a^x}{1 - a^x} + \dfrac{1}{2} = -\dfrac{a^x}{a^x - 1} + \dfrac{1}{2}$,

则 $G(x) + G(-x) = \dfrac{1}{a^x - 1} + \dfrac{1}{2} - \dfrac{a^x}{a^x - 1} + \dfrac{1}{2} = 0.$

所以 $G(x)$ 是奇函数,又 $F(x)$ 是奇函数,而偶数个奇函数的乘积是偶函数,因此 $f(x)$ 是偶函数.

(3) 当 $x > 0$ 时,$f(-x) = -x[1 + (-x)] = -x(1 - x) = -f(x)$;

当 $x < 0$ 时,$f(-x) = -x[1 - (-x)] = -x(1 + x) = -f(x)$.

故 $f(x)$ 是奇函数.

16

**2. 函数的周期性**

对函数 $y = f(x)$，若存在常数 $T > 0$，使得对定义域内的每一个 $x$，$x \pm T$ 仍在定义域内，且有 $f(x + T) = f(x)$，则称函数 $y = f(x)$ 为周期函数，$T$ 称为 $f(x)$ 的周期.

例如：$y = \sin x$，$y = \cos x$，$y = \tan x$ 分别为周期为 $2\pi$，$2\pi$，$\pi$ 的周期函数.

特别地，函数 $y = x - [x]$ 为周期为 1 的函数，任意正整数 $n$ 也是 $y = x - [x]$ 的周期. 这是因为，由周期函数的定义可知：

因为对任意正整数 $n$，有 $f(n + x) = (n + x) - [n + x] = n + x - (n + [x]) = x - [x] = f(x)$，所以 $y = x - [x]$ 是周期 $T = 1$ 的周期函数.

**注**：（1）若 $T$ 为 $f(x)$ 的周期，由定义知 $2T$，$3T$，$4T \cdots$ 也都是 $f(x)$ 的周期，故高等数学中的周期函数有无穷多个周期，这一点是初等数学所讲三角函数最小正周期的推广.

（2）通常说的周期是初等数学所讲的最小正周期（基本周期），然而最小正周期未必都存在，例如：函数 $y = \sin^2 x + \cos^2 x \equiv 1$，任何非零实数都是该函数的周期，故没有最小正周期.

（3）周期函数的图形特点：在函数的定义域内，每个长度为 $T$ 的区间上，函数的图形有相同的形状.

**3. 函数的单调性**

设函数 $y = f(x)$ 在区间 $I$ 上有定义，若对于 $I$ 上任意两点 $x_1$ 与 $x_2$ 且 $x_1 < x_2$ 时，均有 $f(x_1) < f(x_2)$（或 $f(x_1) > f(x_2)$），则称函数 $f(x)$ 在区间 $I$ 上严格单调增加（或严格单调减少）. 在上述定义中把"$<$"换成"$\leqslant$"称为单调增加或单调不减，"$>$"换成"$\geqslant$"称为单调减少或单调不增.

比如：函数 $y = x^2$ 在区间 $(-\infty, 0]$ 上是单调增加的，在区间 $[0, +\infty)$ 上是单调减少的，在 $(-\infty, +\infty)$ 上不是单调的（图 2-5）. 又如：函数 $y = x^3$ 在区间 $(-\infty, +\infty)$ 上是单调增加的（图 2-6）. 因此，函数的单调性与自变量所在区间有关.

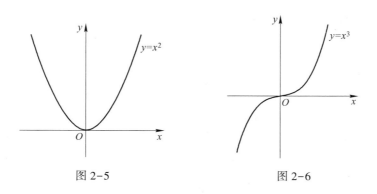

图 2-5　　　　　　　图 2-6

判断函数单调的方法，如下：

（1）利用函数单调性定义；

（2）通常是利用第三章导数进行判断，也可以按下法进行：任取 $x_1$，$x_2 \in I$，设 $x_1 < x_2$，将 $f(x_2) - f(x_1)$ 与零比较；若函数恒正（负），可将 $\dfrac{f(x_2)}{f(x_1)}$ 与此同常数 1 比较.

注:① 单调性也是相对于某个区间而言的,是局部概念;② 单调函数的反函数仍单调,且单调性相同;③ 复合函数 $f(g(x))$ 的单调性有如下结论:若 $f,g$ 的单调性相同,则 $f(g(x))$ 单增;若 $f,g$ 的单调性相反,则 $f(g(x))$ 单减.

**4. 函数的有界性**

设函数 $y=f(x)$ 在一个数集 $X$ 上有定义:

(1) 若存在正数 $M$,使得对于每个 $x\in X$,都有 $|f(x)|<M$ 成立,称 $f(x)$ 在 $X$ 上有界.

注:① 有界函数的图形特点是,函数 $y=f(x)$ 的图形完全落在两条平行于 $x$ 轴的直线 $y=-M$ 和 $y=M$ 的之间(图 2-7).

② 例如:$f(x)=\sin x$ 在 $(-\infty,+\infty)$ 上是有界的:$|\sin x|\leqslant 1$. 函数 $f(x)=\dfrac{1}{x}$ 在开区间 $(0,1)$ 内是无上界的. 或者说它在 $(0,1)$ 内有下界,无上界. 这是因为,对于任一 $M>1$,总有 $x_1:0<x_1<\dfrac{1}{M}<1$,使 $f(x_1)=\dfrac{1}{x_1}>M$,所以函数无上界. 但是函数 $f(x)=\dfrac{1}{x}$ 在 $(1,2)$ 内是有界的,$\dfrac{1}{2}<\dfrac{1}{x}<1$.

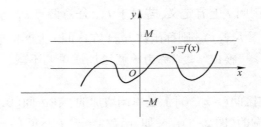

图 2-7

(2) 若存在正数 $M$,使得对于每个 $x\in X$,都有 $f(x)<M$ 成立,称 $f(x)$ 在 $X$ 上有上界.

(3) 若存在正数 $M$,使得对于每个 $x\in X$,都有 $f(x)>-M$ 成立,称 $f(x)$ 在 $X$ 上有下界.

(4) 若对于任意正数 $M$(无论它多么大),总存在 $x_0\in X$,使得 $|f(x_0)|\geqslant M$ 成立,则称 $f(x)$ 在 $X$ 上无界.

(5) $f(x)$ 在 $X$ 上有界的充要条件是 $f(x)$ 在 $X$ 上既有上界又有下界.

注:① 有界函数必有上界和下界;反之,既有上界又有下界的函数必有界.

② 一个函数是否有界,不仅与函数表达式有关,而且与给定集合 $D$ 有关. 例如:函数 $y=\dfrac{1}{x}$ 在 $(0,1)$ 内无界,但在 $(1,+\infty)$ 内却有界.

③ 六个常见的有界函数:

$|\sin x|\leqslant 1$;$|\cos x|\leqslant 1$,$x\in(-\infty,+\infty)$;

$|\arcsin x|\leqslant \pi/2$;$|\arccos x|\leqslant \pi$,$x\in[-1,1]$;

$|\arctan x|<\pi/2$;$|\text{arccot } x|<\pi$,$x\in(-\infty,+\infty)$.

### 四、几种常用特殊函数

表示函数的主要方法有三种：表格法、图形法、解析法（公式法），这在中学里大家已经熟悉．其中，用图形法表示函数是基于函数图形的概念，即坐标平面上的点集

$$\{P(x,y)\,|\,y=f(x),\ x\in D\}$$

称为函数 $y=f(x)$，$x\in D$ 的图形．

后面我们主要用解析法来表示函数，使用常用函数的图形直观地观察函数的定义域、值域和函数的性质，比如函数的单调性、周期性、奇偶性和有界性等．下面介绍几种常用的基于解析法表示的特殊函数．

#### 1. 分段函数

在自变量的不同变化范围中，用不同式子来表示对应法则的函数称为分段函数．常见的几个分段函数有：

**注**：分段函数的定义域是各个"分段"函数定义域的并集，如下：

（1）绝对值函数（图 2-8）：

$$y=|x|=\begin{cases} x, & x\geqslant 0; \\ -x, & x<0. \end{cases}$$

（2）符号函数（图 2-9）：

$$y=\operatorname{sgn}x=\begin{cases} 1, & x>0; \\ 0, & x=0; \\ -1, & x<0. \end{cases}$$

**注**：对于任何实数 $x$，下列关系成立：

$$x=\operatorname{sgn}x\cdot|x|.$$

（3）取整函数（图 2-10）：

设 $x$ 为任一实数，则函数 $y=[x]$ 称为取整函数，它表示不超过 $x$ 的最大整数．

**注**：对于任何实数 $x$，下列关系成立：

$$x-1<[x]\leqslant x，且存在 \alpha，使得 x=[x]+\alpha，其中：0\leqslant\alpha<1.$$

（4）最大值函数：

$$\max\{f(x),g(x)\}=\begin{cases} f(x), & 当 f(x)\geqslant g(x) 时; \\ g(x), & 当 f(x)<g(x) 时. \end{cases}$$

（5）最小值函数：

$$\min\{f(x),g(x)\}=\begin{cases} g(x), & 当 f(x)\geqslant g(x) 时; \\ f(x), & 当 f(x)<g(x) 时. \end{cases}$$

（6）狄利克雷函数：

$$y=D(x)=\begin{cases} 1, & 当 x 为有理数时; \\ 0, & 当 x 为无理数时. \end{cases}$$

**注**：狄利克雷函数是一个特殊的周期函数，任何正有理数都是它的周期，其周期不唯一，且没有最小正周期．

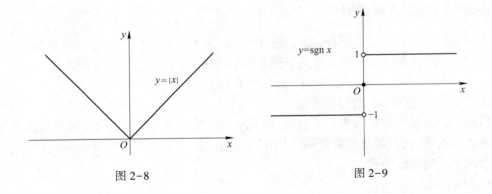

图 2-8                              图 2-9

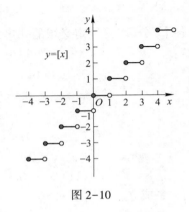

图 2-10

### 2. 反函数

设函数 $y = f(x)$ 的定义域为 $D_f$ ,值域为 $Z_f$ ,如果对每一个 $y \in Z_f$ ,都有唯一确定的 $x \in D_f$ 与之对应且满足 $y = f(x)$ ,则 $x$ 是定义在 $Z_f$ 上以 $y$ 为自变量的函数,记此函数为 $x = f^{-1}(y)$ , $y \in Z_f$ ,并称其为函数 $y = f(x)$ 的反函数,而 $y = f(x)$ 是 $x = f^{-1}(y)$ 的直接函数.

在 $x = f^{-1}(y)$ 中 $y$ 为自变量, $x$ 为因变量.习惯上,常用 $x$ 做自变量, $y$ 做因变量.因此, $y = f(x)$ 的反函数 $x = f^{-1}(y)$ 通常记为 $y = f^{-1}(x)$ , $x \in Z_f$ .

**注**:(1) $y = f(x)$ 的图像与其反函数 $x = f^{-1}(y)$ 的图像重合;而在同一直角坐标系中, $y = f(x)$ 的图像与 $y = f^{-1}(x)$ 的图像关于直线 $y = x$ 对称.

(2) $x = f^{-1}(y)$ 与 $y = f(x)$ 互为反函数,且 $x = f^{-1}(y)$ 的定义域和值域分别是 $y = f(x)$ 的值域和定义域.

(3) $y = f(f^{-1}(y))$ , $x = f^{-1}(f(x))$ .

### 3. 反三角函数:

《高等数学》中经常用到反三角函数,其定义和性质是非常重要的.

由于三角函数都是周期函数,所以常见的几个三角函数 $y = \sin x$ , $y = \cos x$ , $y = \tan x$ 和 $y = \cot x$ 在其定义域内就不存在反函数,根据反函数的存在性,如果限制在其单调区间上,则各函数就有反函数了. 例如:由于 $y = \sin x$ 在 $\left[ -\dfrac{\pi}{2} , \dfrac{\pi}{2} \right]$ 上单调,值域为 $[-1 , 1]$ ,所以存在反函数,称为**反正弦函数**,记为 arcsin $x$,这样,函数 $y=\sin x$ 的反函数 arcsin $x$ 就是定义在闭区间 $[-1,1]$ 上的函数,且有

$$-\frac{\pi}{2} \leqslant \arcsin x \leqslant \frac{\pi}{2}.$$

类似地,$y=\cos x$、$y=\tan x$ 和 $y=\cot x$ 的反函数称为反余弦函数、反正切函数、反余切函数,分别记为 $y=\arccos x$、$y=\arctan x$、$y=\text{arccot } x$.

它们的定义域、值域、单调性等如下:

反正弦函数 $y=\arcsin x$ 的定义域为 $[-1,1]$,值域为 $\left[-\frac{\pi}{2},\frac{\pi}{2}\right]$,且在 $[-1,1]$ 上单调增加.

反余弦函数 $y=\arccos x$ 的定义域为 $[-1,1]$,值域为 $[0,\pi]$,且在 $[-1,1]$ 上单调减少.

反正切函数 $y=\arctan x$ 的定义域为 $(-\infty,+\infty)$,值域为 $\left(-\frac{\pi}{2},\frac{\pi}{2}\right)$,它在 $(-\infty,+\infty)$ 上单调增加.

反余切函数 $y=\text{arccot } x$ 的定义域为 $(-\infty,+\infty)$,值域为 $(0,\pi)$,它在 $(-\infty,+\infty)$ 上单调减少.

**4. 复合函数**

设函数 $y=f(u)$ 的定义域为 $D_f$,函数 $u=\varphi(x)$ 的定义域为 $D_\varphi$,且其值域 $D_\varphi \subset D_f$,则称函数 $y=f[\varphi(x)]$ 为由函数 $u=\varphi(x)$ 与函数 $y=f(u)$ 构成的复合函数,其中:$x$ 为自变量,$u$ 称为中间变量.

例如:$y=\sin^2 x$ 就是 $y=u^2$ 和 $u=\sin x$ 复合而成;$y=\cos x^2$ 就是 $y=\cos u$ 和 $u=x^2$ 复合而成.复合可推广到三个或更多的函数上去,比如 $y=\tan(\ln x)^2$ 就是 $y=\tan u$,$u=v^2$,$v=\ln x$ 复合成的.

**注**:(1)不是任何两个函数都能复合成函数,这里必须满足条件 $D_\varphi \subset D_f$. 例如:$y=\arcsin u$ 和 $u=2+x^2$ 不能复合;$y=\sqrt{u}$ 和 $u=-1-x^2$ 也不能复合.

(2)会把已给的两个函数复合成复合函数.

(3)会把复合函数拆成简单函数. 其方法是:由内向外或由外向内,层层分解.

(4)在函数复合中,未必都有 $y=f(u)$、$u=\varphi(x)$ 的形式,一般为 $y=f(x)$ 和 $y=g(x)$,这时候就要注意哪个为外函数,哪个为内函数,从而复合后有 $y=f(x)$ 和 $y=g(x)$ 之分.

**5. 隐函数**

函数通常由公式 $y=f(x)$ 表示,这样的函数也称为显函数,有时函数关系由一个方程来表示,如 $x+y^3-1=0$,实际上它可以表示为 $y=\sqrt[3]{1-x}$,当用方程表示函数关系时,我们称它为隐函数.

并不是所有的隐函数都能改写成显函数的形式,如 $\frac{y}{x}=\ln y$.

隐函数的定义如下:

如果在方程 $F(x,y)=0$ 中,当 $x$ 取某数集 $D$ 内的任一值时,相应地总有满足该方程 $F(x,y)=0$ 的唯一的 $y$ 值存在,则称方程 $F(x,y)=0$ 在该数集 $D$ 内确定了一个隐函数,记为 $y=y(x)$,且满足 $F(x,y(x))=0$.

**注**:把一个隐函数转化成显函数,叫做隐函数的显化.隐函数的显化有时是有困难的,甚至是不可能的.

**5. 参数方程表示的函数**

设 $y$ 与 $x$ 的函数关系是由参数方程 $\begin{cases} x = \varphi(t), \\ y = \psi(t) \end{cases}$ 确定的,则称此函数关系所表达的函数为由参数方程所确定的函数.

**例7**:求 $y = \dfrac{\sqrt{2x+1} - 1}{\sqrt{2x+1} + 1}$ 的反函数.

**解**:当 $x \geqslant -\dfrac{1}{2}$ 时,原式变形为

$$y(\sqrt{2x+1} + 1) = \sqrt{2x+1} - 1,\ \text{即} \sqrt{2x+1} = \frac{1+y}{1-y},$$

解得 $x = \dfrac{1}{2}\left[\left(\dfrac{1+y}{1-y}\right)^2 - 1\right] = \dfrac{2y}{(1-y)^2}$,且 $\dfrac{1+y}{1-y} \geqslant 0 \Rightarrow -1 \leqslant x < 1$.

故反函数为 $y = \dfrac{2x}{(1-x)^2}$,且 $-1 \leqslant x < 1$.

**例8**:已知 $f(x) = e^{x^2}$,$f[\phi(x)] = 1 - x$,且 $\phi(x) \geqslant 0$,求 $\phi(x)$ 并写出它的定义域.

**解**:由于 $f[\phi(x)] = e^{\phi^2(x)} = 1 - x$,可得 $\phi(x) = \sqrt{\ln(1-x)}$,再根据 $\ln(1-x) \geqslant 0$ 知 $1 - x \geqslant 1$,即 $x \leqslant 0$,故 $\phi(x)$ 的定义域为 $x \leqslant 0$.

**例9**:设 $f(x) = \begin{cases} x^2, & x \leqslant 0; \\ x^2 + x, & x > 0, \end{cases}$ 则下式中正确的是(　　　)

(A) $f(-x) = \begin{cases} -x^2, & x \leqslant 0; \\ -(x^2+x), & x > 0. \end{cases}$

(B) $f(-x) = \begin{cases} x^2, & x \leqslant 0; \\ x^2 - x, & x > 0. \end{cases}$

(C) $f(-x) = \begin{cases} -(x^2+x), & x < 0; \\ -x^2, & x \geqslant 0. \end{cases}$

(D) $f(-x) = \begin{cases} x^2 - x, & x < 0; \\ x^2, & x \geqslant 0. \end{cases}$

**解**:因 $f(-x) = \begin{cases} (-x)^2, & -x \leqslant 0; \\ (-x)^2 + (-x), & -x > 0. \end{cases}$

$\begin{cases} x^2, & x \geqslant 0; \\ x^2 - x, & x < 0. \end{cases}$

故应该选(D).

## 五、基本初等函数与初等函数

**1. 下列函数称为基本初等函数**

(1)常值函数:$y = C$,其中:$C$ 为常数,自变量 $x \in \mathbf{R}$.

（2）幂函数：$y = x^\mu$（$\mu$ 是常数）.

（3）指数函数：$y = a^x$（$a$ 是常数且 $a > 0, a \neq 1$），特别地，当 $a = \mathrm{e}$ 时，记为 $y = \mathrm{e}^x$.

（4）对数函数：$y = \log_a x$（$a$ 是常数且 $a > 0, a \neq 1$），特别地，当 $a = \mathrm{e}$ 时，称为自然对数且记为 $y = \ln x$.

（5）三角函数：$y = \sin x, y = \cos x, y = \tan x, y = \cot x, y = \sec x, y = \csc x$.

（6）反三角函数：$y = \arcsin x, y = \arccos x, y = \arctan x, y = \operatorname{arccot} x$.

**2. 初等函数**

由常数和基本初等函数经过有限次的四则运算和有限次的函数复合步骤所构成并可用一个公式表示的函数，称为初等函数. 例如：$y = \sqrt{1 - x^2}$，$y = \sin^2 x$，$y = \sqrt{\cot \dfrac{x}{2}}$ 等都是初等函数.

**注**：① 一般地，分段函数不是初等函数. ② $y = 1 + x + x^2 + x^3 + \cdots, y = \sqrt{x + \sqrt{x + \sqrt{x + \cdots}}}$ 都不是初等函数. ③ 若 $f(x)$、$g(x)$ 都是初等函数，则 $f(x)^{g(x)}$ 称为幂指函数. 幂指函数可以通过对数恒等式写成如下形式：

$$f(x)^{g(x)} = \mathrm{e}^{g(x)\ln f(x)}.$$

## 六、常见的经济函数

用数学方法解决经济问题时，首先要将经济问题转化为数学问题，即建立经济数学模型，实际上就是找出经济变量之间的函数关系.

**1. 需求函数与供给函数**

1）需求函数

作为市场中的一种商品，消费者对它的需求量是受到诸多因素影响的. 为讨论问题方便起见，我们先忽略其他因素的影响，即假定某种商品的市场需求量 $Q$ 只与该商品的市场价格 $p$ 有关，则需求函数 $Q$ 可以看作价格 $p$ 的一元函数，即 $Q = ap^2 + bp + c$. 一般来说，需求函数为价格 $p$ 的单调减少函数.

另外，常见的需求函数还有以下几种类型：

（1）线性需求函数：$Q = ap + b$.

（2）二次需求函数：$Q = ap^2 + bp + c$.

2）供给函数

如果市场的每一种商品都是直接由生产者提供的，供给量也是受多种因素影响的. 在这里我们不考虑其他因素的影响，只是将供给量 $S$ 看作该商品的市场价格 $p$ 的函数. 由于生产者向市场提供商品的目的是赚取利润，则价格上涨将促使生产者提供更多的商品，从而使供给量增加；反之，价格下跌则使供给量减少，则供给函数 $S$ 可以看作是价格 $p$ 的一元函数，即

$$S = S(p).$$

常见的供给函数有线性函数、二次函数、指数函数等.

3）市场均衡

对一种商品而言，如果需求量等于供给量，这种商品就达到了市场均衡，而这时的商品价格 $p_0$ 称为均衡价格. 当市场价格高于均衡价格时，供给量增加而需求量相应减少，这时出

现"供过于求"的现象;当市场价格低于均衡价格时,需求量大于供给量,此时出现"供不应求"的现象.

### 2. 成本函数、收入函数和利润函数

在生产和产品的经营活动中人们总希望尽可能地降低成本,提高收入和利润.而成本、收入、利润这些都与产品的产量或销售量 $q$ 密切相关,在不考虑其他因素影响的条件下,它们都可以看作是 $q$ 的函数,分别称为成本函数 $C$、收入函数 $R$、利润函数 $L$.

成本 $C$ 可分为固定成本 $C_0$ 和可变成本 $C_1$ 两部分,在生产规模、能源和材料价格不变的条件下,固定成本 $C_0$ 是不变的,而可变成本 $C_1$ 是产量 $q$ 的函数,所以成本函数 $C$ 也是产量 $q$ 的函数,即

$$C = C_0 + C_1(q).$$

成本函数是多种多样的,常见的有线性函数、二次函数、三次函数等,它们的共同点是总成本随着产量的增加而增加,即成本是产量的增函数.

只研究总成本不能看出生产者生产水平的高低,还需要研究单位商品的成本,即平均成本 $\overline{C}$,即

$$\overline{C} = \frac{C}{q},$$

称为平均成本函数.

如果产品的单位售价为 $p$,销售量为 $q$,则总收入函数为

$$R = pq.$$

总利润函数为总收入函数和总成本函数的差,即

$$L = R - C.$$

## 七、常见不等式和三角函数公式

初等数学中的不等式和三角函数公式较多,记住几个常用的公式在今后的计算中会比较方便.

### 1. 常见不等式

(1) 绝对值不等式 $-|x| \leqslant x \leqslant |x|$,$0 \leqslant x + |x| \leqslant 2|x|$,$\forall x \in \mathbf{R}$.

(2) 三角不等式 $|x + y| \leqslant |x| + |y|$,$||x| - |y|| \leqslant |x - y|$,$\forall x, y \in \mathbf{R}$.

(3) 平均值不等式 $x^2 + y^2 \geqslant 2xy$,$\forall x, y \in \mathbf{R}$. 特别 $x, y \geqslant 0$,$\frac{x + y}{2} \geqslant \sqrt{xy}$.$\frac{x + y}{2}$ 称为算术平均值,$\sqrt{xy}$ 称为几何平均值.可推广到 $n$ 个实数.

(4) $\sin x \leqslant x \leqslant \tan x$,$x \in \left[0, \frac{\pi}{2}\right)$ 等号仅在 $x = 0$ 时成立.

(5) $m, n > 0$;$k > 0$;$m > n$;$\frac{n}{m} < \frac{n + k}{m + k}$.

### 2. 三角函数公式

1) 诱导公式

$\sin(-\alpha) = -\sin \alpha$;$\cos(-\alpha) = \cos \alpha$

$$\sin\left(\frac{\pi}{2} - \alpha\right) = \cos\alpha ; \cos\left(\frac{\pi}{2} - \alpha\right) = \sin\alpha$$

$$\sin\left(\frac{\pi}{2} + \alpha\right) = \cos\alpha ; \cos\left(\frac{\pi}{2} + \alpha\right) = -\sin\alpha$$

$$\sin(\pi - \alpha) = \sin\alpha ; \cos(\pi - \alpha) = -\cos\alpha$$

$$\sin(\pi + \alpha) = -\sin\alpha ; \cos(\pi + \alpha) = -\cos\alpha$$

2）倒数关系

$$\sin\alpha \cdot \cos\alpha = 1$$

$$\cos\alpha \cdot \sec\alpha = 1$$

$$\tan\alpha \cdot \cot\alpha = 1$$

3）平方关系

$$1 + \tan^2\alpha = \sec^2\alpha$$

$$1 + \cot^2\alpha = \csc^2\alpha$$

$$\sin^2\alpha + \cos^2\alpha = 1$$

4）两角和与差的三角函数

$$\sin(\alpha + \beta) = \sin\alpha\cos\beta + \cos\alpha\sin\beta$$

$$\cos(\alpha + \beta) = \cos\alpha\cos\beta - \sin\alpha\sin\beta$$

$$\sin(\alpha - \beta) = \sin\alpha\cos\beta - \cos\alpha\sin\beta$$

$$\cos(\alpha - \beta) = \cos\alpha\cos\beta + \sin\alpha\sin\beta$$

$$\tan(\alpha + \beta) = \frac{\tan\alpha + \tan\beta}{1 - \tan\alpha\tan\beta}$$

$$\tan(\alpha - \beta) = \frac{\tan\alpha - \tan\beta}{1 + \tan\alpha\tan\beta}$$

5）积化和差公式

$$\cos\alpha\cos\beta = \frac{1}{2}[\cos(\alpha + \beta) + \cos(\alpha - \beta)]$$

$$\cos\alpha\sin\beta = \frac{1}{2}[\sin(\alpha + \beta) - \sin(\alpha - \beta)]$$

$$\sin\alpha\cos\beta = \frac{1}{2}[\sin(\alpha + \beta) + \sin(\alpha - \beta)]$$

$$\sin\alpha\sin\beta = -\frac{1}{2}[\cos(\alpha + \beta) - \cos(\alpha - \beta)]$$

6）和差化积公式

$$\sin\alpha + \sin\beta = 2\sin\frac{\alpha + \beta}{2}\cos\frac{\alpha - \beta}{2}$$

$$\sin\alpha - \sin\beta = 2\cos\frac{\alpha + \beta}{2}\sin\frac{\alpha - \beta}{2}$$

$$\cos\alpha + \cos\beta = 2\cos\frac{\alpha + \beta}{2}\cos\frac{\alpha - \beta}{2}$$

$$\cos \alpha - \cos \beta = -2\sin \frac{\alpha + \beta}{2}\sin \frac{\alpha - \beta}{2}$$

7) 倍角公式

$$\cos 2\alpha = \cos^2\alpha - \sin^2\alpha = 2\cos^2\alpha - 1 = 1 - 2\sin^2\alpha$$

$$\cos 3\alpha = 4\cos^3\alpha - 3\cos \alpha$$

$$\sin 2\alpha = 2\sin \alpha\cos \alpha$$

$$\sin 3\alpha = 3\sin \alpha - 4\sin^3\alpha$$

$$\tan 2\alpha = \frac{2\tan \alpha}{1 - \tan^2\alpha}$$

8) 半角公式

$$\sin \frac{\alpha}{2} = \pm \sqrt{\frac{1 - \cos \alpha}{2}}$$

$$\cos \frac{\alpha}{2} = \pm \sqrt{\frac{1 + \cos \alpha}{2}}$$

$$\tan \frac{\alpha}{2} = \frac{\sin \alpha}{1 + \cos \alpha} = \frac{1 - \cos \alpha}{\sin \alpha}$$

9) 万能公式

$$\sin \alpha = \frac{2\tan \dfrac{\alpha}{2}}{1 + \tan^2 \dfrac{\alpha}{2}}$$

$$\cos \alpha = \frac{1 - \tan^2 \dfrac{\alpha}{2}}{1 + \tan^2 \dfrac{\alpha}{2}}$$

$$\tan \alpha = \frac{2\tan \dfrac{\alpha}{2}}{1 - \tan^2 \dfrac{\alpha}{2}}$$

10) 其他公式

$$a\sin \alpha + b\cos \alpha = \sqrt{a^2 + b^2}\sin(\alpha + \theta),其中:\theta = \arctan \frac{b}{a}$$

$$a\sin \alpha + b\cos \alpha = \sqrt{a^2 + b^2}\cos(\alpha - \theta),其中:\theta = \arctan \frac{a}{b}$$

$$1 + \sin \alpha = \left(\sin \frac{\alpha}{2} + \cos \frac{\alpha}{2}\right)^2$$

$$1 - \sin \alpha = \left(\sin \frac{\alpha}{2} - \cos \frac{\alpha}{2}\right)^2$$

11）反三角函数恒等式

$$\arcsin x + \arccos x = \frac{\pi}{2}$$

$$\arctan x + \text{arccot}\, x = \frac{\pi}{2}$$

$$\sin(\arcsin x) = x, x \in [-1,1]$$

$$\sin(\arccos x) = \sqrt{1-x^2}, x \in [-1,1]$$

$$\cos(\arccos x) = x, x \in [-1,1]$$

$$\cos(\arcsin x) = \sqrt{1-x^2}, x \in [-1,1]$$

$$\arcsin(\sin x) = x, x \in \left[-\frac{\pi}{2}, \frac{\pi}{2}\right]$$

$$\arccos(\cos x) = x, x \in [0, \pi]$$

$$\arccos(-x) = \pi - \arccos x$$

# 习题 2.1

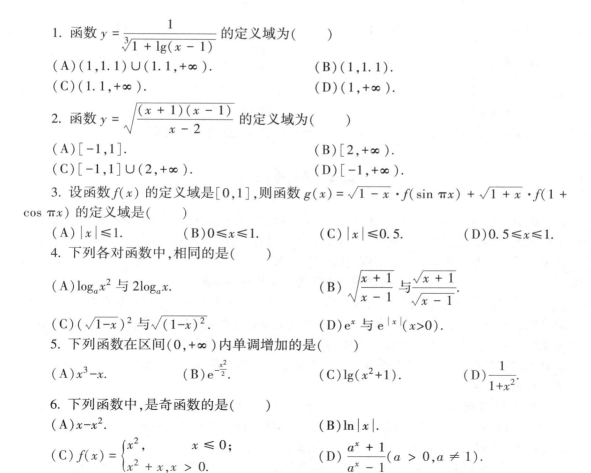

1. 函数 $y = \dfrac{1}{\sqrt[3]{1 + \lg(x-1)}}$ 的定义域为（    ）

（A）$(1, 1.1) \cup (1.1, +\infty)$.　　　　　　（B）$(1, 1.1)$.

（C）$(1.1, +\infty)$.　　　　　　（D）$(1, +\infty)$.

2. 函数 $y = \sqrt{\dfrac{(x+1)(x-1)}{x-2}}$ 的定义域为（    ）

（A）$[-1, 1]$.　　　　　　（B）$[2, +\infty)$.

（C）$[-1, 1] \cup (2, +\infty)$.　　　　　　（D）$[-1, +\infty)$.

3. 设函数 $f(x)$ 的定义域是 $[0, 1]$，则函数 $g(x) = \sqrt{1-x} \cdot f(\sin \pi x) + \sqrt{1+x} \cdot f(1 + \cos \pi x)$ 的定义域是（    ）

（A）$|x| \le 1$.　　　（B）$0 \le x \le 1$.　　　（C）$|x| \le 0.5$.　　　（D）$0.5 \le x \le 1$.

4. 下列各对函数中，相同的是（    ）

（A）$\log_a x^2$ 与 $2\log_a x$.　　　　　　（B）$\sqrt{\dfrac{x+1}{x-1}}$ 与 $\dfrac{\sqrt{x+1}}{\sqrt{x-1}}$.

（C）$(\sqrt{1-x})^2$ 与 $\sqrt{(1-x)^2}$.　　　　　　（D）$e^x$ 与 $e^{|x|}(x>0)$.

5. 下列函数在区间 $(0, +\infty)$ 内单调增加的是（    ）

（A）$x^3 - x$.　　　（B）$e^{-\frac{x^2}{2}}$.　　　（C）$\lg(x^2+1)$.　　　（D）$\dfrac{1}{1+x^2}$.

6. 下列函数中，是奇函数的是（    ）

（A）$x - x^2$.　　　　　　（B）$\ln|x|$.

（C）$f(x) = \begin{cases} x^2, & x \le 0; \\ x^2 + x, & x > 0. \end{cases}$　　　　　　（D）$\dfrac{a^x + 1}{a^x - 1}(a > 0, a \ne 1)$.

7. 下列函数中,是偶函数的个数是(　　)

(1) $f(x) = \ln(\sqrt{1 + x^2} - x)$.

(2) $f(x) = e^{-x^2}\left(\dfrac{1}{a^x + 1} - \dfrac{1}{2}\right)$.

(3) $f(x) = \sqrt[3]{x}\dfrac{e^x - e^{-x}}{e^x + e^{-x}}$.

(4) $f(x) = |x + 1|$.

(A)0.　　　　　　(B)1.　　　　　　(C)2.　　　　　　(D)3.

8. 设 $f(x)$ 为偶函数,下列函数是偶函数的个数是(　　)

(1) $F(x) = f(x)\ln\dfrac{a - x}{a + x}$;　　　　　　(2) $F(x) = -|f(x)|$;

(3) $F(x) = -f(x)$;　　　　　　(4) $F(x) = f(e^x - e^{-x})$.

(A)1.　　　　　　(B)2.　　　　　　(C)3.　　　　　　(D)4.

9. 设 $f(x) = \begin{cases} 1, & |x| \leq 1, \\ -1, & |x| > 1, \end{cases}$ $g(x) = \begin{cases} -2, & |x| \leq 1, \\ 2, & |x| > 1, \end{cases}$ 则 $g(f(x)) = ($　　$), x \in (-\infty,$ $+\infty)$.

(A)1.　　　　　　(B)-1.　　　　　　(C)2.　　　　　　(D)-2.

10. 设 $f(x)$ 是奇函数, $F(x) = f(x)\left(\dfrac{1}{a^x + 1} - \dfrac{1}{2}\right)$, 其中: $a$ 为不等于1的正数,则 $F(x)$ 是(　　)

(A)偶函数.　　　　　　　　　　　　(B)奇函数.

(C)非奇非偶函数.　　　　　　　　　(D)奇偶性与 $a$ 的取值有关.

## 2.2　数列极限

追根究底,极限思想是由于求某些实际问题的精确解答而产生的. 春秋战国时期的哲学家庄子(公元4世纪)在《庄子·天下篇》中对"截丈问题"有一段名言:"一尺之棰,日截其半,万世不竭",其中就隐含了深刻的极限思想.

**数学中的中国传统文化——极限**

与一切科学的思想方法一样,极限思想也是社会实践中大脑抽象思维的产物.极限的思想可以追溯到古代,例如,我国刘徽的割圆术就是建立在直观图形研究基础上的一种原始的可靠的"不断靠近"的极限思想的应用;古希腊人的穷竭法也蕴含了极限思想,但由于希腊人对"无限"的恐惧,他们避免明显地人为"取极限",而是借助于间接证法——归谬法来完成了有关的证明.

到了16世纪,荷兰数学家斯泰文在考察三角形重心的过程中,改进了古希腊人的穷竭法,他借助几何直观,大胆地运用极限思想思考问题,放弃了归谬法的证明.如此,他就在无意中指出了"把极限方法发展成为一个实用概念的方向".

想一想:函数关系 $y = f(x)$ ,其中: $x$ 称为自变量, $y$ 称为因变量.我们是否可以把 $y$ 定义

28

为人生目标,把 $x$ 看作我们为此所做的不懈努力?

## 一、数列极限的概念

数列的概念:如果按照某一法则,使得对任何一个正整数 $n$ 有一个确定的数 $u_n$,则得到一列有次序的数:

$$u_1,u_2,u_3,\cdots,u_n\cdots$$

这一列有次序的数就叫做数列,记为 $\{u_n\}$,其中:第 $n$ 项 $u_n$ 叫做数列的通项或一般项.

初等数学中有很多数列的例子,比如:

$$\left\{\frac{n}{n+1}\right\}:\frac{1}{2},\frac{2}{3},\frac{3}{4},\cdots,\frac{n}{n+1}\cdots;$$

$$\{2^n\}:2,4,8,\cdots,2^n\cdots;$$

$$\left\{\frac{1}{2^n}\right\}:\frac{1}{2},\frac{1}{4},\frac{1}{8},\cdots,\frac{1}{2^n}\cdots;$$

$$\{(-1)^{n+1}\}:1,-1,1,\cdots,(-1)^{n+1}\cdots;$$

$$\left\{\frac{n+(-1)^{n-1}}{n}\right\}:2,\frac{1}{2},\frac{4}{3},\cdots,\frac{n+(-1)^{n-1}}{n}\cdots.$$

它们的通项依次为 $\frac{n}{n+1}$,$2^n$,$\frac{1}{2^n}$,$(-1)^{n+1}$,$\frac{n+(-1)^{n-1}}{n}$.

数列的几何意义:数列 $\{u_n\}$ 可以看作数轴上的一个动点,它依次取数轴上的点 $u_1$,$u_2$,$u_3,\cdots,u_n\cdots$

数列与函数:数列 $\{u_n\}$ 可以看作自变量为正整数 $n$ 的函数:$u_n=f(n)$,它的定义域是全体正整数.

通过考察当正整数 $n$ 无限增大时数列 $\{u_n\}$ 的变化趋势,我们可以得到数列极限的通俗定义.

数列极限的通俗定义:对于数列 $\{u_n\}$,如果当 $n$ 无限增大时,数列的一般项 $u_n$ 无限地接近于某一确定的数值 $a$,则称常数 $a$ 是数列 $\{u_n\}$ 的极限,或称数列 $\{u_n\}$ 收敛 $a$.记为 $\lim\limits_{n\to\infty}u_n=a$.如果数列没有极限,就说数列是发散的.

**注**:由于 $n$ 为自然数,必为正数,所以 $n\to\infty$ 即为 $n\to+\infty$.例如:由数列极限的通俗定义和观察法可以看出

$$\lim_{n\to\infty}\frac{n}{n+1}=1,\lim_{n\to\infty}\frac{1}{2^n}=0,\lim_{n\to\infty}\frac{n+(-1)^{n-1}}{n}=1;$$

而 $\{2^n\}$,$\{(-1)^{n+1}\}$ 没有极限,是发散的.

那么,如何给出并理解数列极限的精确定义呢?我们引入"任意给定的正数 $\varepsilon$"的概念,用它来刻画"数列 $u_n$ 无限接近于 $a$ 等价于 $|u_n-a|$ 无限接近于 0"的情形,从而得到数列极限的严格定义,也称为数列极限的精确定义.

数列极限的精确定义:如果数列 $\{u_n\}$ 与常数 $a$ 有下列关系:对于任意给定的正数 $\varepsilon$(不论它多么小),总存在正整数 $N$,使得对于 $n>N$ 时的一切 $u_n$,不等式 $|u_n-a|<\varepsilon$ 都成立,则称

常数 $a$ 是数列 $\{u_n\}$ 的极限，或者称数列 $\{u_n\}$ 收敛于 $a$，记为 $\lim\limits_{n\to\infty} u_n = a$ 或 $u_n \to a(n\to\infty)$．如果数列没有极限，就说数列是发散的．

**注**：(1) $\varepsilon$ 是衡量 $u_n$ 与 $a$ 的接近程度的，除要求为正以外，无任何限制．然而，尽管 $\varepsilon$ 具有任意性，但一经给出，就应视为不变(另外，$\varepsilon$ 具有任意性，那么 $\dfrac{\varepsilon}{2}, 2\varepsilon, \varepsilon^2$ 等也具有任意性，它们也可代替 $\varepsilon$)．(2) $N$ 是随 $\varepsilon$ 的变小而变大的，是 $\varepsilon$ 的函数，即 $N$ 是依赖于 $\varepsilon$ 的．在解题中，$N$ 等于多少关系不大，重要的是它的存在性，只要存在一个 $N$，使得当 $n > N$ 时，有 $|u_n - a| < \varepsilon$ 就行了，而不必求最小的 $N$．

基于数列极限的精确定义，容易证明下列几个简单的数列极限成立：

(1) 设 $u_n \equiv C$ ($C$ 为常数)，则 $\lim\limits_{n\to\infty} u_n = C$．

(2) $\lim\limits_{n\to\infty} \dfrac{1}{n} = 0$．

(3) $\lim\limits_{n\to\infty} \dfrac{(-1)^{n-1}}{n} = 0$．

(4) 设 $|q| < 1$，则等比数列 $1, q, q^2 \cdots, q^{n-1} \cdots$ 的极限是 $0$，即 $\lim\limits_{n\to\infty} q^n = 0$，其中：$|q| < 1$．

## 二、收敛数列的运算法则

求数列 $\{a_n\}$ 的极限，一般方法是将 $a_n$ 进行变形，直到我们能观察出其趋势为止．在求数列极限时利用数列极限的四则运算法则会更方便．

下面介绍数列极限的若干运算法则，它们均能由数列极限的精确定义加以证明，并能计算一些数列极限问题．

**定理 1（数列极限的四则运算）**：

设 $\lim\limits_{n\to\infty} a_n = a$，$\lim\limits_{n\to\infty} b_n = b$，那么

(1) $\lim\limits_{n\to\infty} (ca_n) = c \lim\limits_{n\to\infty} a_n = ca$，其中：$c$ 是与 $n$ 无关的常数；

(2) $\lim\limits_{n\to\infty} (a_n \pm b_n) = \lim\limits_{n\to\infty} a_n \pm \lim\limits_{n\to\infty} b_n = a \pm b$

(3) $\lim\limits_{n\to\infty} (a_n b_n) = \lim\limits_{n\to\infty} a_n \lim\limits_{n\to\infty} b_n = ab$

(4) 若 $\lim\limits_{n\to\infty} b_n = b \neq 0$，则

$$\lim\limits_{n\to\infty} \dfrac{a_n}{b_n} = \dfrac{\lim\limits_{n\to\infty} a_n}{\lim\limits_{n\to\infty} b_n} = \dfrac{a}{b}$$

**定理 2（数列的函数求极限）**：

设 $f(x)$ 是初等函数，若 $\lim\limits_{n\to\infty} a_n = a$ 且 $a$ 和 $a_n$ 均在 $f(x)$ 的定义域内，则

$$\lim\limits_{n\to\infty} f(a_n) = f(a).$$

**例 1**：求极限 $\lim\limits_{n\to\infty} (\sqrt{n+1} - \sqrt{n-1})$．

**解**：$\lim\limits_{n\to\infty} (\sqrt{n+1} - \sqrt{n-1}) = \lim\limits_{n\to\infty} \dfrac{(\sqrt{n+1} - \sqrt{n-1})(\sqrt{n+1} + \sqrt{n-1})}{\sqrt{n+1} + \sqrt{n-1}}$

$$= \lim_{n \to \infty} \frac{2}{\sqrt{n+1} + \sqrt{n-1}} = 0.$$

**例 2**：求极限 $\lim\limits_{n \to \infty} \left( \dfrac{1}{n^2} + \dfrac{2}{n} \right)$.

**解**：因为 $\lim\limits_{n \to \infty} \dfrac{1}{n^2} = 0$，$\lim\limits_{n \to \infty} \dfrac{2}{n} = 0$，故

$$\lim_{n \to \infty} \left( \frac{1}{n^2} + \frac{2}{n} \right) = \lim_{n \to \infty} \frac{1}{n^2} + \lim_{n \to \infty} \frac{2}{n} = 0 + 0 = 0.$$

**例 3**：求极限 $\lim\limits_{n \to \infty} \dfrac{n^2 + 9n - 1}{3n^2 + 4}$.

**解**：用 $n^2$ 同除以分子和分母，则

$$\lim_{n \to \infty} \frac{n^2 + 9n - 1}{3n^2 + 4} = \lim_{n \to \infty} \frac{1 + \dfrac{9}{n} - \dfrac{1}{n^2}}{3 + \dfrac{4}{n^2}} = \frac{\lim\limits_{n \to \infty} \left( 1 + \dfrac{9}{n} - \dfrac{1}{n^2} \right)}{\lim\limits_{n \to \infty} \left( 3 + \dfrac{4}{n^2} \right)} = \frac{1}{3}.$$

## 三、收敛数列的性质

**性质 1(极限的唯一性)**：

数列 $\{u_n\}$ 不能收敛于两个不同的极限.也就是说,如果数列 $\{u_n\}$ 收敛,则其极限唯一.

**性质 2(收敛数列的有界性)**：

如果数列 $\{u_n\}$ 收敛,那么数列 $\{u_n\}$ 一定有界.

**注**：(1) 对于数列 $\{u_n\}$,如果存在正数 $M$,使得对一切 $u_n$ 都满足不等式 $|u_n| \leqslant M$,则称数列 $\{u_n\}$ 是有界的;如果这样的正数 $M$ 不存在,就说数列 $\{u_n\}$ 是无界的.

(2) 对于数列 $\{u_n\}$,如果存在正数 $M$,使得对一切 $u_n$ 都满足不等式 $u_n \leqslant M$(或 $u_n \geqslant M$),则称数列 $\{u_n\}$ 是有上界的(或有下界的);

(3) 数列 $\{u_n\}$ 是有界数列的充要条件是数列 $\{u_n\}$ 既有上界又有下界.

(4) 单调增加且有上界的数列是有界数列,单调减少且有下界的数列也是有界数列.

**性质 3**：设数列 $\{a_n\}$,$\{b_n\}$ 都收敛,且对一切正整数 $n$,总有 $a_n \leqslant b_n$,则

$$\lim_{n \to \infty} a_n \leqslant \lim_{n \to \infty} b_n.$$

**性质 4(收敛数列的保号性)**：

(1) 如果数列 $\{u_n\}$ 收敛于 $a$,且 $a > 0$(或 $a < 0$),那么存在正整数 $N$,当 $n > N$ 时,有 $u_n > 0$(或 $u_n < 0$).

(2) 如果数列 $\{u_n\}$ 从某项起有 $u_n \geqslant 0$(或 $u_n \leqslant 0$),且数列 $\{u_n\}$ 收敛于 $a$,那么 $a \geqslant 0$(或 $a \leqslant 0$).

下面介绍子数列的收敛性：

**子数列的定义**：在数列 $\{u_n\}$ 中任意抽取无限多项并保持这些项在原数列中的先后次序,这样得到的一个数列称为原数列 $\{u_n\}$ 的子数列.数列 $\{u_{2n}\}$ 称为数列 $\{u_n\}$ 的偶子列,数列 $\{u_{2n-1}\}$ 称为数列 $\{u_n\}$ 的奇子列.

**性质 5(收敛数列与其子数列间的关系):**

(1) 如果数列 $\{u_n\}$ 收敛于 $a$,那么它的任一子数列也收敛,且极限也是 $a$.

(2) $\lim\limits_{n\to\infty} u_n = a$ 的充要条件(数列极限存在的充要条件)是 $\lim\limits_{n\to\infty} u_{2n-1} = \lim\limits_{n\to\infty} u_{2n} = a$.

**例 4:** 设 $\{x_n\}$ 是数列,下列命题中不正确的是( )

(A) 若 $\lim\limits_{n\to\infty} x_n = a$,则 $\lim\limits_{n\to\infty} x_{2n} = \lim\limits_{n\to\infty} x_{2n+1} = a$.

(B) 若 $\lim\limits_{n\to\infty} x_{2n} = \lim\limits_{n\to\infty} x_{2n+1} = a$,则 $\lim\limits_{n\to\infty} x_n = a$.

(C) 若 $\lim\limits_{n\to\infty} x_n = a$,则 $\lim\limits_{n\to\infty} x_{3n} = \lim\limits_{n\to\infty} x_{3n+1} = a$.

(D) 若 $\lim\limits_{n\to\infty} x_{3n} = \lim\limits_{n\to\infty} x_{3n+1} = a$,则 $\lim\limits_{n\to\infty} x_n = a$.

**解:** 对于选项(A)、(C),由收敛数列的子列的性质:若数列 $\{x_n\}$ 收敛于 $a$,则其任意一个子列 $\{x_{n_i}\}$ 也收敛,且极限为 $a$.可知选项(A)、(C)正确.

对于(B),由数列极限的性质:若 $\lim\limits_{n\to\infty} x_{2n} = a$,且 $\lim\limits_{n\to\infty} x_{2n+1} = a$,则 $\lim\limits_{n\to\infty} x_n = a$,可知(B)正确.

对于(D),举反例,考查:

$$x_n = \begin{cases} 1, & n = 3k, \\ 1, & n = 3k+1, \\ 2, & n = 3k+2, \end{cases}$$

其中:$k = 1,2,\cdots$,易见 $\lim\limits_{n\to\infty} x_{3n} = 1$,$\lim\limits_{n\to\infty} x_{3n+1} = 1$,$\lim\limits_{n\to\infty} x_{3n+2} = 2$,因此 $\lim\limits_{n\to\infty} x_n$ 不存在,即(D)不正确.故选(D).

## 四、极限存在准则

下面介绍极限的两个存在准则:

**性质 6(夹挤准则(两边夹定理,三明治定理)):**

**准则 I:** 如果数列 $\{x_n\}$、$\{y_n\}$ 及 $\{z_n\}$ 满足下列条件:

(1) $y_n \leq x_n \leq z_n (n = 1,2,3,\cdots)$;(2) $\lim\limits_{n\to\infty} y_n = a$,$\lim\limits_{n\to\infty} z_n = a$,那么数列 $\{x_n\}$ 的极限存在,且 $\lim\limits_{n\to\infty} x_n = a$.

**准则 II:** 如果函数 $f(x)$、$g(x)$ 及 $h(x)$ 满足下列条件:

(1) $g(x) \leq f(x) \leq h(x)$;(2) 在同一自变量变化过程中,$\lim g(x) = a$,$\lim h(x) = a$,那么 $\lim f(x)$ 存在,且 $\lim f(x) = a$.

**注:** (1) 准则 I 及准则 II 统称为夹挤准则.

(2) 如果上述极限过程是 $x \to x_0$,则要求函数在 $x_0$ 的某一去心邻域内有定义,且 $g(x) \leq f(x) \leq h(x)$;如果上述极限过程是 $x \to \infty$,则要求函数当 $|x| > M$ 时有定义,且 $g(x) \leq f(x) \leq h(x)$.

(3) 上面的 $a$ 都换成 $\infty$,$+\infty$ 或 $-\infty$,准则 I 及准则 II 也成立.

**性质 7(单调有界准则):** 单调有界数列必有极限.

注:单调增加且有上界的数列必有极限;单调减少且有下界的数列必有极限.

**例5**:求极限 $\lim\limits_{n\to\infty}\left(\dfrac{1}{\sqrt{n^2+1}}+\dfrac{1}{\sqrt{n^2+2}}+\cdots+\dfrac{1}{\sqrt{n^2+n}}\right)$.

**解**:设
$$x_n=\frac{1}{\sqrt{n^2+1}}+\frac{1}{\sqrt{n^2+2}}+\cdots+\frac{1}{\sqrt{n^2+n}}.$$

因为
$$\frac{n}{\sqrt{n^2+n}}\leqslant x_n\leqslant\frac{n}{\sqrt{n^2+1}}.$$

且
$$\lim_{n\to\infty}\frac{n}{\sqrt{n^2+n}}=\lim_{x\to\infty}\frac{1}{\sqrt{1+\dfrac{1}{n}}}=1,\ \lim_{n\to\infty}\frac{n}{\sqrt{n^2+1}}=\lim_{n\to\infty}\frac{1}{\sqrt{1+\dfrac{1}{n^2}}}=1,$$

由准则Ⅰ有
$$\lim_{n\to\infty}\left(\frac{1}{\sqrt{n^2+1}}+\frac{1}{\sqrt{n^2+2}}+\cdots+\frac{1}{\sqrt{n^2+n}}\right)=1.$$

**例6**:利用极限存在准则证明:

数列 $\sqrt{2}$ , $\sqrt{2+\sqrt{2}}$ , $\sqrt{2+\sqrt{2+\sqrt{2}}}$ … 的极限存在.

**证**:由题设知
$$x_{n+1}=\sqrt{2+x_n}\,(n\in\mathbf{N}^+)\,,x_1=\sqrt{2}.$$

先证数列 $\{x_n\}$ 有界:

$n=1$ 时, $x_1=\sqrt{2}<2$;假定 $n=k$ 时, $x_k<2$.当 $n=k+1$ 时, $x_{k+1}=\sqrt{2+x_k}<\sqrt{2+2}=2$,故 $x_n<2(n\in\mathbf{N}^+)$.

再证数列 $\{x_n\}$ 单调增加:

因 $x_{n+1}-x_n=\sqrt{2+x_n}-x_n=\dfrac{2+x_n-x_n^2}{\sqrt{2+x_n}+x_n}=-\dfrac{(x_n-2)(x_n+1)}{\sqrt{2+x_n}+x_n}$,

由 $0<x_n<2$,得 $x_{n+1}-x_n>0$,即 $x_{n+1}>x_n(n\in\mathbf{N}^+)$.

由单调有界准则,即知 $\lim\limits_{n\to\infty}x_n$ 存在.记 $\lim\limits_{n\to\infty}x_n=a$.由 $x_{n+1}=\sqrt{2+x_n}$,得 $x_{n+1}^2=2+x_n$.

上式两端同时取极限: $\lim\limits_{n\to\infty}x_{n+1}^2=\lim\limits_{n\to\infty}(2+x_n)$,

得
$$a^2=2+a\Rightarrow a^2-a-2=0\Rightarrow a_1=2,a_2=-1(舍去).$$
即
$$\lim_{n\to\infty}x_n=2.$$

注:本题的求解过程分成两步,第一步是证明数列 $\{x_n\}$ 单调有界,从而保证数列的极限存在;第二步是在递推公式两端同时取极限,得出一个含有极限值 $a$ 的方程,再通过解方程求得极限值 $a$.注意:只有在证明数列极限存在的前提下,才能采用第二步的方法求得极限值.否则,直接利用第二步,有时会导出错误的结果.

# 习题 2.2

1. 观察下列数列的变化趋势,判定哪些数列有极限,如有极限,写出它们的极限.

(1) $x_n = (-1)^{n-1} \dfrac{1}{n}$;     (2) $x_n = \dfrac{n+1}{2n-1}$;     (3) $x_n = \dfrac{1}{2^n} + 1$;

(4) $x_n = (-1)^n n$;     (5) $x_n = \cos \dfrac{1}{n}$;     (6) $x_n = \dfrac{n^2-1}{(n+2)(n+3)}$.

2. 求下列数列的极限.

(1) $\lim\limits_{n \to \infty} \left(2 + \dfrac{1}{n}\right)\left(3 - \dfrac{2}{n^2}\right)$;

(2) $\lim\limits_{x \to \infty} \dfrac{1 + 2 + 3 + \cdots + n}{n^2}$;

(3) $\lim\limits_{x \to \infty} \left[\dfrac{1}{1 \times 2} + \dfrac{1}{2 \times 3} + \dfrac{1}{3 \times 4} + \cdots + \dfrac{1}{n(n+1)}\right]$;

(4) $\lim\limits_{n \to \infty} \left(1 + \dfrac{1}{2} + \dfrac{1}{2^2} + \dfrac{1}{2^3} + \cdots + \dfrac{1}{2^n}\right)$.

3. 求下列数列的极限.

(1) $\lim\limits_{n \to \infty} \left(\dfrac{1}{n^k} + \dfrac{2}{n^k} + \cdots + \dfrac{n}{n^k}\right)$;    (2) $\lim\limits_{n \to \infty} \left(\dfrac{1}{1 \times 3} + \dfrac{1}{3 \times 5} + \cdots + \dfrac{1}{4n^2-1}\right)$;

(3) $\lim\limits_{n \to \infty} \left(\dfrac{1}{n^2} + \dfrac{2}{n^2} + \cdots + \dfrac{n}{n^2}\right)$;    (4) $\lim\limits_{n \to \infty} \left(1 - \dfrac{1}{2^2}\right) \cdot \left(1 - \dfrac{1}{3^2}\right) \cdot \cdots \cdot \left(1 - \dfrac{1}{n^2}\right)$.

**解**:(1)分析:考查极限的四则运算以及数列求和技巧.

因为 $1 + 2 + 3 + \cdots + n = \dfrac{n(n+1)}{2}$,所以

$$原式 = \lim\limits_{n \to \infty} \dfrac{n(n+1)}{2n^k} = \dfrac{1}{2} \lim\limits_{n \to \infty} \left(\dfrac{1}{n^{k-2}} + \dfrac{1}{n^{k-1}}\right) = \begin{cases} 0, & k > 2, \\ \dfrac{1}{2}, & k = 2, \\ +\infty, & k < 2. \end{cases}$$

(2) 因为 $\dfrac{1}{4k^2-1} = \dfrac{1}{2}\left(\dfrac{1}{2k-1} - \dfrac{1}{2k+1}\right)(k = 1, 2, \cdots, n)$,所以

$$原式 = \dfrac{1}{2} \lim\limits_{n \to \infty} \left[\left(1 - \dfrac{1}{3}\right) + \left(\dfrac{1}{3} - \dfrac{1}{5}\right) + \cdots + \left(\dfrac{1}{2n-1} - \dfrac{1}{2n+1}\right)\right] = \dfrac{1}{2} \lim\limits_{n \to \infty} \left(1 - \dfrac{1}{2n+1}\right) = \dfrac{1}{2}.$$

(3) $原式 = \lim\limits_{n \to \infty} \dfrac{\dfrac{1}{2}n(n+1)}{n^2} = \lim\limits_{n \to \infty} \left(\dfrac{1}{2} + \dfrac{1}{2n}\right) = \dfrac{1}{2}$.

(4) 分析:若是求形如 $\lim\limits_{n \to \infty} a_1 a_2 \cdots a_n$ 型极限,常用化简技巧是先适当分解因子,然后约去公因子.

因为 $1 - \dfrac{1}{k^2} = \dfrac{k-1}{k} \cdot \dfrac{k+1}{k}(k = 2, \cdots, n)$ ,所以

$$原式 = \lim\limits_{n \to \infty} \left(\dfrac{1}{2} \times \dfrac{3}{2} \times \dfrac{2}{3} \times \dfrac{4}{3} \cdot \cdots \cdot \dfrac{n-1}{n} \cdot \dfrac{n+1}{n}\right) = \lim\limits_{n \to \infty} \dfrac{n+1}{2n} = \dfrac{1}{2}.$$

# 2.3 函数的极限

如果把数列看作自变量为 $n$ 的函数 $x_n = f(n)$,那么数列 $x_n = f(n)$ 的极限为 $a$,即当自变量 $n$"离散"地取正整数而无限增大($n \to +\infty$)时,对应的函数值 $f(n)$ 无限接近于确定的数 $a$. 而对于函数,它的自变量 $x$ 可以"连续地"取定义区间的值,并且自变量 $x$ 的变化不仅有无限趋大的情况,而且还有趋于有限值 $x_0$ 的情况.因此,研究函数极限比数列极限更复杂一些,但研究的基本思想和方法是类似的.

若将数列极限概念中自变量 $n$ 和函数值 $f(n)$ 的特殊性撇开,可以由此引出函数极限的一般概念:在自变量 $x$ 的某个变化过程中,如果对应的函数值 $f(x)$ 无限接近于某个确定的数 $A$,则 $A$ 就称为 $x$ 在该变化过程中函数 $f(x)$ 的极限. 我们可以由函数图形认识函数极限,也可由函数值认识函数极限.

显然,函数 $f(x)$ 的极限 $A$ 与自变量 $x$ 的变化过程紧密相关,自变量的变化过程不同,函数的极限就有不同的表现形式. 本节分下列两种情况来讨论:

(1)自变量趋于无穷大时函数的极限,比如 $x \to \infty$ 时函数 $f(x)$ 的极限;

(2)自变量趋于有限值时函数的极限,比如 $x \to x_0$ 时函数 $f(x)$ 的极限.

## 一、自变量趋于无穷大时函数的极限

首先解释几个记号:

$x \to +\infty$:称为 $x$ 趋向于正无穷,它表示 $x$ 的取值沿着 $x$ 轴的正向逐渐增大;

$x \to -\infty$:称为 $x$ 趋向于负无穷,它表示 $x$ 的取值沿着 $x$ 轴的负向逐渐变小;

$x \to \infty$:称为 $x$ 趋向于无穷大,它表示 $|x|$ 无限增大,$x$ 的取值离原点越来越远.

一般地,我们给出函数极限的通俗定义,也称为描述性定义:

**定义 1(通俗定义):**

如果当 $|x|$ 无限增大时,函数 $f(x)$ 的值无限接近于常数 $A$,则称当 $x \to \infty$ 时,$f(x)$ 以 $A$ 为极限.记作 $\lim\limits_{x \to \infty} f(x) = A$ 或 $f(x) \to A(x \to \infty)$.

类似地可定义:

$$\lim_{x \to -\infty} f(x) = A \quad \text{和} \quad \lim_{x \to +\infty} f(x) = A.$$

**注**:关于自变量趋于无穷大时函数极限的严格定义,这里不需要掌握,感兴趣可以自行查阅.

例如:$\lim\limits_{x \to \infty} \dfrac{1}{x} = 0$,$\lim\limits_{x \to \infty}\left(1 + \dfrac{1}{x^3}\right) = 1$,$\lim\limits_{x \to \infty} e^{-x^2} = 0$,又如当 $x \to \infty$ 时,$y = \sin x$ 没有极限.事实上,由正弦函数的周期性可知,当 $|x|$ 无限增大的过程中,函数 $y = \sin x$ 在 $-1$ 和 $1$ 之间遍取所有值,其取值不趋向任何定值.因此,此函数当 $x \to \infty$ 时极限不存在,即 $\lim\limits_{x \to \infty} \sin x$ 不存在.

又如

$$\lim_{x \to -\infty} e^x = 0, \quad \lim_{x \to +\infty} e^x \text{ 不存在}$$

$$\lim_{x \to -\infty} \arctan x = -\frac{\pi}{2}, \quad \lim_{x \to +\infty} \arctan x = \frac{\pi}{2}$$

对于极限 $\lim\limits_{x\to\infty} f(x)$，$\lim\limits_{x\to+\infty} f(x)$ 和 $\lim\limits_{x\to-\infty} f(x)$，有以下重要的结论：

**定理 1**：函数极限 $\lim\limits_{x\to\infty} f(x)$ 存在且等于 $A$ 的充分必要条件是，极限 $\lim\limits_{x\to+\infty} f(x)$ 和 $\lim\limits_{x\to-\infty} f(x)$ 都存在且均等于 $A$，即有

$$\lim\limits_{x\to\infty} f(x) = A \Leftrightarrow \lim\limits_{x\to+\infty} f(x) = \lim\limits_{x\to-\infty} f(x) = A$$

由此定理可知，极限 $\lim\limits_{x\to\infty} \mathrm{e}^x$，$\lim\limits_{x\to\infty} \arctan x$ 均不存在.

**例 1**：求极限 $\lim\limits_{x\to+\infty} \left(\dfrac{1}{2}\right)^x$.

**解**：如图 2–11 所示，当 $x\to+\infty$ 时，$\left(\dfrac{1}{2}\right)^x \to 0$，所以 $\lim\limits_{x\to+\infty} \left(\dfrac{1}{2}\right)^x = 0$.

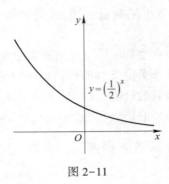

图 2–11

**例 2**：求 $\lim\limits_{x\to\infty} \dfrac{2x^2 - 1}{3x^4 + x^2 - 2}$.

**解**：以 $x^4$ 除分子、分母，再求极限：

$$\lim_{x\to\infty} \frac{2x^2 - 1}{3x^4 + x^2 - 2} = \lim_{x\to\infty} \frac{\dfrac{2}{x^2} - \dfrac{1}{x^4}}{3 + \dfrac{1}{x^2} - \dfrac{2}{x^4}} = \frac{0}{3} = 0.$$

## 二、自变量趋于有限值时函数的极限

同样，首先解释几个记号：

$x\to x_0$：表示 $x$ 从 $x_0$ 的左右两边沿着 $x$ 轴无限趋向于 $x_0$，但 $x \neq x_0$；

$x\to x_0^+$：表示 $x$ 大于 $x_0$ 且沿着 $x$ 轴从右向左无限趋向于 $x_0$，但 $x \neq x_0$；

$x\to x_0^-$：表示 $x$ 小于 $x_0$ 且沿着 $x$ 轴从左向右无限趋向于 $x_0$，但 $x \neq x_0$.

**定义 2（通俗定义）**：设函数 $f(x)$ 在点 $x_0$ 的某个去心邻域内有定义. 当自变量从 $x_0$ 的左右两边沿着 $x$ 轴无限趋向于 $x_0$ 且 $x \neq x_0$ 时，如果函数 $f(x)$ 的值无限趋近于某常数 $A$，则称当 $x\to x_0$ 时，$f(x)$ 以 $A$ 为极限.记作 $\lim\limits_{x\to x_0} f(x) = A$ 或 $f(x)\to A (x\to x_0)$.

**注**：关于自变量趋于 $x_0$ 时函数极限的严格定义，这里不需要掌握，感兴趣的读者可以自行查阅.

有时我们仅需考虑自变量 $x$ 大于（或小于）$x_0$ 而趋于 $x_0$ 时，函数 $f(x)$ 的极限，下面给出

单侧极限定义:

**定义 3(单侧极限的通俗定义)**:设函数 $f(x)$ 在点 $x_0$ 的某个左(右)邻域内有定义. 当自变量从 $x_0$ 的左(右)沿着 $x$ 轴无限趋向于 $x_0$ 且 $x \neq x_0$ 时,如果函数 $f(x)$ 的值无限趋近于某常数 $A$,则称 $A$ 为 $f(x)$ 的左(右)极限,记为 $\lim\limits_{x \to x_0^+} f(x) = A$ ( $\lim\limits_{x \to x_0^-} f(x) = A$ ).

极限 $\lim\limits_{x \to x_0} f(x)$ 与对应的左、右极限有如下重要的结论:

**定理 2**:极限 $\lim\limits_{x \to x_0} f(x)$ 存在的充要条件是左、右极限 $\lim\limits_{x \to x_0^-} f(x)$、$\lim\limits_{x \to x_0^+} f(x)$ 存在并且相等,即

$$\lim\limits_{x \to x_0} f(x) = A \Leftrightarrow \lim\limits_{x \to x_0^-} f(x) = \lim\limits_{x \to x_0^+} f(x) = A.$$

**例 3**:求 $\lim\limits_{x \to 1} \dfrac{x^2 + x - 2}{2x^2 + x - 3}$.

**解**:当 $x \to 1$ 时,分子、分母均趋于 0,因为 $x \neq 1$,约去公因子 $(x - 1)$,

所以 $\lim\limits_{x \to 1} \dfrac{x^2 + x - 2}{2x^2 + x - 3} = \lim\limits_{x \to 1} \dfrac{x + 2}{2x + 3} = \dfrac{3}{5}$.

**例 4**:设 $f(x) = \begin{cases} 1, & x \geq 0 \\ 2x + 1, & x < 0 \end{cases}$,求 $\lim\limits_{x \to 0} f(x)$.

**解**:因为 $\lim\limits_{x \to 0+0} f(x) = \lim\limits_{x \to 0+0} 1 = 1$,$\lim\limits_{x \to 0-0} f(x) = \lim\limits_{x \to 0-0} (2x + 1) = 1$.

又 $\lim\limits_{x \to 0+0} f(x) = \lim\limits_{x \to 0-0} f(x) = 1$,所以 $\lim\limits_{x \to 0} f(x) = 1$.

**例 5**:设 $f(x) = \begin{cases} x, & x \geq 0, \\ x + 1, & x < 0, \end{cases}$ 求 $\lim\limits_{x \to 0} f(x)$.

**解**:因为 $\lim\limits_{x \to 0^-} f(x) = \lim\limits_{x \to 0^-} (-x + 1) = 1$,$\lim\limits_{x \to 0^+} f(x) = \lim\limits_{x \to 0^+} x = 0$,

即 $\lim\limits_{x \to 0^-} f(x) \neq \lim\limits_{x \to 0^+} f(x)$,所以 $\lim\limits_{x \to 0} f(x)$ 不存在.

**例 6**:设 $f(x) = \dfrac{1 - a^{1/x}}{1 + a^{1/x}} (a > 0)$,求 $\lim\limits_{x \to 0} f(x)$.

**解**:$f(x)$ 在 $x = 0$ 处没有定义,而

$$\begin{cases} \lim\limits_{x \to 0+0} f(x) = \lim\limits_{x \to 0+0} \dfrac{a^{-\frac{1}{x}} - 1}{a^{-\frac{1}{x}} + 1} = -1, \\[3mm] \lim\limits_{x \to 0-0} f(x) = \lim\limits_{x \to 0-0} \dfrac{1 - a^{\frac{1}{x}}}{1 + a^{\frac{1}{x}}} = 1. \end{cases}$$

故 $\lim\limits_{x \to 0} f(x)$ 不存在.

## 三、函数极限的性质

下面给出函数极限的一些性质,包括唯一性、局部有界性、局部保号性等.

**性质 1(函数极限的唯一性)**:当 $x \to x_0$,$x \to x_0^-$,$x \to x_0^+$,$x \to \infty$,$x \to -\infty$,$x \to +\infty$ 时,如果极限 $\lim f(x)$ 存在,那么该极限唯一.

**性质 2(函数极限的局部保号性)**:

(1) 如果 $\lim\limits_{x \to x_0} f(x) = A$,而且 $A > 0$(或 $A < 0$),那么存在常数 $\delta > 0$,使当 $0 < |x - x_0| < \delta$ 时,有

$f(x) > 0$（或 $f(x) < 0$）.当 $x \to x_0^-$，$x \to x_0^+$ 时，有类似的结论成立.

（2）如果 $\lim\limits_{x \to \infty} f(x) = A$，而且 $A > 0$（或 $A < 0$），那么存在常数 $X > 0$，使得当 $x$ 满足不等式 $|x| > X$ 时，有 $f(x) > 0$（或 $f(x) < 0$）.当 $x \to -\infty$，$x \to +\infty$ 时，有类似的结论成立.

**性质 3（函数极限的逆向局部保号性）：**

（1）如果 $\lim\limits_{x \to x_0} f(x) = A(A \neq 0)$，那么存在点 $x_0$ 的某一去心邻域，在该邻域内，有 $|f(x)| > \dfrac{1}{2}|A|$.当 $x \to x_0^-$，$x \to x_0^+$，$x \to \infty$，$x \to -\infty$，$x \to +\infty$ 时，有类似的结论成立.

（2）如果在 $x_0$ 的某一去心邻域内 $f(x) \geqslant 0$（或 $f(x) \leqslant 0$），而且 $\lim\limits_{x \to x_0} f(x) = A$ 存在，那么 $A \geqslant 0$（或 $A \leqslant 0$）.特别地，如果在 $x_0$ 的某一去心邻域内 $f(x) > 0$（或 $f(x) < 0$），而且 $\lim\limits_{x \to x_0} f(x) = A$ 存在，那么 $A > 0$（或 $A < 0$）.当 $x \to x_0^-$，$x \to x_0^+$，$x \to \infty$，$x \to -\infty$，$x \to +\infty$ 时，有类似的结论成立.

（3）在自变量的同一变化过程，如果 $\varphi(x) \geqslant \phi(x)$，而 $\lim \varphi(x) = a$，$\lim \psi(x) = b$，那么 $a \geqslant b$.

**性质 4（函数极限的局部有界性）：**

（1）如果 $\lim\limits_{x \to x_0} f(x) = A$，$A$ 为常数，那么就存在着点 $x_0$ 的某一去心邻域，当 $x$ 在该去心邻域内时，就存在正数 $M$，都有 $|f(x)| < M$ 成立，即 $f(x)$ 在该去心邻域内是局部有界的.对 $x \to x_0^+$，$x \to x_0^-$ 的情形有类似的结论.

（2）如果 $\lim\limits_{x \to \infty} f(x) = A$，$A$ 为常数，那么就存在正数 $X$ 和 $M$，使得当 $|x| \geqslant X$ 时，都有 $|f(x)| < M$ 成立，即 $f(x)$ 在 $|x| \geqslant X$ 内是局部有界的.对 $x \to +\infty$，$x \to -\infty$ 的情形有类似的结论.

**注**：无穷大量在其定义域内一定是无界变量.

## 四、极限的运算法则

下面介绍极限的四则运算法则和复合函数的极限运算法则，利用这些法则可以求一些比较复杂的函数极限.

**定理 3（极限的四则运算法则）**：在同一自变量变化过程中，如果 $\lim f(x) = A$，$\lim g(x) = B$，那么

（1）$\lim [f(x) \pm g(x)] = \lim f(x) \pm \lim g(x) = A \pm B$；

（2）$\lim [f(x) \cdot g(x)] = \lim f(x) \cdot \lim g(x) = A \cdot B$；

（3）$\lim \dfrac{f(x)}{g(x)} = \dfrac{\lim f(x)}{\lim g(x)} = \dfrac{A}{B}(B \neq 0)$.

**推论**：

（1）如果 $\lim f(x)$ 存在，而 $c$ 为常数，则 $\lim [cf(x)] = c \lim f(x)$.

（2）如果 $\lim f(x)$ 存在，而 $n$ 是正整数，则 $\lim [f(x)]^n = [\lim f(x)]^n$.

**注**：（1）以上各运算法则对数列极限也成立.

（2）在同一自变量变化过程中，如果 $\lim f(x)$ 存在，而 $\lim g(x)$ 不存在，则 $\lim [f(x) \pm g(x)]$ 一定不存在.

（3）在同一自变量变化过程中，如果 $\lim f(x)$ 和 $\lim g(x)$ 都不存在，则 $\lim[f(x)\pm g(x)]$ 可能存在，也可能不存在，并且 $\lim[f(x)\pm g(x)]$ 不能写成 $\lim f(x)\pm\lim g(x)$.

**定理 4（复合函数的极限运算法则）：**

设函数 $y=f(u)$ 与 $u=\varphi(x)$ 构成复合函数 $y=f[\varphi(x)]$.若 $\lim\limits_{x\to x_0}\varphi(x)=u_0$，且当 $x\neq x_0$ 时，$\varphi(x)\neq u_0$.

（1）若 $\lim\limits_{u\to u_0}f(u)=A$，则

$$\lim\limits_{x\to x_0}f[\varphi(x)]=\lim\limits_{u\to u_0}f(u)=A（变换）\tag{1}$$

（2）特别地，若 $\lim\limits_{n\to n_0}f(u)=f(u_0)$，则

$$\lim\limits_{x\to x_0}f[\varphi(x)]=\lim\limits_{u\to u_0}f(u)=f(u_0)=f[\lim\limits_{x\to x_0}\varphi(x)]（换序）\tag{2}$$

上面式（1）表明，在求复合函数的极限时，通过变换 $u=\varphi(x)$，可将其简化为外层函数求极限，即

$$\lim\limits_{x\to x_0}f[\varphi(x)]\xlongequal{u=\varphi(x)}\lim\limits_{u\to u_0}f(u).$$

上面式（2）表明，对于复合函数的求极限问题，当 $\lim\limits_{x\to u_0}f(u)=f(u_0)$ 时，可将函数运算与极限运算交换次序，即

$$\lim\limits_{x\to x_0}f[\varphi(x)]=f[\lim\limits_{x\to x_0}\varphi(x)].$$

**注**：在定理 4 中，将 $\lim\limits_{x\to x_0}\varphi(x)=u_0$ 换成 $\lim\limits_{\substack{x\to x_0\\(或 r\to\infty)}}\varphi(x)=\infty$，而将 $\lim\limits_{u\to u_0}f(u)=A$ 换成 $\lim\limits_{n\to\infty}f(u)=A$，定理结论仍然成立.

**例 7**：求 $\lim\limits_{x\to 2}(x^2-3x+5)$.

**解**：$\lim\limits_{x\to 2}(x^2-3x+5)=\lim\limits_{x\to 2}x^2-\lim\limits_{x\to 2}3x+\lim\limits_{x\to 2}5=(\lim\limits_{x\to 2}x)^2-3\lim\limits_{x\to 2}x+\lim\limits_{x\to 2}5=2^2-3\cdot 2+5=3.$

**注**：设 $f(x)=a_0x^n+a_1x^{n-1}+\cdots+a_n$，则有

$$\lim\limits_{x\to x_0}f(x)=a_0(\lim\limits_{x\to x_0}x)^n+a_1(\lim\limits_{x\to x_0}x)^{n-1}+\cdots+a_n=a_0x_0^n+a_1x_0^{n-1}+\cdots+a_n=f(x_0).$$

**例 8**：求 $\lim\limits_{x\to 3}\dfrac{2x^2-9}{5x^2-7x-2}$.

**解**：$\lim\limits_{x\to 3}\dfrac{2x^2-9}{5x^2-7x-2}=\dfrac{\lim\limits_{x\to 3}(2x^2-9)}{\lim\limits_{x\to 3}(5x^2-7x-2)}=\dfrac{2\cdot 3^2-9}{5\cdot 3^2-7\cdot 3-2}=\dfrac{9}{22}.$

**例 9**：求 $\lim\limits_{x\to 1}\dfrac{x^2-1}{x^2+2x-3}$.

**解**：当 $x\to 1$ 时，分子和分母的极限都是零，先约去不为零的公因子 $x-1$ 后，再求极限.

$$\lim\limits_{x\to 1}\dfrac{x^2-1}{x^2+2x-3}=\lim\limits_{x\to 1}\dfrac{(x+1)(x-1)}{(x+3)(x-1)}=\lim\limits_{x-1}\dfrac{x+1}{x+3}（消去零因子法）=\dfrac{1}{2}.$$

**例 10**：计算 $\lim\limits_{x\to\infty}\dfrac{2x^3+3x^2+5}{7x^3+4x^2-1}$.

**解**: 当 $x \to \infty$ 时, 分子和分母的极限都趋于无穷大. 先用 $x^3$ 去除分子分母, 再求极限.

$$\lim_{x \to \infty} \frac{2x^3 + 3x^2 + 5}{7x^3 + 4x^2 - 1} = \lim_{x \to \infty} \frac{2 + \dfrac{3}{x} + \dfrac{5}{x^3}}{7 + \dfrac{4}{x} - \dfrac{1}{x^3}} = \frac{2}{7}.$$

由数列极限存在准则, 可以证明下列两个重要极限:

**定理 5 ( 两个重要极限 ) :**

( 1 ) $\lim\limits_{x \to 0} \dfrac{\sin x}{x} = 1, \lim \dfrac{\sin \alpha(x)}{\alpha(x)} = 1(\alpha(x) \to 0)$.

( 2 ) $\lim\limits_{x \to \infty} \left(1 + \dfrac{1}{x}\right)^x = \mathrm{e}, \lim\limits_{x \to 0} (1 + x)^{\frac{1}{x}} = \mathrm{e}, \lim [1 + \alpha(x)]^{\frac{1}{\alpha(x)}} = \mathrm{e}(\alpha(x) \to 0)$.

**注**: $\lim\limits_{x \to \infty} \dfrac{\sin x}{x} = 0$, 它与重要极限 $\lim\limits_{x \to 0} \dfrac{\sin x}{x} = 1$ 有区别.

**例 11**: 求 $\lim\limits_{x \to 0} \dfrac{\tan x}{x}$.

**解**: $\lim\limits_{x \to 0} \dfrac{\tan x}{x} = \lim\limits_{x \to 0} \dfrac{\sin x}{x} \cdot \dfrac{1}{\cos x} = \lim\limits_{x \to 0} \dfrac{\sin x}{x} \cdot \lim\limits_{x \to 0} \dfrac{1}{\cos x} = 1.$

**例 12**: 求 $\lim\limits_{x \to 0} \dfrac{\tan 3x}{\sin 5x}$.

**解**: $\lim\limits_{x \to 0} \dfrac{\tan 3x}{\sin 5x} = \lim\limits_{x \to 0} \dfrac{\sin 3x}{\sin 5x} \cdot \dfrac{1}{\cos 3x} = \lim\limits_{x \to 0} \dfrac{\dfrac{\sin 3x}{3x}}{\dfrac{\sin 5x}{5x}} \cdot \dfrac{3}{5} \dfrac{1}{\cos 3x} = \dfrac{1}{1} \times \dfrac{3}{5} \times 1 = \dfrac{3}{5}.$

**例 13**: 求 $\lim\limits_{x \to 0} \dfrac{1 - \cos x}{x^2}$.

**解**: 原式 $= \lim\limits_{x \to 0} \dfrac{2 \sin^2 \dfrac{x}{2}}{x^2} = \dfrac{1}{2} \lim\limits_{x \to 0} \dfrac{\sin^2 \dfrac{x}{2}}{\left(\dfrac{x}{2}\right)^2} = \dfrac{1}{2} \lim\limits_{x \to 0} \left(\dfrac{\sin \dfrac{x}{2}}{\dfrac{x}{2}}\right)^2 = \dfrac{1}{2} \cdot 1^2 = \dfrac{1}{2}.$

**例 14**: 求 $\lim\limits_{x \to \infty} \left(1 + \dfrac{2}{x}\right)^x$.

**解**: $\lim\limits_{x \to \infty} \left(1 + \dfrac{2}{x}\right)^x = \lim\limits_{x \to \infty} \left[\left(1 + \dfrac{1}{\dfrac{x}{2}}\right)^{\frac{x}{2}}\right]^2 = \left[\lim\limits_{x \to \infty} \left(1 + \dfrac{1}{\dfrac{x}{2}}\right)^{\frac{x}{2}}\right]^2 = \mathrm{e}^2.$

**例 15**: $\lim\limits_{x \to \infty} \left(1 - \dfrac{1}{x}\right)^{x+1}$.

**解**: $\lim\limits_{x \to \infty} \left(1 - \dfrac{1}{x}\right)^{x+1} = \lim\limits_{x \to \infty} \left[\left(1 + \dfrac{1}{-x}\right)^{-x}\right]^{-1} \left(1 - \dfrac{1}{x}\right) = \left[\lim\limits_{x \to \infty} \left(1 + \dfrac{1}{-x}\right)^{-x}\right]^{-1} \cdot$

$\lim\limits_{x \to \infty} \left(1 - \dfrac{1}{x}\right) = \mathrm{e}^{-1} \cdot 1 = \dfrac{1}{\mathrm{e}}.$

**例 16**: 求 $\lim\limits_{x \to \infty} \left( \dfrac{2n-1}{2n+1} \right)^n$.

**解**: $\lim\limits_{x \to \infty} \left( \dfrac{2n-1}{2n+1} \right)^n = \lim\limits_{x \to \infty} \left( 1 - \dfrac{2}{2n+1} \right)^n = \lim\limits_{x \to \infty} \left( 1 - \dfrac{1}{n + \frac{1}{2}} \right)^{n + \frac{1}{2}} \cdot \left( 1 - \dfrac{1}{n + \frac{1}{2}} \right)^{-\frac{1}{2}} = \dfrac{1}{e} \cdot$

$1^{-\frac{1}{2}} = \dfrac{1}{e}$.

# 习题 2.3

1. 求下列函数的极限.

(1) $\lim\limits_{x \to 2} \dfrac{x^2 - 1}{x - 3}$;

(2) $\lim\limits_{x \to -1} \dfrac{x^2 - 3x + 2}{x^2 + 2}$;

(3) $\lim\limits_{x \to \sqrt{2}} \dfrac{x^2 + 1}{x^2 - 1}$;

(4) $\lim\limits_{x \to 0} \left( \dfrac{x^2 - x + 4}{x - 2} + 3 \right)$.

2. 求下列极限.

(1) $\lim\limits_{x \to \infty} \dfrac{x^3 + x^2 - 1}{2x^3 + x + 1}$;

(2) $\lim\limits_{x \to \infty} \dfrac{x^2 + x - 1}{x^3 + 2x^2 - 2}$;

(3) $\lim\limits_{x \to \infty} \dfrac{x(x + 3)}{(x + 1)(x + 2)}$;

(4) $\lim\limits_{x \to \infty} \dfrac{x^2 + 1}{10x}$.

3. 求下列极限.

(1) $\lim\limits_{x \to 0} \dfrac{x}{\sin 2x}$;

(2) $\lim\limits_{x \to 0} \dfrac{\tan wx}{x}$;

(3) $\lim\limits_{x \to 0} \dfrac{\sin 3x}{\tan 2x}$;

(4) $\lim\limits_{x \to 0} \dfrac{\sin \alpha x}{\sin \beta x} (\beta \neq 0)$.

4. 求下列极限.

(1) $\lim\limits_{x \to \infty} \left( 1 + \dfrac{1}{x} \right)^{-x}$;

(2) $\lim\limits_{x \to 0} (1 - x)^{\frac{2}{x}}$;

(3) $\lim\limits_{x \to \infty} \left( \dfrac{2 - x}{3 - x} \right)^{x + 2}$;

(4) $\lim\limits_{x \to 0} (1 + 2x)^{\frac{1}{x}}$.

5. 已知 $I = \lim\limits_{x \to 1} \dfrac{x^2 + ax + b}{x - 1} = 3$, 试确定 $a$ 与 $b$ 的值.

# 2.4 无穷小量与无穷大量

在微积分发展过程中, "无穷小量"曾经困扰了数学界多年, 甚至引发了第二次数学危机. 直到 19 世纪, 法国数学家柯西将无穷小量视为极限为零的变量, 才澄清了人们长期存在的模糊认识.

对无穷小量的认识问题, 可以远溯到古希腊. 那时, 阿基米德就曾用无限小量方法得到许多重要的数学结果,但他认为无限小量方法存在着不合理的地方.直到 1821 年,柯西在他的《分析教程》中才对无限小(即这里所说的无穷小)这一概念给出了明确的回答.而有关无穷小的理论就是在柯西的理论基础上发展起来的.

## 一、无穷小量的概念

**定义 1:** 极限为零的变量为无穷小量.

具体地,当 $x \to x_0$, $x \to x_0^-$, $x \to x_0^+$, $x \to \infty$, $x \to -\infty$, $x \to +\infty$ 时,如果函数 $f(x)$ 的极限为零,即 $\lim f(x) = 0$,那么称函数 $f(x)$ 为当 $x \to x_0$(或 $x \to \infty$ 等其他情形)时的无穷小.特别地,以零为极限的数列 $\{x_n\}$ 称为 $n \to \infty$ 时的无穷小.

**注:**(1) 无穷小不是"很小的常数".除去零外的任何常数,无论它的绝对值怎么小,都不是无穷小.因此,不要把无穷小量与非常小的数混淆,如 $10^{-100}$ 很小,但它不是无穷小量.

(2) 常数 0 是任何极限过程中的无穷小量.

(3) 无穷小量与自变量的变化过程分不开,不能脱离极限过程说 $f(x)$ 是无穷小量.如 $\sin x$ 是 $x \to 0$ 时的无穷小量,但因 $\lim\limits_{x \to \frac{\pi}{2}} \sin x = 1$,所以 $\sin x$ 不是 $x \to \dfrac{\pi}{2}$ 时的无穷小量.

(4) 由于 $\lim C = C$($C$ 等常数),所以任何非零常数都不是无穷小量.

例如:因为 $\lim\limits_{x \to \infty} \dfrac{1}{x} = 0$,所以函数 $\dfrac{1}{x}$ 为当 $x \to \infty$ 时的无穷小.因为 $\lim\limits_{x \to 1}(x - 1) = 0$,所以函数为 $x - 1$ 当 $x \to 1$ 时的无穷小.因为 $\lim\limits_{n \to \infty} \dfrac{1}{n+1} = 0$,所以数列 $\left\{ \dfrac{1}{n+1} \right\}$ 为当 $n \to \infty$ 时的无穷小.

## 二、无穷小量的性质

由无穷小量的定义可推出如下的性质:

**性质 1:** 有限个无穷小的和也是无穷小.

**性质 2:** 有界函数与无穷小的乘积是无穷小.

**性质 3:** 常数与无穷小的乘积是无穷小.

**性质 4:** 有限个无穷小的乘积也是无穷小.

**定理 1**(无穷小与函数极限的关系):在自变量的同一变化过程 $x \to x_0$(或 $x \to \infty$)中,函数 $f(x)$ 具有极限 $A$ 的充分必要条件是 $f(x) = A + \alpha$,其中:$\alpha$ 是无穷小.当 $x \to x_0^-$, $x \to x_0^+$, $x \to -\infty$, $x \to +\infty$ 时,有类似的结论.

**注:** 无穷小量的性质提供了某种函数求极限的方法.

**例 1:** 求 $\lim\limits_{x \to 0} x \sin \dfrac{1}{x}$.

**解:** 当 $x \to 0$ 时,$\left| \sin \dfrac{1}{x} \right| \leq 1$,$\sin \dfrac{1}{x}$ 是有界函数,又 $\lim\limits_{x \to 0} x = 0$,即当 $x \to 0$ 时,$y = \dfrac{\sin x}{x}$ 是有界函数与无穷小量的乘积,由性质(2)知 $\lim\limits_{x \to 0} x \sin \dfrac{1}{x} = 0$.

**例 2**：求 $\lim\limits_{x\to\infty}\dfrac{\arctan x}{x}$.

**解**：当 $x\to\infty$ 时，$|\arctan x|<\dfrac{\pi}{2}$，$\arctan x$ 为有界函数，又 $\lim\limits_{x\to\infty}\dfrac{1}{x}=0$，即当 $x\to\infty$ 时，$y=\dfrac{\arctan x}{x}$ 是有界函数与无穷小量的乘积.

$$\lim_{x\to\infty}\frac{\arctan x}{x}=0.$$

上面例 1 和例 2 不能利用乘积的极限法则计算.如以下运算是错误的：

$$\lim_{x\to 0}x\sin\frac{1}{x}=\lim_{x\to 0}x\cdot\lim_{x\to 0}\sin\frac{1}{x}=0,$$

这由于极限 $\lim\limits_{x\to 0}\sin\dfrac{1}{x}$ 不存在，不满足乘积的极限法则条件.

## 三、无穷大量的概念

**定义 2**：如果当 $x\to x_0$（或 $x\to\infty$）时，对应的函数值的绝对值 $|f(x)|$ 无限增大，就称函数 $f(x)$ 为当 $x\to x_0$（或 $x\to\infty$）时的无穷大量.记为 $\lim\limits_{x\to x_0}f(x)=\infty$（或 $\lim\limits_{x\to\infty}f(x)=\infty$）.当 $x\to x_0^-$，$x\to x_0^+$，$x\to-\infty$，$x\to+\infty$ 时，有类似的无穷大量的定义.

**注**：当 $x\to x_0$（或 $x\to\infty$）时为无穷大的函数 $f(x)$，按函数极限定义来说，极限是不存在的.但为了便于叙述函数的这一特性，我们也说"函数的极限是无穷大"，并记作 $\lim\limits_{x\to x_0}f(x)=\infty$（或 $\lim\limits_{x\to\infty}f(x)=\infty$）.

**定理 2（无穷大与无穷小之间的关系）**：在自变量的同一变化过程中，如果 $f(x)$ 为无穷大，则 $\dfrac{1}{f(x)}$ 为无穷小；反之，如果 $f(x)$ 为无穷小，且 $f(x)\neq 0$，则 $\dfrac{1}{f(x)}$ 为无穷大.

例如：当 $x\to 0$ 时，$\dfrac{1}{x}$ 是无穷大；当 $x\to\infty$ 时，$x^2$ 是无穷大.

**注**：（1）无穷大是指绝对值可以无限增大的变量，不是常数，不能与绝对值很大的常数混为一谈，一个无论多大的常数（如 $10^{100}$）都不是无穷大.

（2）说一个函数是无穷大时，必须指明自变量的变化过程.例如：函数 $y=\dfrac{1}{x}$，当 $x\to 0$ 时是无穷大；当 $x\to\infty$ 时不是无穷大.

（3）当 $x\to x_0$（或 $x\to\infty$）时，函数 $f(x)$ 的约对值无限增大，按极限的定义，函数 $f(x)$ 的极限是不存在的，但为了便于叙述函数的这一变化状态，我们也说函数的极限是无穷大.

**例 3**：求极限 $\lim\limits_{x\to\infty}\dfrac{x^4}{x^3+5}$.

**解**：因 $\lim\limits_{x\to\infty}\dfrac{x^3+5}{x^4}=\lim\limits_{x\to\infty}\left(\dfrac{1}{x}+\dfrac{5}{x^4}\right)=0$，所以 $\lim\limits_{x\to\infty}\dfrac{x^4}{x^3+5}=\infty$.

## 四、无穷小量阶的比较

在讨论无穷小的性质时,我们知道了两个无穷小的和、差及乘积仍是无穷小,但无穷小的商却会出现不同的情况.例如:当 $x \to 0$ 时, $x, x^2, \sin x$ 都是无穷小,而

$$\lim_{x \to 0} \frac{x^2}{x} = 0, \lim_{x \to 0} \frac{x}{x^2} = \infty, \lim_{x \to 0} \frac{\sin x}{x} = 1.$$

上述情况反映了不同的无穷小趋于零的快慢程度不同,为了刻画不同的无穷小趋于零的"速度",引入无穷小量阶的概念.

**定义 3**:设 $\alpha, \beta$ 是在同一自变量变化过程中的两个无穷小量,即 $\lim \alpha = 0, \lim \beta = 0$ ,且 $\beta \neq 0, \lim \dfrac{\alpha}{\beta}$ 也是在这个变化过程中的极限.

(1) 若 $\lim \dfrac{\alpha}{\beta} = 0$ ,则称 $\alpha$ 是比 $\beta$ 高阶的无穷小,记作 $\alpha = o(\beta)$ .

(2) 若 $\lim \dfrac{\alpha}{\beta} = \infty$ ,则称 $\alpha$ 是比 $\beta$ 低阶的无穷小,记作 $\beta = o(\alpha)$ 或 $\alpha = O(\beta)$ .

(3) 若 $\lim \dfrac{\alpha}{\beta} = c \neq 0$ ,则称 $\alpha$ 和 $\beta$ 是同阶无穷小,记作 $\alpha = o(\beta)$ .

(4) 若 $\lim \dfrac{\alpha}{\beta} = 1$ ,则称 $\alpha$ 与 $\beta$ 是等价无穷小,记作 $\alpha \sim \beta$ . 显然,等价无穷小是同阶无穷小的一种特殊情形,即 $c = 1$ 的情形.

(5) 若 $\lim \dfrac{\alpha}{\beta^k} = c \neq 0, k > 0$ ,则称 $\alpha$ 是关于 $\beta$ 的 $k$ 阶无穷小.

**注**:① 并非任意两个无穷小均可比较,只有在同一自变量变化过程中的两个无穷小才可比较.

② 等价无穷小具有"三性":自反性、对称性、传递性.

**定理 3(等价无穷小替换定理)**:设在同一自变量变化过程中,有等价无穷小 $\alpha \sim \alpha'$ , $\beta \sim \beta'$ ,且 $\lim \dfrac{\alpha'}{\beta'}$ 存在或为 $\infty$ ,则 $\lim \dfrac{\alpha}{\beta} = \lim \dfrac{\alpha'}{\beta'}$ .

**注**:① 在利用等价无穷小替换定理简化函数极限运算时,只能替换分子(分母)的整体以及整个式子中的乘除因子,分子(分母)中的加、减项不能用等价无穷小替换.

② 用等价无穷小替换适用于乘、除,对于加、减须谨慎!

根据等价无穷小的定义,可以证明,当 $x \to 0$ 时,有下列常用等价无穷小关系:

当 $x \to 0$ 时, $\sin x \sim x$ , $\tan x \sim x$ , $\arcsin x \sim x$ , $\arctan x \sim x$ ,

$\mathrm{e}^x - 1 \sim x$ , $\ln(1 + x) \sim x$ , $1 - \cos x \sim \dfrac{1}{2}x^2$ , $(1 + x)^\alpha - 1 \sim \alpha x$ ( $\alpha > 0$ ),

$a^x - 1 \sim x \ln a$ ( $a > 0, a \neq 1$ ) , $x^m + x^k \sim x^m$ ( $k > m > 0$ ).

**例 4**:求下列极限:

(1) $\displaystyle\lim_{x \to 0} \frac{\tan 3x}{\sin 4x}$ ;

(2) $\displaystyle\lim_{x \to 0} \frac{x(\mathrm{e}^x - 1)}{1 - \cos x}$ ;

(3) $\lim\limits_{x\to 0}\dfrac{\ln(1+2x)}{\arcsin 3x}$;                (4) $\lim\limits_{x\to 0}\dfrac{\sin\dfrac{x}{2}}{\sqrt{1+x}-1}$.

**解**:(1)因为当 $x\to 0$ 时,$3x\to 0,4x\to 0$,则 $\tan 3x\sim 3x,\sin 4x\sim 4x$,所以

$$\lim\limits_{x\to 0}\frac{\tan 3x}{\sin 4x}=\lim\limits_{x\to 0}\frac{3x}{4x}=\frac{3}{4}.$$

(2)因为当 $x\to 0$ 时,$\mathrm{e}^x-1\sim x$,$1-\cos x\sim\dfrac{1}{2}x^2$,所以

$$\lim\limits_{x\to 0}\frac{x(\mathrm{e}^x-1)}{1-\cos x}=\lim\limits_{x\to 0}\frac{x\cdot x}{\dfrac{1}{2}x^2}=2.$$

(3)当 $x\to 0$ 时,$2x\to 0,3x\to 0$,则 $\ln(1+2x)\sim 2x,\arcsin 3x\sim 3x$,所以

$$\lim\limits_{x\to 0}\frac{\ln(1+2x)}{\arcsin 3x}=\lim\limits_{x\to 0}\frac{2x}{3x}=\frac{2}{3}.$$

(4)当 $x\to 0$ 时,$\dfrac{x}{2}\to 0$,则 $\sin\dfrac{x}{2}\sim\dfrac{x}{2}$,$\sqrt{1+x}-1\sim\dfrac{1}{2}x$,所以

$$\lim\limits_{x\to 0}\frac{\sin\dfrac{x}{2}}{\sqrt{1+x}-1}=\lim\limits_{x\to 0}\frac{\dfrac{x}{2}}{\dfrac{1}{2}x}=1.$$

## 习题 2.4

1. 在下列各题中,指出哪些是无穷小量,哪些是无穷大量?

(1) $\dfrac{\sin x}{1+x}(x\to 0)$;                (2) $10^{-3}(x\to 0)$;

(3) $\dfrac{x}{x^2-1}(x\to 1)$;                (4) $\dfrac{(-1)^n}{2^n}(n\to\infty)$.

2. 下列各函数在什么变化过程中是无穷小量? 又在什么变化过程中是无穷大量?

(1) $y=(x-1)^2$;                (2) $y=\ln(1+x^2)$;

(3) $y=\mathrm{e}^{2x}$;                (4) $y=\dfrac{1}{x-2}$.

3. 当 $x\to 0$ 时,$x^2+x$ 与 $x\sin x$ 相比较哪个是高阶无穷小?

4. 当 $x\to 1$ 时,无穷小量 $2(x-1)$ 与 $x^2-1$ 是否同阶? 是否等价?

5. 证明当 $x\to 0$ 时,$\sqrt{1+x}-\sqrt{1-x}\sim x$.

6. 利用等价无穷小替代原理计算下列极限:

(1) $\lim\limits_{x\to 0}\dfrac{\sin x^n}{(\sin x)^n}$;                (2) $\lim\limits_{x\to 0}\dfrac{x^2+\tan 3x}{\sin 2x}$;

$(3) \lim\limits_{x \to 0} \dfrac{x \sin x}{e^{x^2} - 1};$ $\qquad\qquad\qquad$ $(4) \lim\limits_{x \to 0} \dfrac{\arcsin x^2}{x \ln(1 + 2x)}.$

# 2.5　函数的连续性与间断点

连续与离散是对立统一的,如"滚滚长江东逝水""抽刀断水水更流",许多现象和事物的运动变化过程往往是连绵不断的,这些连绵不断发展变化的事物在量的方面的反映就是函数的连续性. 连续函数不仅是微积分的研究对象,而且微积分中的主要概念、定理、公式法则等往往都要求函数具有连续性.

16 世纪、17 世纪微积分的酝酿和产生,始于对物体的连续运动的研究. 例如:伽利略所研究的自由落体运动等都是连续变化的量. 但直到 19 世纪以前,数学家们对连续变量的研究仍停留在几何直观的层面上,即把能一笔画成的曲线所对应的函数称为连续函数. 19 世纪中叶,在柯西等数学家建立起严格的极限理论之后,才对连续函数作出了严格的数学表述.

## 一、函数的连续性

连续性是函数的重要性态之一,在实际问题中普遍存在连续性问题,从图形上看,函数的图像连绵不断.我们首先讨论函数在某点 $x_0$ 处的连续性:

**定义 1**:设函数 $y = f(x)$ 在点 $x_0$ 的某邻域内有定义,若 $\lim\limits_{x \to x_0} f(x) = f(x_0)$ ,则称函数 $y = f(x)$ 在 $x_0$ 点处连续.

从定义可知,函数 $f(x)$ 在 $x_0$ 点处连续必须满足以下三个条件:

(1) $f(x)$ 在 $x_0$ 点处有定义;

(2) $f(x)$ 在 $x_0$ 点的极限存在,即 $\lim\limits_{x \to x_0} f(x)$ 存在;

(3) $f(x)$ 在 $x_0$ 点的极限值恰好等于函数值 $f(x_0)$ ,即 $\lim\limits_{x \to x_0} f(x) = f(x_0)$ .

以上三个条件缺一不可,破坏了任何一条,就称 $f(x)$ 在 $x_0$ 点处不连续,此时, $x_0$ 点称为函数 $f(x)$ 的间断点,就是不连续点.

例如:因为 $\lim\limits_{x \to 0} \cos x = 1 = \cos 0$, 所以 $\cos x$ 在 $x = 0$ 点连续, $x = 0$ 是函数 $\cos x$ 的连续点. 因 $\lim\limits_{x \to x_0} P_n(x) = P_n(x_0)$ ( $P_n(x)$ 为一 $n$ 多次项式),所以多项式函数在定义域内的任意一点都连续.

因此,函数 $f(x)$ 在 $x_0$ 点连续,不仅要求 $f(x)$ 在 $x_0$ 点有意义, $\lim\limits_{x \to x_0} f(x)$ 存在,而且要 $\lim\limits_{x \to x_0} f(x) = f(x_0)$ ,即极限值等于函数值,否则函数 $f(x)$ 在 $x_0$ 点就是间断的、不连续的.

**例 1**:证明 $f(x) = x^2 + 1$ 在 $x = 0$ 点处连续.

**证明**:因为

$$\lim\limits_{x \to 0} f(x) = \lim\limits_{x \to 0} (x^2 + 1) = 1,$$

且 $f(x)$ 在 0 点的函数值 $f(0) = 1$,故函数 $f(x) = x^2 + 1$ 在 $x = 0$ 处点连续.

**例 2**：讨论函数 $y = \begin{cases} x + 2 & x \geq 0, \\ x - 2 & x < 0 \end{cases}$ 在 $x = 0$ 的连续性.

**解**：$\lim\limits_{x \to 0-0} y = \lim\limits_{x \to 0-0} (x - 2) = 0 - 2 = -2$, $\lim\limits_{x \to 0+0} y = \lim\limits_{x \to 0+0} (x + 2) = 0 + 2 = 2$, 因为 $-2 \neq 2$, 所以 $\lim\limits_{x \to 0} y$ 不存在, 故该函数在 $x = 0$ 点不连续.

下面从左、右极限出发给出函数左、右连续的概念, 并讨论函数的单侧连续性.

**定义 2**：设函数 $y = f(x)$ 在点 $x_0$ 的左侧 (或右侧) 某一个邻域内 (包含点 $x_0$) 有定义, 如果 $\lim\limits_{x \to x_0^-} f(x) = f(x_0)$, 则称 $y = f(x)$ 在点 $x_0$ 处左连续. 如果 $\lim\limits_{x \to x_0^+} f(x) = f(x_0)$, 则称 $y = f(x)$ 在点 $x_0$ 处右连续.

**定理 1 ( 左右连续与连续的关系 )**：函数 $y = f(x)$ 在点 $x_0$ 处连续 $\Leftrightarrow$ 函数 $y = f(x)$ 在点 $x_0$ 处左连续且右连续.

**定义 3 ( 函数在区间上的连续性 )**：在区间上每一点都连续的函数, 叫做在该区间上的连续函数, 或者说函数在该区间上连续. 如果区间包括端点, 那么函数在右端点连续是指左连续, 在左端点连续是指右连续.

也就是说, 如果函数 $f(x)$ 在 $(a, b)$ 内每一点都连续, 则称函数 $f(x)$ 在区间 $(a, b)$ 内连续. 函数 $f(x)$ 在区间 $(a, b)$ 内连续, 且在左端点 $a$ 处右连续满足 $\lim\limits_{x \to a^+} f(x) = f(a)$, 在右端点 $b$ 处左连续满足 $\lim\limits_{x \to b^-} f(x) = f(b)$, 则称函数 $f(x)$ 在区间 $[a, b]$ 上连续.

**例 3**：

设函数 $f(x) = \begin{cases} \dfrac{a(1 - \cos x)}{x^2}, & x < 0, \\ 1, & x = 0, \\ \ln(b + x^2), & x > 0, \end{cases}$ 当 $a, b$ 为何值时, 函数 $f(x)$ 在点 $x = 0$ 处连续.

**解**：

由 
$$\lim\limits_{x \to 0^-} f(x) = \lim\limits_{x \to 0^-} \frac{a(1 - \cos x)}{x^2} = \lim\limits_{x \to 0^-} \frac{a \cdot \dfrac{1}{2} x^2}{x^2} = \frac{a}{2},$$
$$\lim\limits_{x \to 0^+} f(x) = \lim\limits_{x \to 0^+} \ln(b + x^2) = \ln b,$$

若函数 $f(x)$ 在点 $x = 0$ 处连续, 应有 $\dfrac{a}{2} = \ln b = 1$, 所以 $a = 2, b = \mathrm{e}$.

## 二、连续函数的运算法则与初等函数的连续性

根据函数连续的定义及极限的四则运算法则, 可以得到如下的连续函数的四则运算法则.

**定理 2 ( 连续函数的四则运算法则 )**：若函数 $f(x)$ 和 $g(x)$ 在点 $x_0$ 连续, 则这两函数的和、差、积、商：

$$f(x) \pm g(x), \quad f(x) \cdot g(x), \frac{f(x)}{g(x)} (当 g(x_0) \neq 0 时)$$

在点 $x_0$ 也连续.

此定理表明,连续函数经过四则运算所得到的函数仍然是连续的.

例如:$y = \sin x, y = \cos x$ 是连续函数,则

$$y = \frac{\sin x + \cos x}{1 + \sin^2 x}$$

也是连续函数.

同样地,根据函数连续的定义及反函数、复合函数极限的运算法则,可以得到反函数和复合函数的连续性运算法则.

**定理 3(反函数的连续性)**:如果函数 $f(x)$ 在区间 $I_x$ 上单调增加(或单调减少)且连续,那么它的反函数 $x = f^{-1}(y)$ 也在对应的区间 $I_y = \{y \mid y = f(x), x \in I_x\}$ 上单调增加(或单调减少)且连续.

**定理 4(复合函数的连续性)**:设函数 $y = f[g(x)]$ 由函数 $y = f(u)$ 与函数 $u = g(x)$ 复合而成.

(1)若 $\lim\limits_{x \to x_0} g(x) = u_0$,而函数 $y = f(u)$ 在 $u_0$ 连续,则 $\lim\limits_{x \to x_0} f[g(x)] = \lim\limits_{u \to u_0} f(u) = f(u_0)$.

(2)若 $g(x_0) = u_0$,而 $g(x)$ 在 $x_0$ 连续,$y = f(u)$ 在 $u_0$ 连续,则复合函数 $y = f[g(x)]$ 在 $x_0$ 连续,且 $\lim\limits_{x \to x_0} f[g(x)] = f\left[\lim\limits_{x \to x_0} g(x)\right] = f(u_0) = f[g(x_0)]$.

**定理 5(初等函数的连续性)**:基本初等函数在它们的定义域内都是连续的.一切初等函数在其定义区间内都是连续的.

**注**:所谓定义区间,就是包含在定义域内的区间.

这个初等函数的连续性结论提供了求初等函数极限的一种方法.

如果要求初等函数在其有定义的区间内某点 $x_0$ 处的极限,只需求出该点处的函数值即可:

$$\lim\limits_{x \to x_0} f(x) = f(x_0).$$

这表明,在函数连续的情况下,极限的计算可转化为函数值的计算.

**例 4**:求极限 $\lim\limits_{x \to 0} \ln \cos x$.

**解**:由于 $x = 0$ 是初等函数 $y = \ln \cos x$ 的定义区间 $\left(-\dfrac{\pi}{2}, \dfrac{\pi}{2}\right)$ 内的点是其连续点,所以

$$\lim\limits_{x \to 0} \ln \cos x = \ln \cos x \big|_{x=0} = \ln 1 = 0.$$

**例 5**:设 $f(x) = \begin{cases} \dfrac{\sin bx}{x}, & x < 0, \\ a + bx^2, & x \geqslant 0 \end{cases}$ 在 $(-\infty, +\infty)$ 内连续,求 $a, b$ 的值.

**解**:

当 $x < 0$ 时,$f(x) = \dfrac{\sin bx}{x}$ 处有定义,且为初等函数,$(-\infty, 0)$ 为其定义区间,因此必定连续.

当 $x > 0$ 时,$f(x) = a + bx^2$ 也为初等函数,$(0, +\infty)$ 为其定义区间,也必定连续,只需考查 $f(x)$ 在点 $x = 0$ 处的连续性.由于 $x = 0$ 为分段点,在 $x = 0$ 两侧 $f(x)$ 表达式不同,应考查其左

连续与右连续(先或左极限、右极限,再依连续性要素判定).

$$\lim_{x \to 0^-} f(x) = \lim_{x \to 0^-} \frac{\sin bx}{x} = b, f(0) = a,$$

可知当 $a = b$ 时, $f(x)$ 在点 $x = 0$ 处左连续,即

$$\lim_{x \to 0^+} f(x) = \lim_{x \to 0^+} (a + bx^2) = a = f(0).$$

可知对于 $a$ 为任意值, $f(x)$ 在点 $x = 0$ 处右连续.

总之,对于 $a = b$ 取任何值,函数 $f(x)$ 都在点 $x = 0$ 处连续,进而知 $f(x)$ 在 $(-\infty, +\infty)$ 内连续.

### 三、函数的间断点及其分类

**定义 4**:设函数 $f(x)$ 在点 $x_0$ 的某去心邻域内有定义,如果函数 $f(x)$ 有下列三种情形之一:

(1) 在 $x_0$ 没有定义;

(2) 虽然在 $x_0$ 有定义,但 $\lim\limits_{x \to x_0} f(x)$ 不存在;

(3) 虽然在 $x_0$ 有定义且 $\lim\limits_{x \to x_0} f(x)$ 存在,但 $\lim\limits_{x \to x_0} f(x) \neq f(x_0)$;

则函数 $f(x)$ 在点 $x_0$ 为不连续,而点 $x_0$ 称为函数 $f(x)$ 的不连续点或间断点.

由于函数的间断点比较复杂,通常把间断点进行分类研究,分成两类:

**定义 5**:如果 $x_0$ 是函数 $f(x)$ 的间断点,但左极限 $\lim\limits_{x \to x_0^-} f(x)$ 及右极限 $\lim\limits_{x \to x_0^+} f(x)$ 都存在,那么 $x_0$ 称为函数 $f(x)$ 的第一类间断点.不是第一类间断点的任何间断点,称为第二类间断点.在第一类间断点中,左、右极限相等者称为可去间断点,不相等者称为跳跃间断点.

**定义 6**:设函数 $f(x)$ 在点 $x_0$ 的某去心邻域内有定义,如果 $\lim\limits_{x \to x_0^-} f(x) = \lim\limits_{x \to x_0^+} f(x) \neq f(x_0)$,即 $\lim\limits_{x \to x_0} f(x) \neq f(x_0)$,称点 $x_0$ 称为函数 $f(x)$ 的可去间断点.

**注**:如果 $x_0$ 为函数 $f(x)$ 的可去间断点,则可补充(或修改)$f(x)$ 在点 $x_0$ 的定义,使得 $f(x_0) = \lim\limits_{x \to x_0} f(x)$,就可将 $x_0$ 变为连续点,从而去掉了点 $x_0$ 的间断性.

**定义 7**:设函数 $f(x)$ 在点 $x_0$ 的某去心邻域内有定义,如果左极限 $\lim\limits_{x \to x_0^-} f(x)$ 及右极限 $\lim\limits_{x \to x_0^+} f(x)$ 都存在但不相等,即 $\lim\limits_{x \to x_0^-} f(x) \neq \lim\limits_{x \to x_0^+} f(x)$,则称点 $x_0$ 称为函数 $f(x)$ 的跳跃间断点.

**注**:可去间断点和跳跃间断点统称为第一类间断点.

**定义 8**:设函数 $f(x)$ 在点 $x_0$ 的某去心邻域内有定义,如果 $\lim\limits_{x \to x_0} f(x) = \infty$ 或 $\lim\limits_{x \to x_0^-} f(x)$ 与 $\lim\limits_{x \to x_0^+} f(x)$ 中至少有一个为 $\infty$,则称点 $x_0$ 称为函数 $f(x)$ 的无穷间断点.

**定义 9**:震荡间断点:设函数 $f(x)$ 在点 $x_0$ 的某去心邻域内有定义,如果 $\lim\limits_{x \to x_0^-} f(x)$ 与 $\lim\limits_{x \to x_0^+} f(x)$ 中至少有一个不存在,且当 $x \to x_0$ 时 $f(x)$ 在两个常数之间变动无限多次,则称点 $x_0$ 称为函数 $f(x)$ 的震荡间断点.例如:$x = 0$ 是函数 $y = \sin\frac{1}{x}$ 的震荡间断点.

注：无穷间断点和震荡间断点是第二类间断点中的两种特殊情况．

**例 6**：设函数 $f(x) = \dfrac{x^2 - x}{x^2 - 1}$，则（　　　）

(A) $x = -1$ 为 $f(x)$ 的可去间断点，$x = 1$ 为无穷间断点．

(B) $x = -1$ 为 $f(x)$ 的无穷间断点，$x = 1$ 为可去间断点．

(C) $x = -1$ 与 $x = 1$ 都是 $f(x)$ 的可去间断点．

(D) $x = -1$ 与 $x = 1$ 都是 $f(x)$ 的无穷间断点．

**解**：

当 $x = -1$ 与 $x = 1$ 时，$f(x)$ 没有定义．这两个点是 $f(x)$ 的间断点．

$$\lim_{x \to -1} f(x) = \lim_{x \to -1} \frac{x^2 - x}{x^2 - 1} = \lim_{x \to -1} \frac{x(x-1)}{(x-1)(x+1)} = \infty,$$

$$\lim_{x \to 1} f(x) = \lim_{x \to 1} \frac{x(x-1)}{(x-1)(x+1)} = \frac{1}{2}.$$

可知 $x = -1$ 为 $f(x)$ 的无穷间断点，$x = 1$ 为 $f(x)$ 的可去间断点．故选 (B)．

### 四、闭区间上连续函数的性质定理

**定理 6（最大值和最小值定理）**：在闭区间上连续的函数在该区间上一定能取得它的最大值和最小值．

注：(1) 最大值和最小值定理说明：如果函数 $f(x)$ 在闭区间 $[a,b]$ 上连续，那么至少有一点 $\xi_1 \in [a,b]$，使 $f(\xi_1)$ 是 $f(x)$ 在 $[a,b]$ 上的最大值，又至少有一点 $\xi_2 \in [a,b]$，使 $f(\xi_2)$ 是 $f(x)$ 在 $[a,b]$ 上的最小值．

(2) 如果函数在开区间内连续或函数在闭区间上有间断点，那么函数在该区间上就不一定有最大值或最小值．

**定理 7（有界性定理）**：在闭区间上连续的函数一定在该区间上有界．

**定理 8（零点定理）**：设函数 $f(x)$ 在闭区间 $[a,b]$ 上连续，且 $f(a)$ 与 $f(b)$ 异号 $(f(a)f(b) < 0)$，那么在开区间 $(a,b)$ 内至少有一点 $\xi$ 使 $f(\xi) = 0$．

注：如果 $x_0$ 使 $f(x_0) = 0$，则 $x_0$ 称为函数 $f(x)$ 的零点．

**定理 9（介值定理）**：设函数 $f(x)$ 在闭区间 $[a,b]$ 上连续，且在这区间的端点取不同的函数值 $f(a) = A$ 及 $f(b) = B$，那么，对于 $A$ 与 $B$ 之间的任意一个数 $C$，在开区间 $(a,b)$ 内至少有一点 $\xi$，使得 $f(\xi) = C$．

**定理 10（介值定理）**：设函数 $f(x)$ 在闭区间 $[a,b]$ 上连续，则对于介于 $f(x)$ 的最大值 $M$ 与最小值 $m(m \neq M)$ 之间的任意一个数 $C$，在开区间 $(a,b)$ 内至少有一点 $\xi$，使得 $f(\xi) = C$．

**例 7**：证明方程 $x^3 + 2x + 3 = 0$ 在区间 $(-3,2)$ 内至少有一个实根．

证明　设 $f(x) = x^3 + 2x + 3$，显然函数 $f(x)$ 在闭区间 $[-3,2]$ 上连续，且

$$f(-3) = -30 < 0, f(2) = 15 > 0,$$

所以，由推论知，在 $(-3,2)$ 内至少有一点 $\xi$，使得 $f(\xi) = 0$，即

$$\xi^3 + 2\xi + 3 = 0.$$

这说明方程 $x^3 + 2x + 3 = 0$ 在区间 $(-3,2)$ 内至少有一个实根．

# 习题 2.5

1. 求函数 $f(x) = \dfrac{x^3 + 3x^2 - x - 3}{x^2 + x - 6}$ 的连续区间，并求极限 $\lim\limits_{x \to 0} f(x)$，$\lim\limits_{x \to -3} f(x)$.

2. 讨论下列函数在指定点 $x_0$ 处是否连续；若间断，指出间断点的类型.

（1）$f(x) = \begin{cases} x^2, & 0 < x \leqslant 1, \\ 2 - x, & x > 1, \end{cases}$ $x_0 = 1$;

（2）$f(x) = \begin{cases} 2 + x^2, & x \leqslant 0, \\ \dfrac{\sin 3x}{x}, & x > 0, \end{cases}$ $x_0 = 0$.

3. 证明方程 $x = a\sin x + b$，其中：$a > 0, b > 0$，至少存在一个正根，并且它不超过 $a + b$.

4.（1）设 $f(x) = \begin{cases} x\sin \dfrac{1}{x} + 2, & x < 0, \\ k + \mathrm{e}^x, & x \geqslant 0 \end{cases}$ 在 $x = 0$ 处连续，试确定 $k$ 的值；

（2）设 $f(x) = \begin{cases} \dfrac{\sin x(1 - \cos x)}{x^n}, & x \neq 0, \\ \dfrac{1}{2}, & x = 0 \end{cases}$ 在 $x = 0$ 处连续，试确定 $n$ 的值.

51

# 第三章　导数与微分

微分学是微积分的重要组成部分,它的基本概念是函数的导数和微分.导数反映了函数相对于自变量的变化快慢程度,如实际问题中物体运动的速度、经济变量中的边际、城市人口增长的速度、国民经济发展的速度、劳动生产率等都表现为函数的导数.而微分刻画了当自变量有微小变化时,函数大体上变化的多少.

本章主要讨论导数和微分的概念,以及它们的计算方法.

## 3.1　导数的概念

在科学技术中,经常会遇到一个变量相对于另一个变量的相对变化率问题,从这些问题中就抽象出一个新的数学概念——函数的导数.导数与微分的概念最早是在 17 世纪中叶提出的,随着力学、天文学等基础科学的发展,人们从中归纳出数学上的三类问题,从而推动了数学的发展并导致了微分学的产生:

(1)求变速运动的瞬时速度;

(2)求曲线上一点处的切线;

(3)求最大值和最小值.

这三类实际问题的现实原型在数学上都可归结为函数相对于自变量变化而变化的快慢程度,即所谓函数的变化率问题.牛顿从第一个问题出发,莱布尼茨从第二个问题出发,分别给出了导数的概念.

### 一、导数的几何、力学和经济模型

**1. 曲线的切线问题模型**

设有曲线 $C$ 及 $C$ 上的一点 $M$,在点 $M$ 外另取 $C$ 上一点 $N$,作割线 $MN$.当点 $N$ 沿曲线 $C$ 趋于点 $M$ 时,如果割线 $MN$ 绕点 $M$ 旋转而趋于极限位置 $MT$,直线 $MT$ 就称为曲线 $C$ 在点 $M$ 处的切线.

设曲线 $C$ 就是函数 $y = f(x)$ 的图形(图 3 - 1).现在要确定曲线在点 $M(x_0, y_0)$($y_0 = f(x_0)$)处的切线,只要定出切线的斜率就行了.为此,在点 $M$ 外另取 $C$ 上一点 $N(x, y)$,于是割线 $MN$ 的斜率为

$$\tan \varphi = \frac{y - y_0}{x - x_0} = \frac{f(x) - f(x_0)}{x - x_0},$$

其中:$\varphi$ 为割线 $MN$ 的倾角.当点 $N$ 沿曲线 $C$ 趋于点 $M$ 时,$x \to x_0$.如果当 $x \to x_0$ 时,上式的极限存在,设为 $k$:

$$k = \lim_{x \to x_0} \frac{f(x) - f(x_0)}{x - x_0}$$

存在,则此极限 $k$ 是割线斜率的极限,也就是切线的斜率.这里 $k = \tan \alpha$,其中:$\alpha$ 是切线 $MT$ 的倾角.于是,通过点 $M(x_0, f(x_0))$ 且以 $k$ 为斜率的直线 $MT$ 便是曲线 $C$ 在点 $M$ 处的切线.

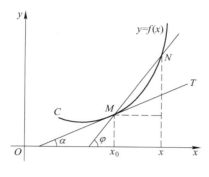

图 3-1

**2. 质点的瞬时速度问题模型**

根据牛顿力学知识,设一质点在力的作用下沿着坐标轴作非匀速直线运动,时刻 $t$ 质点的坐标为 $s$,$s$ 是 $t$ 的函数:$s = f(t)$,求质点在时刻 $t_0$ 的速度.

**解**:考虑比值:

$$\frac{s - s_0}{t - t_0} = \frac{f(t) - f(t_0)}{t - t_0},$$

这个比值可认为是质点在时间间隔 $t - t_0$ 内的平均速度.如果时间间隔选较短,这个比值在实践中也可用来说明动点在时刻 $t_0$ 的速度.但这样做是不精确的,更精确地应当这样:令 $t - t_0 \to 0$,取比值 $\dfrac{f(t) - f(t_0)}{t - t_0}$ 的极限,如果这个极限存在,设为 $v$,即

$$v = \lim_{t \to t_0} \frac{f(t) - f(t_0)}{t - t_0},$$

这时就把这个极限值 $v$ 称为质点在时刻 $t_0$ 的速度.

**3. 边际成本模型**

设某产品产量为 $x$ 单位时所需的总本成为 $C = C(x)$,称 $C(x)$ 为总成本函数,简称为成本函数.当产量由 $x_0$ 变为 $x_0 + \Delta x$ 时,总成本函数的改变量为 $\Delta C = C(x_0 + \Delta x) - C(x_0)$.则产量由 $x_0$ 变为 $x_0 + \Delta x$ 时,产品总成本函数的平均变化率为 $\dfrac{\Delta C}{\Delta x} = \dfrac{C(x_0 + \Delta x) - C(x_0)}{\Delta x}$.

当 $\Delta x \to 0$ 时,如果极限 $\lim\limits_{\Delta x \to 0} \dfrac{\Delta C}{\Delta x}$ 存在,则称此极限表示产量为 $x_0$ 时总成本函数的变化率或称为产量为 $x_0$ 时的边际成本.

尽管上述三个问题来自不同领域不同背景,但它们都依赖于数学比值的极限,我们抽象出它们在数量关系方面的这种共性,就得到函数的瞬时变化率——导数的概念. 反过来,上述三个问题分别表达了导数的几何意义、力学意义和经济意义.

## 二、导数的定义

**定义 1**:设函数 $y = f(x)$ 在点 $x_0$ 的某个邻域内有定义,当自变量 $x$ 在 $x_0$ 处取得增量

$\Delta x$(点 $x_0 + \Delta x$ 仍在该邻域内)时,相应地函数 $y$ 取得增量 $\Delta y = f(x_0 + \Delta x) - f(x_0)$;如果 $\Delta y$ 与 $\Delta x$ 之比当 $\Delta x \to 0$ 时的极限存在,则称函数 $y = f(x)$ 在点 $x_0$ 处可导,并称这个极限为函数 $y = f(x)$ 在点 $x_0$ 处的导数,记为 $y'|_{x=x_0}$,即 $f'(x_0) = \lim\limits_{\Delta x \to 0} \dfrac{\Delta y}{\Delta x} = \lim\limits_{\Delta x \to 0} \dfrac{f(x_0 + \Delta x) - f(x_0)}{\Delta x}$,也可记为 $y'|_{x=x_0}, \dfrac{dy}{dx}\Big|_{x=x_0}$ 或 $\dfrac{df(x)}{dx}\Big|_{x=x_0}$.

注:(1)导数的定义式也可取不同的形式,常见的有

$$f'(x_0) = \lim_{h \to 0} \frac{f(x_0 + h) - f(x_0)}{h}, \quad f'(x_0) = \lim_{x \to x_0} \frac{f(x) - f(x_0)}{x - x_0}.$$

(2) 函数 $f(x)$ 在点 $x_0$ 处可导有时也说成 $f(x)$ 在点 $x_0$ 具有导数或导数存在.

(3) 如果极限 $\lim\limits_{\Delta x \to 0} \dfrac{f(x_0 + \Delta x) - f(x_0)}{\Delta x}$ 不存在,就说函数 $y = f(x)$ 在点 $x_0$ 处不可导.如果不可导的原因是由于 $\lim\limits_{\Delta x \to 0} \dfrac{f(x_0 + \Delta x) - f(x_0)}{\Delta x} = \infty$,也往往说函数 $y = f(x)$ 在点 $x_0$ 处的导数为无穷大.

**定义 2(导函数)**:如果函数 $y = f(x)$ 在开区间 $I$ 内的每点处都可导,就称函数 $f(x)$ 在开区间 $I$ 内可导,这时,对于任一 $x \in I$,都对应着 $f(x)$ 的一个确定的导数值.这样就构成了一个新的函数,这个函数叫做原来函数 $y = f(x)$ 的导函数,记作 $y'$, $f'(x), \dfrac{dy}{dx}$,或 $\dfrac{df(x)}{dx}$.

导函数的定义式为

$$y' = \lim_{\Delta x \to 0} \frac{f(x + \Delta x) - f(x)}{\Delta x} = \lim_{h \to 0} \frac{f(x + h) - f(x)}{h}.$$

注:(1)$f'(x_0)$ 与 $f'(x)$ 之间的关系:函数 $f(x)$ 在点 $x_0$ 处的导数 $f'(x)$ 就是导函数 $f'(x)$ 在点 $x = x_0$ 处的函数值,即 $f'(x_0) = f'(x)|_{x=x_0}$.

(2)导函数 $f'(x)$ 简称导数,而 $f'(x_0)$ 是 $f(x)$ 在 $x_0$ 处的导数或导数 $f'(x)$ 在 $x_0$ 处的值.

**例 1**:设函数 $f(x)$ 在点 $x = x_0$ 处可导,则 $f'(x_0) = ($ 　　　$)$

(A) $\lim\limits_{\Delta x \to 0} \dfrac{f(x_0) - f(x_0 + \Delta x)}{\Delta x}$.

(B) $\lim\limits_{\Delta x \to 0} \dfrac{f(x_0 - \Delta x) - f(x_0)}{\Delta x}$.

(C) $\lim\limits_{\Delta x \to 0} \dfrac{f(x_0 + 2\Delta x) - f(x_0)}{\Delta x}$.

(D) $\lim\limits_{\Delta x \to 0} \dfrac{f(x_0 + 2\Delta x) - f(x_0 + \Delta x)}{\Delta x}$.

**解**:根据导数定义可知

(A) $\lim\limits_{\Delta x \to 0} \dfrac{f(x_0) - f(x_0 + \Delta x)}{\Delta x} = -\lim\limits_{\Delta x \to 0} \dfrac{f(x_0 + \Delta x) - f(x_0)}{\Delta x} = -f'(x_0)$,

(B) $\lim\limits_{\Delta x \to 0} \dfrac{f(x_0 - \Delta x) - f(x_0)}{\Delta x} = -\lim\limits_{\Delta x \to 0} \dfrac{f(x_0 - \Delta x) - f(x_0)}{-\Delta x} = -f'(x_0)$,

(C) $\lim\limits_{\Delta x \to 0} \dfrac{f(x_0 + 2\Delta x) - f(x_0)}{\Delta x} = 2\lim\limits_{\Delta x \to 0} \dfrac{f(x_0 + 2\Delta x) - f(x_0)}{2\Delta x} = 2f'(x_0)$,

(D) $\lim\limits_{\Delta x \to 0} \dfrac{f(x_0 + 2\Delta x) - f(x_0 + \Delta x)}{\Delta x} = \lim\limits_{\Delta x \to 0} \dfrac{[f(x_0 + 2\Delta x) - f(x_0)] - [f(x_0 + \Delta x) - f(x_0)]}{\Delta x}$

$$= 2 \lim_{\Delta x \to 0} \frac{[f(x_0 + 2\Delta x) - f(x_0)]}{2\Delta x} - \lim_{\Delta x \to 0} \frac{[f(x_0 + \Delta x) - f(x_0)]}{\Delta x}$$

$$= 2f'(x_0) - f'(x_0) = f'(x_0).$$

故应选(D).

**例2**：设函数 $f(x) = (e^x - 1)(e^{2x} - 2)\cdots(e^{nx} - n)$，其中 $n$ 为正整数，则 $f'(0) = $ (    )

(A) $(-1)^{n-1}(n-1)!$.          (B) $(-1)^n(n-1)!$.

(C) $(-1)^{n-1}n!$.              (D) $(-1)^n n!$.

**解**：根据导数定义可知

$$f'(0) = \lim_{x \to 0} \frac{f(x) - f(0)}{x - 0} = \lim_{x \to 0} \frac{(e^x - 1)(e^{2x} - 2)\cdots(e^{nx} - n) - 0}{x}$$

$$= \lim_{x \to 0} \frac{x(e^{2x} - 2)(e^{3x} - 3)\cdots(e^{nx} - n)}{x} = \lim_{x \to 0}(e^{2x} - 2)(e^{3x} - 3)\cdots(e^{nx} - n)$$

$$= (-1)(-2)\cdots(1 - n) = (-1)(-2)\cdots[-(n-1)]$$

$$= (-1)^{n-1}(n-1)!.$$

故应选(A).

**定义3(左导数与右导数)**：如果极限 $f'_-(x_0) = \lim_{h \to 0^-} \frac{f(x_0 + h) - f(x_0)}{h}$ 存在，则称此极限值为函数在 $x_0$ 的左导数.

如果极限 $f'_+(x_0) = \lim_{h \to 0^+} \frac{f(x_0 + h) - f(x_0)}{h}$ 存在，则称此极限值为函数在 $x_0$ 的右导数.

**注**：(1) 求分段函数在分段点处的导数，一般应讨论左右导数是否相等.

(2) 如果函数 $f(x)$ 在开区间 $(a, b)$ 内可导，且右导数 $f'_+(a)$ 和左导数 $f'_-(b)$ 都存在，就说 $f(x)$ 有闭区间 $[a, b]$ 上可导.

**定理1(导数与左右导数的关系)**：函数 $f(x)$ 在点 $x_0$ 处可导的充分必要条件是左导数 $f'_-(x_0)$ 和右导数 $f'_+(x_0)$ 都存在且相等.

**定理2(函数的可导性与连续性的关系)**：

(1) 如果函数 $y = f(x)$ 在点 $x$ 处可导，则函数在该点必连续. 但一个函数在某点连续却不一定在该点处可导.

(2) 如果函数 $y = f(x)$ 在点 $x = x_0$ 处左导数 $f'_-(x_0)$ 存在，则函数在该点 $x = x_0$ 处必左连续.

(3) 如果函数 $y = f(x)$ 在点 $x = x_0$ 处右导数 $f'_+(x_0)$ 存在，则函数在该点 $x = x_0$ 处必右连续.

**例3**：设 $f(x) = \begin{cases} 2x, & x \le 1, \\ x^2, & x > 1, \end{cases}$ 则 $f(x)$ 在 $x = 1$ 处(    )

(A) 左、右导数都存在.          (B) 左导数存在，但右导数不存在.

(C) 左导数不存在，但右导数存在.          (D) 左、右导数都不存在.

**解**：$f(x)$ 在分段点 $x = 0$ 两侧函数表达式不同，考虑：

$$\lim_{x \to 0^-} f(x) = \lim_{x \to 0^-} x^2 g(x) = 0,$$

$$\lim_{x \to 0^+} f(x) = \lim_{x \to 0^+} \frac{e^{x^2} - 1}{x} = \lim_{x \to 0^+} \frac{x^2}{x} = 0.$$

可知 $\lim\limits_{x \to 0^-} f(x) = \lim\limits_{x \to 0^+} f(x) = f(0)$,因此 $f(x)$ 在 $x = 0$ 处极限存在且连续,应排除(A)和(B)选项.又由单侧导数的定义,有

$$\lim_{x \to 0^-} \frac{f(x) - f(0)}{x} = \lim_{x \to 0^-} \frac{x^2 g(x)}{x} = 0 = f'_-(0),$$

$$\lim_{x \to 0^+} \frac{f(x) - f(0)}{x} = \lim_{x \to 0^+} \frac{\dfrac{e^{x^2} - 1}{x}}{x} = \lim_{x \to 0^+} \frac{x^2}{x^2} = 1 = f'_+(0).$$

可知 $f'_-(0) \neq f'_+(0)$,从而 $f'(0)$ 不存在,故选(C).

**注**:一般分段函数在分段点可导性的问题有两种解答方法:

(1)先判定 $f(x)$ 在该分段点处的连续性.如果 $f(x)$ 在该点连续且 $f'(x)$ 易求,则可利用本题中的方法考查 $\lim\limits_{x \to x_0^-} f'(x)$ 与 $\lim\limits_{x \to x_0^+} f'(x)$.若 $f(x)$ 在该点不连续,则不能利用此方法.

(2)利用左导数、右导数定义来判定,这是试题通常考查的知识点.

**例 4**:求常数 $a, b$ 使得 $f(x) = \begin{cases} e^x & x \geq 0, \\ ax + b & x < 0 \end{cases}$ 在 $x = 0$ 点可导.

**解**:若使 $f(x)$ 在 $x = 0$ 点可导,必使之连续,故 $\lim\limits_{x \to 0^+} f(x) = \lim\limits_{x \to 0^-} f(x) = f(0) \Rightarrow e^0 = a \cdot 0 + b \Rightarrow b = 1$.

又若使 $f(x)$ 在 $x = 0$ 点可导,必使之左右导数存在且相等,由函数可知左右导数是存在的,且

$$\begin{cases} f'_-(0) = \lim\limits_{x \to 0^-} \dfrac{(ax + b) - e^0}{x - 0} = a \\ f'_+(0) = \lim\limits_{x \to 0^+} \dfrac{e^x - e^0}{x - 0} = e^0 = 1 \end{cases}$$

所以,若有 $a = 1$,则 $f'_-(0) = f'_+(0)$,此时 $f(x)$ 在 $x = 0$ 点可导,所以所求常数为 $a = b = 1$.

### 三、导数的几何意义、物理意义

**1. 导数的几何意义**

(1)函数 $y = f(x)$ 在点 $x_0$ 处的导数 $f'(x_0)$ 在几何上表示曲线 $y = f(x)$ 在点 $M(x_0, f(x_0))$ 处的切线的斜率,即 $f'(x_0) = \tan \alpha$,其中 $\alpha$ 是切线的倾角.

(2)如果 $y = f(x)$ 在点 $x_0$ 处的导数为无穷大,则曲线 $y = f(x)$ 在点 $M(x_0, f(x_0))$ 处具有垂直于 $x$ 轴的切线 $x = x_0$.

(3)曲线 $y = f(x)$ 在点 $M(x_0, y_0)$ 处的切线方程为 $y - y_0 = f'(x_0)(x - x_0)$.

(4)过切点 $M(x_0, y_0)$ 且与切线垂直的直线叫做曲线 $y = f(x)$ 在点 $M$ 处的法线.如果 $f'(x_0) \neq 0$,法线的斜率为 $-\dfrac{1}{f'(x_0)}$,从而法线方程为 $y - y_0 = -\dfrac{1}{f'(x_0)}(x - x_0)$.如果

$f'(x_0)=0$,则法线方程为 $x=x_0$.

**2. 导数的物理意义**

设一质点在坐标轴上作非匀速运动,时刻 $t$ 质点的坐标为 $s,s$ 是 $t$ 的函数:$s=f(t)$,则该质点在时刻 $t_0$ 的瞬时速度等于导数,即 $v=\lim\limits_{t\to t_0}\dfrac{f(t)-f(t_0)}{t-t_0}=f'(x_0)$.该质点在时刻 $t_0$ 的瞬时加速度等于二阶导数,即 $a=f''(x_0)$.

需要指出的是,导数的经济意义是边际成本.

**例 5**:设 $f(x)=x^3+3x^2-2x+1$,求曲线 $y=f(x)$ 在点 $(0,1)$ 处的切线方程与法线方程.

**解**:点 $(0,1)$ 在所给曲线 $y=f(x)$ 上.
$$y'=3x^2+6x-2, y'|_{x=0}=-2.$$
因此,曲线 $y=f(x)$ 在点 $(0,1)$ 处的切线方程为
$$y-1=-2(x-0),即 2x+y-1=0,$$
法线方程为
$$y-1=\frac{1}{2}(x-0),$$
即
$$x-2y+2=0.$$

**例 6**:求曲线 $y=\ln x$ 的过原点的切线方程.

**解**:由于原点 $(0,0)$ 不在曲线 $y=\ln x$ 上,可设切点 $M_0$ 坐标为 $(x_0,y_0)$,则 $y_0=\ln x_0$.由导数的几何意义,过 $M_0$ 点的切线斜率 $k=f'(x_0)=\dfrac{1}{x_0}$.

因此可设切线方程为
$$y-y_0=\frac{1}{x_0}(x-x_0),$$
即
$$y-y_0=\frac{1}{x_0}x-1.$$

由于切线过原点 $(0,0)$,因此
$$0-y_0=\frac{0}{x_0}-1,得 y_0=1.$$

又切点 $(x_0,y_0)$ 在曲线 $y=\ln x$ 上,因此 $y_0=\ln x_0$,可知 $x_0=e$.故所求切线方程为
$$y-1=\frac{1}{e}x-1,$$
即
$$y=\frac{x}{e}.$$

# 习题 3.1

1. 设函数 $f(x)$ 在 $x = 0$ 处连续,下列命题错误的是(　　)

(A) 若 $\lim\limits_{x \to 0} \dfrac{f(x)}{x}$ 存在,则 $f(0) = 0$.

(B) 若 $\lim\limits_{x \to 0} \dfrac{f(x) + f(-x)}{x}$ 存在,则 $f(0) = 0$.

(C) 若 $\lim\limits_{x \to 0} \dfrac{f(x)}{x}$ 存在,则 $f'(0)$ 存在.

(D) 若 $\lim\limits_{x \to 0} \dfrac{f(x) - f(-x)}{x}$ 存在,则 $f'(0)$ 存在.

2. 求下列函数在指定点处的导数.

(1) $y = x^2, x = 1$;　　　　　　　　(2) $y = x^5, x = -1$;

(3) $y = x^{\frac{2}{3}}, x = 8$;　　　　　　　(4) $y = \ln x, x = 2$;

(5) $y = \cos x; x = \dfrac{\pi}{3}$;　　　　　(6) $y = \log_5 x, x = 4$.

3. 求下列曲线在指定点处的切线方程和法线方程.

(1) $y = \sqrt{x}, P(4, 2)$;　　　　　　(2) $y = \dfrac{1}{x^2}, P(-1, 1)$.

4. 讨论下列函数在指定点处的连续性和可导性.

(1) $f(x) = \begin{cases} 2x - 1, x \leqslant 2, \\ 5 - x, x > 2, \end{cases} x = 2$;　　(2) $f(x) = \begin{cases} x^2, x < 0, \\ x^3, x \geqslant 0, \end{cases} x = 0$.

5. 设函数 $f(x) = \begin{cases} ax^2 + b, x \leqslant 1, \\ e^{\frac{1}{x}}, \quad x > 1 \end{cases}$ 在 $x = 1$ 点可导,则 $a, b$ 的值为

(A) $a = -\dfrac{1}{2}e, b = \dfrac{3}{2}e$.　　　　(B) $a = \dfrac{1}{2}e, b = \dfrac{3}{2}e$.

(C) $a = -\dfrac{1}{2}e, b = -\dfrac{3}{2}e$.　　　(D) $a = \dfrac{1}{2}e, b = -\dfrac{3}{2}e$.

## 3.2　函数的求导法则与基本公式

本节将介绍求导的四则运算法则、反函数求导公式、复合函数求导法则,以便求任何初等函数的导数及比较复杂函数的导数.

### 一、导数的四则运算法则

**定理 1**　设函数 $u = u(x), v = v(x)$ 在区间 $D$ 上是可导函数,则 $u \pm v$、$uv$、$\dfrac{u}{v}(v \neq 0)$ 在区

间 $D$ 上也是可导函数,并且满足:

(1) $(u \pm v)' = u' \pm v'$;

(2) $(uv)' = u'v + uv'$,特别地$(C \cdot u)' = C \cdot u'$;

(3) $\left(\dfrac{u}{v}\right)' = \dfrac{u'v - uv'}{v^2}$,特别地$\left(\dfrac{1}{v}\right)' = -\dfrac{v'}{v^2}$.

称它们为导数的四则运算法则,其中法则(1)和法则(2)可以推广到有限个函数的情形.

例如:设 $u(x), v(x), w(x)$ 为三个可导函数,则其乘积的导数为

$(u \cdot v \cdot w)' = u' \cdot v \cdot w + u \cdot v' \cdot w + u \cdot v \cdot w'.$

法则(1)与法则(2)的特例结合有$( k_1 u_1 + k_2 u_2 + \cdots + k_n u_n )' = k_1 u_1' + k_2 u_2' + \cdots + k_n u_n'.$
特别地,当 $C$ 为常数时,有

$$( Cu(x) )' = Cu'(x), \left(\frac{C}{v(x)}\right)' = -C\frac{v'(x)}{v^2(x)}.$$

**例1**:求函数 $y = \sin x + x^3 - 5$ 的导数.

**解**:$y' = (\sin x + x^3 - 5)'$

$\quad = (\sin x)' + (x^3)' + (-5)'$

$\quad = \cos x + 3x^2.$

**例2**:设 $f(x) = 3x^4 - e^x + 5\cos x - 1$,求 $f'(x)$ 及 $f'(0)$.

**解**:$f'(x) = (3x^4 - e^x + 5\cos x - 1)'$

$\quad\quad = (3x^4)' + (-e^x)' + (5\cos x)' - (1)'$

$\quad\quad = 12x^3 - e^x - 5\sin x.$

$f'(0) = (12x^3 - e^x - 5\sin x)|_{x=0} = -1.$

**例3**:求函数 $y = x^3 \ln x \cos x$ 的导数.

**解**:$y' = (x^3 \ln x \cos x)'$

$\quad = (x^3)' \ln x \cos x + x^3 (\ln x)' \cos x + x^3 \ln (\cos x)'$

$\quad = 3x^2 \ln x \cos x + x^2 \cos x - x^3 \ln x \sin x.$

**例4**:求函数 $y = \dfrac{x+1}{x-1}$ 的导数.

**解**:$y' = \left(\dfrac{x+1}{x-1}\right)' = \dfrac{(x+1)'(x-1) - (x+1)(x-1)'}{(x-1)^2}$

$\quad = \dfrac{(x-1) - (x+1)}{(x-1)^2} = -\dfrac{2}{(x-1)^2}.$

**例5**:求函数 $f(x) = 5\log_2 x - 2x^4$ 的导数.

**解**:$f'(x) = (5\log_2 x - 2x^4)' = (5\log_2 x)' - (2x^4)' = 5(\log_2 x)' - 2(x^4)'$

$\quad = \dfrac{5}{x \ln 2} - 8x^3.$

**例 6**：求函数 $f(x) = \sqrt{x}\sin x$ 的导数.

**解**：$f'(x) = (\sqrt{x}\sin x)' = (\sqrt{x})' \cdot \sin x + \sqrt{x} \cdot (\sin x)'$

$$= \frac{1}{2\sqrt{x}} \cdot \sin x + \sqrt{x} \cdot \cos x = \frac{\sin x}{2\sqrt{x}} + \sqrt{x}\cos x.$$

**例 7**：求正切函数 $\tan x$ 与余切函数 $\cot x$ 的导数.

**解**：$(\tan x)' = \left(\dfrac{\sin x}{\cos x}\right)' = \dfrac{(\sin x)'\cos x - \sin x(\cos x)'}{\cos^2 x} = \dfrac{\cos^2 + \sin^2 x}{\cos^2 x} = \dfrac{1}{\cos^2 x}$

$$= \sec^2 x.$$

$$(\cot x)' = \left(\frac{\cos x}{\sin x}\right)' = \frac{(\cos x)'\sin x - \cos x(\sin x)'}{\sin^2 x}$$

$$= \frac{-\sin^2 x - \cos^2 x}{\sin^2 x} = -\frac{1}{\sin^2 x} = -\csc^2 x.$$

## 二、复合函数与反函数的求导法则

为了求指数函数(对数函数的反函数)与反三角函数(三角函数的反函数)的导数,首先给出反函数求导法则.

**定理 2(反函数的求导法则)**：如果函数 $x = f(y)$ 在某区间 $I_y$ 内单调、可导且 $f'(y) \neq 0$, 那么它的反函数 $y = f^{-1}(x)$ 在对应区间 $I_x = \{x \mid x = f(y), y \in I_y\}$ 内也可导, 并且 $[f^{-1}(x)]' = \dfrac{1}{f'(y)}$ 或 $\dfrac{\mathrm{d}y}{\mathrm{d}x} = \dfrac{1}{\dfrac{\mathrm{d}x}{\mathrm{d}y}}$.

**注**：设 $y = y(x)$ 是直接函数, $x = x(y)$ 是反函数,则反函数的一阶导数 $\dfrac{\mathrm{d}x}{\mathrm{d}y} = \dfrac{1}{y'}$ ,反函数的二阶导数 $\dfrac{\mathrm{d}^2 x}{\mathrm{d}y^2} = -\dfrac{y''}{y'^2}$.

**例 8**：设 $y = \arctan x$ ,求 $y'$.

**解**：因为反正切函数 $y = \arctan x(-\infty < x < +\infty)$, 是 $x = \tan y\left(-\dfrac{\pi}{2} < y < \dfrac{\pi}{2}\right)$ 的反函数,而 $x = \tan y$ 在 $\left(-\dfrac{\pi}{2} < y < \dfrac{\pi}{2}\right)$ 内严格单调且可导,又由定理知

$$x'_y = (\tan y)' = \sec^2 y,$$

$$(\arctan x)' = \frac{1}{(\tan y)'} = \frac{1}{\sec^2 y} = \frac{1}{(1 + \tan^2 y)'} = \frac{1}{1 + x^2}(-\infty < x < +\infty).$$

同理可得 $(\text{arccot } x)' = -\dfrac{1}{1 + x^2}(-\infty < x < +\infty)$.

**例 9**：设 $x = a\arccos\dfrac{a - y}{a}(0 < y < 2a)$ ,求 $\dfrac{\mathrm{d}y}{\mathrm{d}x}\Big|_{x = \frac{a\pi}{3}}$.

**解**：当 $x = \dfrac{a\pi}{3}$ 时，$y = \dfrac{a}{2}$，因为 $\dfrac{dx}{dy} = -\dfrac{a}{\sqrt{1 - \left(\dfrac{a-y}{a}\right)^2}}\left(-\dfrac{1}{a}\right) = \dfrac{a}{\sqrt{2ay - y^2}}$，所以

$\dfrac{dy}{dx} = \dfrac{\sqrt{2ay - y^2}}{a}$，故 $\dfrac{dy}{dx}\Big|_{x = \frac{a\pi}{3}} = \dfrac{\sqrt{2ay - y^2}}{a}\Big|_{y = \frac{a}{2}} = \dfrac{\sqrt{3}}{2}$.

我们经常遇到的函数多是由几个基本初等函数生成的复合函数.因此，复合函数的求导法则是求导运算中经常应用的一个重要法则.

**定理 3（复合函数的求导法则）**：如果 $u = g(x)$ 在点 $x$ 可导，函数 $y = f(u)$ 在点 $u = g(x)$ 可导，则复合函数 $y = f[g(x)]$ 在点 $x$ 可导，且其导数为 $\dfrac{dy}{dx} = f'(u) \cdot g'(x)$ 或 $\dfrac{dy}{dx} = \dfrac{dy}{du} \cdot \dfrac{du}{dx}$.

复合函数的求导法则可以推广到有限次复合的情形.

设函数 $y = f(u)$，$u = \varphi(v)$，$v = I(x)$ 在所对应自变量处可导，则复合函数 $y = f(\varphi(I(x)))$ 在自变量 $x$ 处可导，且

$$\frac{dy}{dx} = \frac{dy}{du} \cdot \frac{du}{dv} \cdot \frac{dv}{dx} = y'_u \cdot u'_v \cdot v'_x.$$

由于 $\dfrac{du}{dv} \cdot \dfrac{dv}{dx} = \dfrac{du}{dx}$，所以上式仍可表示为 $\dfrac{dy}{dx} = \dfrac{dy}{du} \cdot \dfrac{du}{dx}$，即多个中间变量的复合函数求导，仍可采用一个中间变量的复合函数求导方法.

**例 10**：求下列函数的导数：

（1）$y = \sin(3x - 1)$；    （2）$y = (2 - 3x^2)^2$；

（3）$y = \ln(1 + x^2)$；    （4）$y = \arcsin \sqrt{x}$；

（5）$y = \cos^2 x$；    （6）$y = e^{2x+1}(1 - 2x)^2$.

**解**：（1）函数 $y = \sin(3x - 1)$ 可看作由 $y = \sin u$，$u = 3x - 1$ 复合而成，则 $\dfrac{dy}{du} = \cos u$，$\dfrac{du}{dx} = 3$，所以由复合函数求导法则有 $y' = \dfrac{dy}{du} \cdot \dfrac{du}{dx} = \cos u \cdot 3 = 3\cos(3x - 1)$.

（2）令 $u = 2 - 3x^2$，则 $y = u^2$.

所以 $y' = \dfrac{dy}{du} \cdot \dfrac{du}{dx} = 2u(-6x) = -12x(2 - 3x^2)$.

（3）令 $u = 1 + x^2$，则 $y = \ln u$.

所以 $y' = y'_a \cdot u'_x = \dfrac{1}{u} \cdot 2x = \dfrac{2x}{1 + x^2}$.

（4）$y' = \dfrac{1}{\sqrt{1 - (\sqrt{x})^2}} \cdot (\sqrt{x})' = \dfrac{1}{\sqrt{1 - x}} \cdot \dfrac{1}{2\sqrt{x}}$.

（5）$y' = 2\cos x (\cos x)' = -2\cos x \sin x = -\sin 2x$.

（6）$y' = (e^{2x+1})'(1 - 2x)^2 + e^{2x+1}[(1 - 2x)^2]'$

$$= e^{2x+1}(2x+1)'(1-2x)^2 + e^{2x+1} \cdot 2(1-2x)(1-2x)'$$

$$= 2e^{2x+1}(1-2x)^2 - 4(1-2x)e^{2x+1}.$$

通过上面几个例子可以看出,对复合函数求导的关键在于搞清函数复合过程,认清中间变量,对于多次复合而成的函数,可按从表及里逐层求导的方式进行,如对复合过程掌握熟练、正确,各中间变量可以不写出,但必须弄清各层次分别是对哪个变量求导.

**例 11**:设 $y = \sqrt[3]{1 + \ln^2 x}$,求 $y'$.

**解**:$y' = \dfrac{1}{3}(1 + \ln^2 x)^{\frac{1}{3}-1}(1 + \ln^2 x)'$

$$= \frac{1}{3}(1 + \ln^2 x)^{\frac{-2}{3}}2\ln x(\ln x)'$$

$$= \frac{2}{3}(1 + \ln^2 x)^{\frac{-2}{3}}\ln x \cdot \frac{1}{x}$$

$$= \frac{2}{3}\frac{\ln x}{x}(1 + \ln^2 x)^{\frac{-2}{3}}.$$

**例 12**:设 $y = \dfrac{x\sin 2x}{x^2 + 1}$,求 $y'(\pi)$.

**解**:$y' = \dfrac{(x\sin 2x)'(x^2 + 1) - x\sin 2x(x^2 + 1)'}{(x^2 + 1)^2}$

$$= \frac{(\sin 2x + 2x\cos 2x)(x^2 + 1) - 2x^2\sin 2x}{(x^2 + 1)^2}$$

$$= \frac{(1 - x^2)\sin 2x + 2x(x^2 + 1)\cos 2x}{(x^2 + 1)^2},$$

$$y'(\pi) = \frac{2\pi}{\pi^2 + 1}.$$

## 三、导数基本公式

根据导数的定义和求导法则可以得到基本初等函数的导数公式.它们是求初等函数导数的基础.把它们集中起来,就是导数公式表,所以必须熟练掌握.

(1) $(x^\mu)' = \mu x^{\mu-1}$;     (2) $(\sin x)' = \cos x$;     (3) $(\cos x)' = -\sin x$;

(4) $(\tan x)' = \sec^2 x$;     (5) $(\cot x)' = -\csc^2 x$;     (6) $(\sec x)' = \sec x \tan x$;

(7) $(\csc x)' = -\csc x\cot x$;     (8) $(a^x)' = a^x\ln a$;     (9) $(e^x) = e^x$;

(10) $(\log_a x)' = \dfrac{1}{x\ln a}$;     (11) $(\ln x)' = \dfrac{1}{x}$;     (12) $(\arcsin x)' = \dfrac{1}{\sqrt{1 - x^2}}$;

(13) $(\arccos x)' = -\dfrac{1}{\sqrt{1 - x^2}}$; (14) $(\arctan x)' = \dfrac{1}{1 + x^2}$; (15) $(\mathrm{arccot}\, x)' = -\dfrac{1}{1 + x^2}$.

# 习题 3.2

1. 求下列函数的导数：

(1) $y = 2e^x + \dfrac{5}{x^7} + \sin 2$；

(2) $y = 2^x + x^2 + 2^2$；

(3) $y = x\operatorname{arccot} x - e^2$；

(4) $y = \sqrt{x}\ln x - \arcsin x$；

(5) $y = \dfrac{1 - 2x}{x + 2}$；

(6) $y = x\tan x - \dfrac{\cot x}{x}$；

(7) $y = \dfrac{x\sin x}{1 - \cos x}$；

(8) $y = x^2 e^x \log_3 x$；

(9) $y = \dfrac{2\csc x}{1 + x^2}$；

(10) $y = \dfrac{1}{1 + \sqrt{x}} - \dfrac{1}{1 - \sqrt{x}}$.

2. 求下列函数的导数：

(1) $y = (2 - 3x)^2$；

(2) $y = e^{-x^2}$；

(3) $y = \sec^3 x$；

(4) $y = \cot x^3$；

(5) $y = \cos \ln x$；

(6) $y = \sqrt{\dfrac{1 + x}{1 - x}}$；

(7) $y = \arctan \sqrt{1 - x}$；

(8) $y = e^{\arccos \sqrt{x}}$；

(9) $y = \tan^2 \dfrac{1}{x}$；

(10) $y = \sin^2 e^{2x}$；

(11) $y = \ln[\ln(\ln x)]$；

(12) $y = \ln(x + \sqrt{a^2 + x^2})\ (a > 0)$；

(13) $y = (\sin x^2)^3$；

(14) $y = e^{-\frac{x}{2}}\sin 2x$；

(15) $y = \sin nx \cdot \cos^n x$；

(16) $y = \arctan(\ln x) + \ln(\arctan x)$.

3. 设 $f(x)$ 可导，求下列函数的导数 $\dfrac{dy}{dx}$：

(1) $y = e^{f(x)} f^2(x)$；

(2) $y = f\left(\operatorname{arccot} \dfrac{1}{x}\right)$.

4. 设 $y = f\left(\dfrac{3x - 2}{3x + 2}\right)$，$f'(x) = \arctan x^2$，求 $\dfrac{dy}{dx}\bigg|_{x=0}$.

# 3.3 隐函数和参数方程所确定的函数的导数

前几节学习了显函数的求导方法和运算法则,本节介绍隐函数和参数方程所确定的函数的求导方法,特别是对数求导法和幂指函数的求导方法.

## 一、隐函数的求导方法

首先回顾隐函数的知识.

若函数的因变量与自变量的对应关系由 $x$ 的解析式表示,这种函数称为**显函数**.例如:$y = x^2 + \cos x, y = \ln \sin(3x+1)$ 等.

若 $y$ 与 $x$ 之间的对应关系是由二元方程 $F(x,y) = 0$ 确定的,则称此函数 $y = f(x)$ 是由方程 $F(x,y) = 0$ 确定的隐函数.例如:二元方程 $xe^y - y - 1 = 0$ 确定了函数 $y = f(x)$.

对于隐函数的求导问题,可按下面的方法进行.

若方程 $F(x,y) =$ 确定的是 $y$ 关于 $x$ 的函数,则求 $y$ 关于 $x$ 的导数的步骤:

(1) 将方程 $F(x,y) = 0$ 的两端关于 $x$ 求导,其中视 $y$ 为 $x$ 的函数;

(2) 解上式关于 $y'$ 的方程,得出 $y'$ 的表达式,表达式中允许保留 $y$.

从上面隐函数求导的步骤可以看出,隐函数的求导法则实质上是复合函数求导的应用,下面举例说明.

**例 1**:求由方程 $e^y + xy - e = 0$ 所确定的隐函数 $y$ 的导数.

**解**:把方程两边的每一项对 $x$ 求导数得 $(e^y)' + (xy)' - e' = 0$,即

$$\begin{cases} e^y y' + y + xy' = 0, \\ y' = -\dfrac{y}{x + e^y}(x + e^y \neq 0). \end{cases}$$

**例 2**:求由方程 $y = \cos(x + y)$ 所确定的函数 $y = f(x)$ 的导数.

**解**:两边同时对 $x$ 求导数,得

$$y' = -\sin(x + y)(1 + y').$$

所以,$y' = -\dfrac{\sin(x + y)}{1 + \sin(x + y)}$.

**例 3**:求曲线 $x^2 + xy + y^2 = 4$ 在点 $(2, -2)$ 处的切线方程.

**解**:两边对 $x$ 求导,得 $2x + y + xy' + 2yy' = 0$,解得 $y' = -\dfrac{2x + y}{x + 2y}$.

则

$$k = y' \Big|_{\substack{x=2 \\ y=-2}} = -\frac{4 - 2}{2 - 4} = 1.$$

所以,切线方程为 $y + 2 = x - 2$,即 $x - y - 4 = 0$.

通过上述例题可以看到,隐函数求导的方法是比较容易掌握的,总结如下:设 $y = f(x)$ 是由方程 $F(x, y) = 0$ 确定的一个隐函数,利用复合函数求导法则,视 $y$ 为中间变量,把方程两边的每一项分别对 $x$ 求导数,得到含有 $y' = \dfrac{\mathrm{d}y}{\mathrm{d}x}$ 的一个新的方程,从中解出 $y' = \dfrac{\mathrm{d}y}{\mathrm{d}x}$ 就能直接由方程算出它所确定的隐函数的导数来.

## 二、对数的求导法

对数求导法适用于求幂指函数 $y = [f(x)]^{g(x)}$ 的导数及多因子之积和商的导数.这种方法是先在 $y = h(x)$ 的两边取对数,然后再求出 $y$ 的导数.

一般地,设 $y = h(x)$,两边取对数,得 $\ln y = \ln h(x)$,两边对 $x$ 求导,得 $\dfrac{1}{y} y' = [\ln h(x)]'$,于是 $y' = f(x) \cdot [\ln h(x)]'$.

特别地,求幂指函数 $y = [f(x)]^{g(x)}$ 的导数有两种方法:

设 $y = f(x)^{g(x)}$, $f(x) > 0$.

**方法 1**:利用对数恒等式,将其化为复合函数 $y = f(x)^{g(x)} = \mathrm{e}^{g(x)\ln f(x)}$,

则
$$\frac{\mathrm{d}y}{\mathrm{d}x} = \mathrm{e}^{g(x)\ln f(x)}\left[ g'(x)\ln f(x) + g(x)\frac{f'(x)}{f(x)} \right]$$
$$= f(x)^{g(x)}\left[ g'(x)\ln f(x) + g(x)\frac{f'(x)}{f(x)} \right].$$

**方法 2**:将 $y = f(x)^{g(x)}$ 两边同时取自然对数,得 $\ln y = g(x)\ln f(x)$,

上式两边对 $x$ 求导,得
$$\frac{1}{y}\frac{\mathrm{d}y}{\mathrm{d}x} = g'(x)\ln f(x) + g(x)\frac{f'(x)}{f(x)},$$

所以
$$\frac{\mathrm{d}y}{\mathrm{d}x} = f(x)^{g(x)}\left[ g'(x)\ln f(x) + g(x)\frac{f'(x)}{f(x)} \right].$$

**例 4**:设 $y = y(x)$ 由方程 $\sqrt[y]{x} = \sqrt[x]{y}$ 确定,则 $\dfrac{\mathrm{d}y}{\mathrm{d}x} = $ _____.

**解**:这是一个隐函数求导问题,同时也是一个幂指函数求导问题.因此,将方程两边取对数并化简,得

$$\frac{1}{y}\ln x = \frac{1}{x}\ln y, x\ln x = y\ln y,$$

上面等式两边对 $x$ 求导,得 $\quad \ln x + 1 = \dfrac{\mathrm{d}y}{\mathrm{d}x}\ln y + \dfrac{\mathrm{d}y}{\mathrm{d}x},$

所以 $\quad \dfrac{\mathrm{d}y}{\mathrm{d}x} = \dfrac{\ln x + 1}{\ln y + 1}(y \neq \mathrm{e}^{-1}).$

**例 5**:求函数 $y = \sqrt[4]{\dfrac{x(x - 1)}{(x - 2)(x + 3)}}$ 的导数.

**解**:将等式两边取对数得

$$\ln y = \frac{1}{4}\left[ \ln x + \ln(x - 1) - \ln(x - 2) - \ln(x - 3) \right],$$

两边对 $x$ 求导得 $\dfrac{1}{y} \cdot y'_x = \dfrac{1}{4}\left(\dfrac{1}{x} + \dfrac{1}{x-1} - \dfrac{1}{x-2} - \dfrac{1}{x-3}\right),$

所以 $\quad y'_x = \dfrac{y}{4}\left(\dfrac{1}{x} + \dfrac{1}{x-1} - \dfrac{1}{x-2} - \dfrac{1}{x-3}\right)$

$$= \dfrac{1}{4}\sqrt[4]{\dfrac{x(x-1)}{(x-2)(x+3)}}\left(\dfrac{1}{x} + \dfrac{1}{x-1} - \dfrac{1}{x-2} - \dfrac{1}{x-3}\right).$$

### 三、由参数方程所确定的函数的导数

设 $y = f(x)$ 是由参数方程 $\begin{cases} x = \varphi(t) \\ y = \psi(t) \end{cases}$ 确定的函数,则

(1)若 $x = \varphi(t)$ 和 $y = \psi(t)$ 都可导,且 $\varphi'(t) \neq 0$, 则 $\dfrac{\mathrm{d}y}{\mathrm{d}x} = \dfrac{\psi'(t)}{\varphi'(t)}$ 或 $\dfrac{\mathrm{d}y}{\mathrm{d}x} = \dfrac{\dfrac{\mathrm{d}y}{\mathrm{d}t}}{\dfrac{\mathrm{d}x}{\mathrm{d}t}}.$

(2)若 $x = \varphi(t)$ 和 $y = \psi(t)$ 都二阶可导,且 $\varphi'(t) \neq 0$, 则 $\dfrac{\mathrm{d}^2 y}{\mathrm{d}x^2} = \dfrac{\psi''(t)\varphi'(t) - \psi'(t)\varphi''(t)}{[\varphi'(t)]^3}$

(二阶导数的定义见 3.4 节):

**例 6**:设 $\begin{cases} x = \ln(1 + t^2), \\ y = t - \arctan t. \end{cases}$

求 $t = 1$ 时对应曲线上点处的切线方程.

**解:**

$$\dfrac{\mathrm{d}y}{\mathrm{d}x} = \dfrac{1 - \dfrac{1}{1+t^2}}{\dfrac{2t}{1+t^2}} = \dfrac{t}{2}.$$

当 $t = 1$ 时,曲线上点为 $\left(\ln 2, 1 - \dfrac{\pi}{4}\right)$, $\dfrac{\mathrm{d}y}{\mathrm{d}x}\Big|_{t=1} = \dfrac{1}{2}$, 故所求切线方程为

$$y - 1 + \dfrac{\pi}{4} = \dfrac{1}{2}(x - \ln 2),\text{即 } 2x - 4y + 4 - \pi - 2\ln 2 = 0.$$

**例 7**:已知摆线的参数方程为 $\begin{cases} x = a(t - \sin t), \\ y = a(1 - \cos t), \end{cases}$ 求 $\dfrac{\mathrm{d}y}{\mathrm{d}x}.$

**解:**

$$\dfrac{\mathrm{d}y}{\mathrm{d}x} = \dfrac{\mathrm{d}y/\mathrm{d}t}{\mathrm{d}x/\mathrm{d}t} = \dfrac{a\sin t}{a(1 - \cos t)} = \cot\dfrac{t}{2}.$$

# 习题 3.3

1. 求由下列方程所确定的隐函数 $y = f(x)$ 的导数：

（1）$x^3 - 3x^2y + y^3 = 0$；

（2）$xy - e^x + e^y = 0$；

（3）$xy = e^{x+y}$；

（4）$\ln(x^2 + y) = x^3y + \sin x$.

2. 用对数求导法求下列函数的导数：

（1）$y = (\cos x)^{\sin x}(\cos x > 0)$；

（2）$y = \dfrac{(3x - 5) \cdot \sqrt[3]{x - 2}}{\sqrt{x + 1}}$；

（3）$y = \dfrac{(x + 1)^2\sqrt{x - 3}}{e^x(3x + 2)}$；

（4）$y = \sqrt[3]{\dfrac{x(x - 1)}{(x - 2)(x - 3)}}$；

（5）$y = x^{\sqrt{x}}$；

（6）$y = (1 + \sqrt{x})(1 + \sqrt{2x})(1 + \sqrt{3x})$.

3. 求椭圆 $\dfrac{x^2}{4} + \dfrac{y^2}{9} = 1$ 在点 $\left(\sqrt{2}, \dfrac{3}{2}\sqrt{2}\right)$ 处的切线方程和法线方程.

4. 求曲线 $xy - e^y = 1$ 在点 $(1 + e, 1)$ 处的切线方程.

5. 求由下列各参数方程所确定的函数 $y = f(x)$ 的导数 $\dfrac{\mathrm{d}y}{\mathrm{d}x}$：

（1）$\begin{cases} x = 2t \\ y = t + \cos t \end{cases}$；

（2）$\begin{cases} x = e^t\cos t \\ y = e^t\sin t \end{cases}$；

（3）$\begin{cases} x = 2t - t^2 \\ y = 3t - t^3 \end{cases}$；

（4）$\begin{cases} x = t\ln t \\ y = e^t \end{cases}$.

## 3.4　高阶导数

运动的加速度是速度对于时间的变化率. 如果以 $s = s(t)$ 为物体的位移，那么 $v(t) = s'(t)$ 是速度，加速度便是 $v(t) = s'(t)$ 对于时间 $t$ 的导数：

$$a = \frac{\mathrm{d}v}{\mathrm{d}t} = \frac{\mathrm{d}}{\mathrm{d}t}\left(\frac{\mathrm{d}s}{\mathrm{d}t}\right) = (s'(t))',$$

这就引出求导函数的导数问题.

### 一、高阶导数定义

一般地，函数 $y = f(x)$ 的导数 $y' = f'(x)$ 仍然是 $x$ 的函数.我们把 $y' = f'(x)$ 的导数叫做函数 $y = f(x)$ 的二阶导数，记作 $y''$、$f''(x)$ 或 $\dfrac{\mathrm{d}^2y}{\mathrm{d}x^2}$，即 $y'' = (y')'$，$f''(x) = [f'(x)]'$，$\dfrac{\mathrm{d}^2y}{\mathrm{d}x^2} = \dfrac{\mathrm{d}}{\mathrm{d}x}\left(\dfrac{\mathrm{d}y}{\mathrm{d}x}\right)$.

类似地，二阶导数的导数叫做三阶导数，三阶导数的导数叫做四阶导数…… 一般地，

$(n-1)$阶导数的导数叫做 $n$ 阶导数,分别记作

$$y''', \ y^{(4)}, \cdots, \ y^{(n)} \ 或 \ \frac{d^3 y}{dx^3}, \frac{d^4 y}{dx^4}, \cdots, \frac{d^n y}{dx^n}.$$

函数 $f(x)$ 具有 $n$ 阶导数,也常说成函数 $f(x)$ 为 $n$ 阶可导.如果函数 $f(x)$ 在点 $x$ 处具有 $n$ 阶导数,那么函数 $f(x)$ 在点 $x$ 的某一邻域内必定具有一切低于 $n$ 阶的导数.二阶及二阶以上的导数统称高阶导数.$y'$ 称为一阶导数,$y''$,$y'''$,$y^{(4)}$,$\cdots$,$y^{(n)}$ 都称为高阶导数.

注:(1)开始所述的加速度就是 $s$ 对 $t$ 的二阶导数,依上记法,可记 $\alpha = \dfrac{d^2 s}{dt^2}$ 或 $\alpha = s''(t)$;

(2)未必任何函数的所有高阶都存在;

(3)由高阶导数的定义不难知道,对 $y = f(x)$,其导数(也称为一阶导数)的导数为二阶导数,二阶导数的导数为三阶导数,三阶导数的导数为四阶导数,一般地,$n - 1$ 阶导数的导数为 $n$ 阶导数,否则,因此,求高阶导数是一个逐次向上求导的过程,无需其他新方法,只用前面的求导方法就可以了。

### 二、高阶导数的运算法则

如果函数 $u = u(x)$ 及 $v = v(x)$ 都在点 $x$ 处具有 $n$ 阶导数,那么显然函数 $u(x) \pm v(x)$ 也在点 $x$ 处具有 $n$ 阶导数,且

(1) $(u \pm v)^{(n)} = u^{(n)} + v^{(n)}$;

(2) $(uv)^{(n)} = \displaystyle\sum_{k=0}^{n} C_n^k u^{(n-k)} v^{(k)}$,称为莱布尼茨公式.

### 三、几个常用函数的高阶导数公式

(1) $(a^x)^{(n)} = a^x \cdot \ln^n a$.

(2) $[\sin(ax + b)]^{(n)} = a^n \sin\left(ax + b + \dfrac{n\pi}{2}\right)$.

(3) $[\cos(ax + b)]^{(n)} = a^n \cos\left(ax + b + \dfrac{n\pi}{2}\right)$.

(4) $\left(\dfrac{1}{ax + b}\right)^{(n)} = \dfrac{(-1)^n a^n n!}{(ax + b)^{n+1}}$.

(5) $[\ln(ax + b)]^{(n)} = \dfrac{(-1)^{n-1} a^n (n-1)!}{(ax + b)^n} \ (n \geqslant 1)$.

**例 1**:设 $y = x^6 + 2x^3 + 1$,求 $y''$,$y''(0)$ 和 $y''(1)$.

**解**:容易计算:

$$y' = 6x^5 + 6x^2;$$
$$y'' = 30x^4 + 12x.$$

故

$$y''(0) = 0, y''(1) = 42.$$

**例 2**:求 $y = e^{\sin x}$ 的二阶导数.

**解**:容易求得

$$y' = e^{\sin x}(\sin x)' = e^{\sin x}\cos x.$$

因此所求函数的二阶导数为

$$y'' = (e^{\sin x}\cos x)' = (e^{\sin x})'\cos x + e^{\sin x}(\cos x)'$$
$$= e^{\sin x}\cos^2 x + e^{\sin x}(-\sin x) = e^{\sin x}(\cos^2 x - \sin x).$$

**例 3**：求 $y = x^2\ln x$ 的二阶导数.

**解**：容易计算：

$$y' = (x^2)'\ln x + x^2(\ln x)' = 2x\ln x + x,$$

因此所求函数的二阶导数为

$$y'' = (y')' = (2x\ln x + x)' = (2x)'\ln x + 2x(\ln x)' + x' = 2\ln x + 3.$$

**例 4**：求 $y = \sin x$ 的 $n$ 阶导数.

**解**：

$$y' = \cos x = \sin\left(x + \frac{\pi}{2}\right),$$

$$y'' = \cos\left(x + \frac{\pi}{2}\right) = \sin\left(x + 2\cdot\frac{\pi}{2}\right),$$

$$\vdots$$

$$y^{(n)} = \sin\left(x + n\cdot\frac{\pi}{2}\right).$$

**推广**：$\sin^{(n)}(ax + b) = a^n\sin\left(ax + b + n\cdot\frac{\pi}{2}\right).$

同理

$$(\cos x)^{(n)} = \cos\left(x + n\cdot\frac{\pi}{2}\right),$$

$$\cos^{(n)}(ax + b) = a^n\cos\left(ax + b + n\cdot\frac{\pi}{2}\right).$$

**例 5**：设 $y = e^x\cos x$，求 $y^{(5)}$.

**解**：由莱布尼茨公式，得

$$y^{(5)} = (e^x\cos x)^{(5)} = (e^x)^{(5)}\cdot\cos x + C_5^1(e^x)^{(4)}(\cos x)' + C_5^2(e^x)'''(\cos x)''$$
$$+ C_5^3(e^x)''(\cos x)''' + C_5^4(e^x)'(\cos x)^{(4)} + e^x(\cos x)^{(5)}$$
$$= e^x\cos x + 5e^x(-\sin x) + 10e^x(-\cos x) + 10e^x\sin x + 5e^x\cos x + e^x(-\sin x)$$
$$= e^x[\cos x - 5\sin x - 10\cos x + 10\sin x + 5\cos x - \sin x]$$
$$= e^x(4\sin x - 4\cos x)$$
$$= 4e^x(\sin x - \cos x).$$

# 习题 3.4

1. 求下列函数的二阶导数.

（1）$y = 2x^3 + \ln x$；　　　　　（2）$y = \tan x$；

（3）$y = (1 + x^2)\arctan x$；　　　（4）$y = xe^{x^2}$；

(5) $y = \ln(x + \sqrt{x^2 + 1})$;        (6) $y = \dfrac{\arcsin x}{\sqrt{1 - x^2}}$.

2. 下列各函数的二阶导数,其中 $f(u)$ 为二阶可导.

(1) $f(x^2)$;        (2) $f(e^{-x})$;

(3) $f(\ln x)$;        (4) $\ln f(x)$.

3. 求由下列方程所确定隐函数的二阶导数:

(1) $x^2 - y^2 = 1$;        (2) $xy + \ln x + \ln y = 5$;

(3) $y = 1 + xe^y$;        (4) $\arctan \dfrac{y}{x} = \ln \sqrt{x^2 + y^2}$.

4. 求由下列参数方程确定函数的二阶导数:

(1) $\begin{cases} x = \dfrac{t^2}{2}, \\ y = 1 - t; \end{cases}$        (2) $\begin{cases} x = a(t - \sin t), \\ y = a(1 - \cos t). \end{cases}$

5. 验证函数 $y = e^x \sin x$ 满足关系式 $y'' - 2y' + 2y = 0$.

6. 求下列函数在指定阶的导数:

(1) $y = x^3 + 2x^2 + 6x + 7$,求 $y'''$;        (2) $y = \dfrac{1}{x(x - 1)}$,求 $y^{(4)}(2)$;

(3) $y = \dfrac{1}{1 + 2x}$,求 $y^{(6)}$;        (4) $y = e^x(x^2 - 1)$,求 $y^{(24)}$.

7. 求下列函数的 $n$ 阶导数:

(1) $y = xe^x$;        (2) $y = \sin^2 x$;

(3) $y = \ln(2 + x - x^2)$;        (4) $y = \sin ax \sin bx$.

# 3.5  函数的微分

导数是描述函数在点 $x$ 处相对于自变量的变化而变化的快慢程度,也就是因变量关于自变量的变化率.但有时还需要了解函数在某一点处当自变量有一个微小改变量时,函数所取得的相应改变量的大小.而仅仅用公式 $\Delta y = f(x + \Delta x) - f(x)$ 来计算函数的改变量,往往比较麻烦.需要寻求比较简便的方法来求得函数改变量的一个近似值,这就引入了将要学习的微分.微分它具有双重意义:一是表示一个微小的量;二是表示一种与导数密切相关的运算.微分又是微分学转向积分学的一个关键性概念.第四章我们要引入不定积分的概念.可以说,不定积分是微分的近似逆运算.本节将以一个典型例题引入微分的概念.

## 一、微分的概念

**例 1**:一块边长为 $x$ 的正方形金属薄片受均匀温度变化的影响发生热胀冷缩后仍为正方形,其边长由 $x$ 变到 $x + \Delta x$(图 3-2),问此薄片的面积改变了多少?

**分析**:设此正方形的边长为 $x$,面积为 $A$,则 $A$ 是 $x$ 的函数: $A = x^2$.金属薄片的面积改变量为(如图所示)

$$\Delta A = (x + \Delta x)^2 - (x)^2 = 2x\Delta x + (\Delta x)^2.$$

几何意义:$2x\Delta x$ 表示两个长为 $x$ 宽为 $\Delta x$ 的长方形面积;$(\Delta x)^2$ 表示边长为 $\Delta x$ 的正方形的面积.

数学意义:当 $\Delta x \to 0$ 时,$(\Delta x)^2$ 是比 $\Delta x$ 高阶的无穷小,即 $(\Delta x)^2 = o(\Delta x)$;$2x\Delta x$ 是 $\Delta x$ 的线性函数,是 $\Delta A$ 的主要部分,可以近似地代替 $\Delta A$,即 $\Delta A \approx 2x\Delta x$,称 $2x\Delta x$ 是面积 $A$ 的微分.

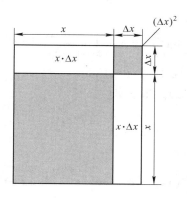

图 3-2

对于一般的函数 $y = f(x)$ 和确定的点 $x_0$,已知函数在点 $x_0$ 的函数值 $f(x_0)$,想求函数 $f(x)$ 在点 $x_0$ 附近一点 $x_0 + \Delta x$ 的函数值 $f(x_0 + \Delta x)$,常常是很难求得 $f(x_0 + \Delta x)$ 的精确值. 在实际应用中,只要求出 $f(x_0 + \Delta x)$ 的近似值也就够了. 为此讨论近似函数值 $f(x_0 + \Delta x)$ 的计算方法.

因为 $\Delta y = f(x_0 + \Delta x) - f(x_0)$ 或 $f(x_0 + \Delta x) = f(x_0) + \Delta y$,所以只要能近似地算出 $\Delta y$ 即可. 显然,$\Delta y$ 是 $\Delta x$ 的函数.

我们希望有一个关于 $\Delta x$ 的简便的函数近似代替 $\Delta y$,并使其误差满足要求. 在所有关于 $\Delta x$ 的函数中,一次函数最为简便. 用 $\Delta x$ 的一次函数 $A\Delta x$($A$ 是常数)近似代替 $\Delta y$,所产生的误差是 $\Delta y - A\Delta x$. 如果 $\Delta y - A\Delta x = o(\Delta x)(\Delta x \to 0)$,那么一次函数 $A\Delta x$ 就有特殊的意义.

**定义**:若函数 $y = f(x)$ 在 $x_0$ 的改变量 $\Delta y$ 与自变量 $x$ 的改变量 $\Delta x$ 有下列关系:
$$\Delta y = A\Delta x + o(\Delta x),$$
其中:$A$ 是与 $\Delta x$ 无关的常数,则称函数 $f(x)$ 在 $x_0$ 可微分,$A\Delta x$ 称为函数 $f(x)$ 在 $x_0$ 的微分,记作
$$\mathrm{d}y = A\Delta x \text{ 或 } \mathrm{d}f(x_0) = A\Delta x.$$
$A\Delta x$ 也称为公式 $\Delta y = A\Delta x + o(\Delta x)$ 的线性主要部分. "线性"是因为 $A\Delta x$ 是 $\Delta x$ 的一次函数. "主要"是因为 $\Delta y = A\Delta x + o(\Delta x)$ 式的右端 $A\Delta x$ 起主要作用,$o(\Delta x)$ 是 $\Delta x$ 的高阶无穷小. 从 $\Delta y = A\Delta x + o(\Delta x)$ 式看到,$\Delta y \approx A\Delta x$ 或 $\Delta y \approx \mathrm{d}y$,其误差是 $o(\Delta x)$.

如果函数 $f(x)$ 在 $x_0$ 可微,即 $\mathrm{d}y = A\Delta x$,那么常数 $A = ?$ 下面定理的必要性就回答了这个问题.

**定理**:函数 $y = f(x)$ 在 $x_0$ 可微 $\Leftrightarrow$ 函数 $y = f(x)$ 在 $x_0$ 可导.

**证明**:必要性:设函数 $f(x)$ 在 $x_0$ 可微,即

$$\Delta y = A\Delta x + o(\Delta x) , \qquad (1)$$

其中:$A$ 是与 $\Delta x$ 无关的常数. 用 $\Delta x$ 除之得

$$\frac{\Delta y}{\Delta x} = A + \frac{o(\Delta x)}{\Delta x},$$

有

$$\lim_{\Delta x \to 0} \frac{\Delta y}{\Delta x} = A + \lim_{\Delta x \to 0} \frac{o(\Delta x)}{\Delta x} = A ,$$

于是函数 $y = f(x)$ 在 $x_0$ 可导,且 $A = f'(x_0)$.

充分性:设函数 $y = f(x)$ 在 $x_0$ 可导,即

$$\lim_{\Delta x \to 0} \frac{\Delta y}{\Delta x} = f'(x_0)$$

则

$$\frac{\Delta y}{\Delta x} = f'(x_0) + \alpha , \quad \alpha \to 0 \,(\text{当 } \Delta x \to 0 \text{ 时}).$$

从而

$$\Delta y = f'(x_0)\Delta x + \alpha\Delta x = f'(x_0)\Delta x + o(\Delta x) ,$$

其中:$f'(x_0)$ 是与 $\Delta x$ 无关的常数,$o(\Delta x)$ 比 $\Delta x$ 是高阶无穷小,于是函数 $f(x)$ 在 $x_0$ 可微.

定理指出,函数 $f(x)$ 在 $x_0$ 可微与可导是等价的,并且 $A = f'(x_0)$. 于是函数 $f(x)$ 在 $x_0$ 的微分:

$$dy = f'(x_0)\Delta x .$$

因此,有 $\Delta y = dy + o(\Delta x) = f'(x_0)\Delta x + o(\Delta x)$.

从近似计算的角度来说,用 $dy$ 近似代替 $\Delta y$ 有两点好处:

(1) $dy$ 是 $\Delta x$ 的线性函数,这一点保证计算简便;

(2) $\Delta y - dy = o(\Delta x)$,这一点保证近似程度好,即误差比 $\Delta x$ 是高阶无穷小.

**例 2**:设函数 $y = f(x)$ 在点 $x_0$ 处可导,$f'(x_0) = -1$,$\Delta x$ 为自变量 $x$ 在点 $x_0$ 处的增量,$\Delta y$ 与 $dy$ 分别为 $f(x)$ 在点 $x_0$ 处对应的增量与微分,则 $\lim\limits_{\Delta x \to 0} \dfrac{\Delta y - dy}{dy} = ($ $)$

(A) $-2$. (B) $-1$. (C) $0$. (D) $1$.

**解**:

本题主要考查微分的定义,由微分的定义,知

$$\Delta y = dy + o(\Delta x) , \Delta y - dy = o(\Delta x) , dy = f'(x_0)\Delta x = -\Delta x,$$

则 $\lim\limits_{\Delta x \to 0} \dfrac{\Delta y - dy}{dy} = \lim\limits_{\Delta x \to 0} \dfrac{o(\Delta x)}{-\Delta x} = 0$,应选 (C).

**例 3**:函数 $y = \ln(1 + 2x^2)$,则 $dy|_{x=0} = ($ $)$

(A) $0$. (B) $1$. (C) $dx$. (D) $2dx$.

**分析**:本题主要考查导数和微分的计算.

**解**:本题主要考查导数和微分的计算:

$$\mathrm{d}y\Big|_{x=0} = \frac{4x}{1+2x^2}\mathrm{d}x\Big|_{x=0} = 0.$$ 故答案选（A）.

## 二、微分的几何意义

在平面直角坐标系中，$y=f(x)$ 的图形是一条曲线. 设 $M(x_0,y_0)$ 是该曲线上任一定点，当自变量在点 $x_0$ 处有增量 $\Delta x$ 时，就得曲线上另一点 $N(x_0+\Delta x,y_0+\Delta y)$.

从几何图形说，如图 3-3，$PM$ 是曲线 $y=f(x)$ 在点 $M(x_0,f(x_0))$ 的切线. 已知切线 $PM$ 的斜率 $\tan\alpha = f'(x_0)$，可得

$$\begin{cases} \Delta y = f(x_0+\Delta x) - f(x_0) = QN, \\ \mathrm{d}y = f'(x_0)\Delta x = \tan\alpha\cdot\Delta x = \dfrac{QP}{\Delta x}\Delta x = QP. \end{cases}$$

由此可见，$\mathrm{d}y = QP$ 是曲线 $y=f(x)$ 在点 $M(x_0,y_0)$ 的切线 $PM$ 的纵坐标的改变量. 因此，用 $\mathrm{d}y$ 近似代替 $\Delta y$，就是用在点 $M(x_0,y_0)$ 处切线的纵坐标的改变量 $PQ$ 近似代替函数 $f(x)$ 的改变量 $QN,PN = QN - QP = \Delta y - \mathrm{d}y = o(\Delta x)$.

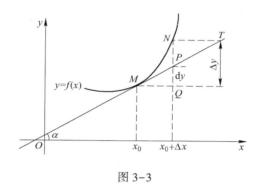

图 3-3

## 三、微分的运算法则和公式

由微分定义，自变量 $x$ 本身的微分是

$$\mathrm{d}x = (x)'\Delta x = \Delta x,$$

即自变量 $x$ 的微分 $\mathrm{d}x$ 等于自变量 $x$ 的改变量 $\Delta x$. 于是，当 $x$ 是自变量时，可用 $\mathrm{d}x$ 代替 $\Delta x$. 函数 $y=f(x)$ 在 $x$ 的微分 $\mathrm{d}y$ 又可写为

$$\mathrm{d}y = f'(x)\mathrm{d}x \ \text{或} \ f'(x) = \frac{\mathrm{d}y}{\mathrm{d}x},$$

即函数 $y=f(x)$ 的导数 $f'(x)$ 等于函数的微分 $\mathrm{d}y$ 与自变量的微分 $\mathrm{d}x$ 的商. 导数也称为微商就源于此. 在没有引入微分概念之前，曾用 $\dfrac{\mathrm{d}y}{\mathrm{d}x}$ 表示导数，但是，那时 $\dfrac{\mathrm{d}y}{\mathrm{d}x}$ 是一个完整的符号，并不具有商的意义. 当引入微分概念之后，符号 $\dfrac{\mathrm{d}y}{\mathrm{d}x}$ 才具有商的意义.

已知可微与可导是等价的，且 $\mathrm{d}y = y'\mathrm{d}x$. 由导数的运算法则和导数公式可相应地得到微分的运算法则和微分公式.

**1. 基本初等函数的微分公式**

由基本初等函数的导数公式,可以直接写出基本初等函数的微分公式. 为了便于对照, 如表 3-1 所列.

表 3-1

| 导数公式 | 微分公式 |
|---|---|
| $(c)' = 0$ | $d(c) = 0$ |
| $(x^\alpha)' = \alpha x^{\alpha-1}$ | $d(x^\alpha) = \alpha x^{\alpha-1}dx$ |
| $(\log_a x)' = \dfrac{1}{x\ln a}$ | $d(\log_a x) = \dfrac{1}{x\ln a}dx$ |
| $(\ln x)' = \dfrac{1}{x}$ | $d(\ln x) = \dfrac{1}{x}dx$ |
| $(a^x)' = a^x\ln a$ | $d(a^x) = a^x\ln a dx$ |
| $(e^x)' = e^x$ | $d(e^x) = e^x dx$ |
| $(\sin x)' = \cos x$ | $d(\sin x) = \cos x dx$ |
| $(\cos x)' = -\sin x$ | $d(\cos x) = -\sin x dx$ |
| $(\tan x)' = \sec^2 x$ | $d(\tan x) = \sec^2 x dx$ |
| $(\cot x)' = -\csc^2 x$ | $d(\cot x) = -\csc^2 x dx$ |
| $(\sec x)' = \sec x \cdot \tan x$ | $d(\sec x) = \sec x \cdot \tan x dx$ |
| $(\csc x)' = -\csc x \cdot \cot x$ | $d(\csc x) = -\csc x \cdot \cot x dx$ |
| $(\arcsin x)' = \dfrac{1}{\sqrt{1-x^2}}$ | $d(\arcsin x) = \dfrac{1}{\sqrt{1-x^2}}dx$ |
| $(\arccos x)' = -\dfrac{1}{\sqrt{1-x^2}}$ | $d(\arccos x)' = -\dfrac{1}{\sqrt{1-x^2}}dx$ |
| $(\arctan x)' = \dfrac{1}{1+x^2}$ | $d(\arctan x) = \dfrac{1}{1+x^2}dx$ |
| $(\text{arccot } x)' = -\dfrac{1}{1+x^2}$ | $d(\text{arccot } x) = -\dfrac{1}{1+x^2}dx$ |

**2. 函数和、差、积、商的微分法则**

由函数和、差、积、商的求导法则,可推得相应的微分法则. 为了便于对照,如表 3-2 所列(表中 $u = u(x)$, $v = v(x)$).

表 3-2

| 函数和、差、积、商的求导法则 | 函数和、差、积、商的微分法则 |
|---|---|
| $(u \pm v)' = u' \pm v'$ | $d(u \pm v) = du \pm dv$ |
| $(cu)' = cu'$ | $d(cu) = cdu$ |
| $(uv)' = u'v + uv'$ | $d(uv) = vdu + udv$ |
| $\left(\dfrac{u}{v}\right)' = \dfrac{u'v - uv'}{v^2}$ | $d\left(\dfrac{u}{v}\right) = \dfrac{vdu - udv}{v^2}$ |

现在以乘积的微分法则为例加以证明：

事实上，由微分的表达式及乘积的求导法则，有

$$d(uv) = (uv)'dx = (u'v + uv')dx = v(u'dx) + u(v'dx) = vdu + udv.$$

其他法则都可以用类似的方法证明.

**3. 复合函数微分法则**

设 $y = f(u), u = \varphi(x)$ ，则复合函数 $y = f[\varphi(x)]$ 的微分为

$$dy = y'_x dx = f'(u)\varphi'(x)dx.$$

由于 $\varphi'(x)dx = du$ ，所以复合函数 $y = f[\varphi(x)]$ 的微分公式可以写成

$$dy = f'(u)du \quad \text{或} \quad dy = y'_u du.$$

由此可见，无论 $u$ 是自变量还是另一个变量的函数，微分形式 $dy = f'(u)du$ 保持不变. 这一性质称为一阶微分形式不变性.

**例 4**：求下列函数的微分：

（1）$y = \sin(3x + 1)$ ，                    （2）$y = \ln(1 + e^{x^2})$ .

**解**：（1）$dy = d\sin(3x + 1) = \cos(3x + 1)d(3x + 1) = 3\cos(3x + 1)dx$ ，

（2）$dy = d\ln(1 + e^{x^2}) = \dfrac{1}{1 + e^{x^2}}d(1 + e^{x^2}) = \dfrac{1}{1 + e^{x^2}} \cdot e^{x^2}d(x^2)$

$$= \dfrac{1}{1 + e^{x^2}} \cdot e^{x^2} \cdot 2xdx = \dfrac{2xe^{x^2}}{1 + e^{x^2}}dx.$$

**例 5**：$y = e^{1-3x}\cos x$ ，求 $dy$ .

**解**：应用积的微分法则，得

$$dy = d(e^{1-3x}\cos x) = \cos xd(e^{1-3x}) + e^{1-3x}d(\cos x) = (\cos x)e^{1-3x}(-3dx) + e^{1-3x}(-\sin xdx)$$

$$= -e^{1-3x}(3\cos x + \sin x)dx.$$

**例 6**：在括号中填入适当的函数，使等式成立.

（1）$d( \quad ) = xdx$ ；

（2）$d( \quad ) = \cos \omega tdt$ .

**解**：（1）因为 $d(x^2) = 2xdx$ ，所以

$$xdx = \dfrac{1}{2}d(x^2) = d\left(\dfrac{1}{2}x^2\right), \text{即 } d\left(\dfrac{1}{2}x^2\right) = xdx.$$

一般地，有 $d\left(\dfrac{1}{2}x^2 + C\right) = xdx$（$C$ 为任意常数）.

（2）因为 $d(\sin \omega t) = \omega\cos \omega tdt$ ，所以

$$\cos \omega tdt = \dfrac{1}{\omega}d(\sin \omega t) = d\left(\dfrac{1}{\omega}\sin \omega t\right).$$

因此        $d\left(\dfrac{1}{\omega}\sin \omega t + C\right) = \cos \omega tdt$（$C$ 为任意常数）.

# 习题 3.5

1. 求下列函数的微分：

（1）$y = \sqrt{2 + x^2}$ ；                    （2）$y = x^2\sin 2x$ ；

（3）$y = \dfrac{x^2}{\ln x}$;　　　　　　　　　　（4）$y = \ln(\sin a^x)$;

（5）$y = \arctan \dfrac{1 - x^2}{1 + x^2}$;　　　　　　（6）$y = f(\sin x)$，且 $f(u)$ 可导;

（7）$y = f(\mathrm{e}^{-x})$，且 $f(u)$ 可导;　　　（8）$y = f(\mathrm{e}^x)\mathrm{e}^{f(x)}$，其中 $f(u)$ 可导.

2. 已知 $y = \ln(1 + \mathrm{e}^{10x}) + \arctan \mathrm{e}^{5x}$，求 $\mathrm{d}y \Big|_{\substack{x = 0 \\ \mathrm{d}x = 0.1}}$.

3. 填入适当的函数，使下列等式成立：

（1）$2\cos 2x\,\mathrm{d}x = \mathrm{d}(\qquad)$;　　　　（2）$\sec x\tan x\,\mathrm{d}x = \mathrm{d}(\qquad)$;

（3）$\sqrt{a + bx}\,\mathrm{d}x = \mathrm{d}(\qquad)$;　　　（4）$\dfrac{1}{x}\ln x\,\mathrm{d}x = \mathrm{d}(\qquad)$.

4. 求下列方程确定的隐函数 $y = y(x)$ 的微分 $\mathrm{d}y$：

（1）$x^3 y^2 - \sin y^4 = 0$;　　　　　（2）$\tan y = x + y$;

（3）$\arctan \dfrac{y}{x} = \ln\sqrt{x^2 + y^2}$;　　（4）$x^y = y^x$.

5. 求下列函数在指定点处的微分：

（1）$y = \dfrac{1}{x} + \ln\dfrac{x - 1}{x}$，在 $x = -1$;

（2）$y = \arctan \dfrac{\ln x}{x}$，在 $x = \dfrac{1}{\mathrm{e}}$;

（3）$y = \dfrac{(2x - 1)^3 \cdot \sqrt{2 + 3x}}{(5x + 4)^2 \cdot \sqrt[3]{1 - x}}$，在 $x = 0$.

# 第四章　导数的应用

导数是研究函数的有力工具. 从实际问题出发建立了导数和微分的概念,并研究它们的计算方法. 本章首先介绍导数应用的理论基础. 在此基础上, 将介绍应用导数求函数极限的洛必达法则,讨论函数的单调性与极值、最值以及曲线的凹凸性等特性以及函数图形的描绘,并运用这些知识解决一些实际问题.

## 4.1　微分中值定理

本节所介绍的四个中值定理都是微分学的基本定理,运用它们并结合导数研究函数的性质,可以研究函数的特性并解决某些实际问题. 因此,它们在高等数学的理论和应用中都占有重要地位. 微分中值定理由特殊到一般可分为四种情况,分别为罗尔定理、拉格朗日中值定理、柯西中值定理、泰勒中值定理.

### 一、罗尔定理

**定理 1**:如果函数 $f(x)$ 满足(图 4-1):

(1)在闭区间 $[a,b]$ 上连续;

(2)在开区间 $(a,b)$ 内可导;

(3)在区间端点处的函数值相等,即 $f(a) = f(b)$;

那么在 $(a,b)$ 内至少有一点 $\xi(a < \xi < b)$, 使得 $f'(\xi) = 0$.

值得注意的是,该定理要求函数 $y = f(x)$ 应同时满足三个条件,若定理的三个条件不全满足,定理的结论可能成立,也可能不成立.请看下面几个例子.

**1. 端点的值不等**

例如:函数 $f(x) = x, x \in [0,1]$. 易知函数 $f(x)$ 满足定理的条件(1)和条件(2),但 $f(0) \neq f(1)$, 又有 $f'(x) = 1 \neq 0$, 所以不存在这样的 $\xi \in [0,1]$, 使得 $f'(\xi) = 0$(图 4-2).

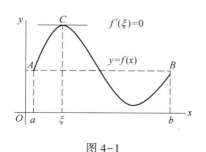

图 4-1

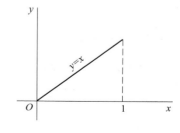

图 4-2

**2. 非闭区间连续**

例如：$f(x) = \begin{cases} \dfrac{1}{x}, & 0 < x \leqslant 1, \\ 1, & x = 0, \end{cases}$ $x \in [0,1]$. 易知函数 $f(x)$ 在 $x = 0$ 处不连续（图 4-3）.

所以不满足定理的条件（1）. 又有 $f'(x) = -\dfrac{1}{x^2}(0 < x < 1)$，所以不存在这样的 $x \in [0, 1]$，使得 $f'(\xi) = 0$.

**3. 开区间内有不可导点**

例如：函数 $f(x) = |x|, x \in [-1,1]$. 易知函数 $f(x)$ 在点 $x = 0$ 处不可导，所以不满足定理的条件（2），又有 $f'(x)$ 在 $x = 0$ 处不存在（图 4-4）.

所以不存在这样的 $\xi \in [0,1]$，使得 $f'(\xi) = 0$.

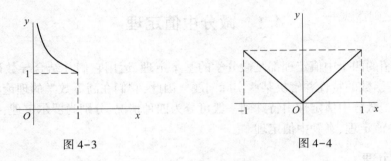

图 4-3               图 4-4

**例 1**：验证 $f(x) = x^2 - 2x - 3$ 在区间 $[-1,3]$ 上罗尔定理的正确性.

**解**：显然，$f(x)$ 在 $[-1,3]$ 上连续，在 $(-1,3)$ 内可导，且满足 $f(-1) = 0, f(3) = 0$. 而 $f'(x) = 2x - 2$，取 $\xi = 1 \in (-1,3)$，则有 $f'(\xi) = 0$. 因此罗尔定理正确.

应注意，对于一般的函数 $f(x)$，只要满足定理条件，则罗尔定理确定了 $f(x)$ 的导函数零点的存在性，但通常这样的零点并不容易求出.

**例 2**：不求导数，判断函数 $f(x) = (x + 1)(x - 2)(x - 3)$ 的导函数 $f'(x)$ 有几个零点，并指出这些零点所在的区间范围.

**解**：由于 $f(-1) = 0, f(2) = 0, f(3) = 0$，且 $f(x)$ 在 $[-1,3]$ 上处处连续、可导，所以根据罗尔定理，$f(x)$ 在 $(-1,2), (2,3)$ 上分别存在 $\xi_1, \xi_2$，使 $f'(\xi_1) = 0, f'(\xi_2) = 0$，即 $f'(x)$ 至少有两个零点.

又 $f'(x)$ 为二次多项式，最多有两个零点，故 $f'(x)$ 恰有两个零点，分别位于区间 $(-1,2), (2,3)$ 内.

## 二、拉格朗日中值定理

**定理 2**：如果函数 $f(x)$ 满足（图 4-5）

（1）在闭区间 $[a,b]$ 上连续；

（2）在开区间 $(a,b)$ 内可导；

那么在 $(a,b)$ 内至少有一点 $\xi(a < \xi < b)$，使得等式 $f(b) - f(a) = f'(\xi)(b - a)$ 成立.

**注**：（1）罗尔中值定理是拉格朗日中值定理的一个特殊情况，因而可用罗尔中值定理来

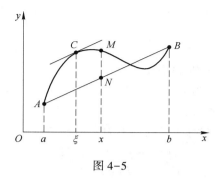

图 4-5

证明.

（2）拉格朗日中值定理的几何意义:如果曲线 $y = f(x)$ 在除端点外的每一点都有不平行于 $y$ 轴的切线,则曲线上至少存在一点,该点的切线平行于两端点的连线.

（3）记等式 $f(b) - f(a) = f'(\xi)(b - a)$ 为公式（1）,则当 $b < a$ 时该公式也成立,通常称为拉格朗日中值公式.

（4）拉格朗日中值公式的等价表示式:

设 $x$ 为区间 $[a,b]$ 内一点, $x + \Delta x$ 为这区间内的另一点（$\Delta x > 0$ 或 $\Delta x < 0$）,则公式（1）在区间 $[x, x + \Delta x]$（当 $\Delta x > 0$ 时）或在区间 $[x + \Delta x, x]$（当 $\Delta x < 0$ 时）上就成为

$$f(x + \Delta x) - f(x) = f'(x + \theta \Delta x) \cdot \Delta x \quad (0 < \theta < 1). \tag{2}$$

这里数值 $\theta$ 在 0 与 1 之间,所以 $x + \theta \Delta x$ 是在 $x$ 与 $x + \Delta x$ 之间.

（5）有限增量公式:

如果记 $f(x)$ 为 $y$,则式（2）又可写成

$$\Delta y = f'(x + \theta \Delta x) \cdot \Delta x \quad (0 < \theta < 1). \tag{3}$$

通常将式（3）称为有限增量公式,拉格朗日中值定理也称为有限增量定理.

**推论**:函数 $f(x)$ 在某一区间 $I$ 上的导数恒为零的充要条件是 $f(x)$ 在该区间 $I$ 是一个常数.

即如果 $f'(x) \equiv 0, x \in I$,则 $f(x) \equiv C$（其中:$C$ 为常数,$x \in I$）.

**例 3**:证明恒等式:当 $|x| < \dfrac{1}{2}$ 时,$3\arccos x - \arccos(3x - 4x^3) = \pi$.

**证明:**

令 $$f(x) = 3\arccos x - \arccos(3x - 4x^3),$$

则 $f'(x) = -\dfrac{3}{\sqrt{1 - x^2}} + \dfrac{3 - 12x^2}{\sqrt{1 - (3x - 4x^3)^2}} = -\dfrac{3}{\sqrt{1 - x^2}} + \dfrac{3(1 - 4x^2)}{\sqrt{(1 - x^2)(1 - 4x^2)^2}}. \tag{1}$

因为 $|x| < \dfrac{1}{2}$,所以 $0 < 1 - 4x^2 \leq 1$.

由式（1）可推得

$$f'(x) = -\dfrac{3}{\sqrt{1 - x^2}} + \dfrac{3}{\sqrt{1 - x^2}} = 0,$$

所以 $f(x) = C$,令 $x = 0 \Rightarrow C = \pi$.

故 $3\arccos x - \arccos(3x - 4x^3) = \pi$.

### 三、柯西中值定理

**定理 3**：如果函数 $f(x)$ 及 $F(x)$ 满足

（1）在闭区间 $[a,b]$ 上连续；

（2）在开区间 $(a,b)$ 内可导；

（3）$F'(x)$ 在 $(a,b)$ 内的每一点处均不为零，那么在 $(a,b)$ 内至少有一点 $\xi$，使等式：

$$\frac{f(b) - f(a)}{F(b) - F(a)} = \frac{f'(\xi)}{F'(\xi)}.$$

成立.

**注**：如果取 $F(x) = x$，那么 $F(b) - F(a) = b - a$，$F'(x) = 1$，因而柯西中值定理的结论就可以写成 $f(b) - f(a) = f'(\xi)(b - a)\quad(a < \xi < b)$，这样就变成拉格朗日中值公式了. 所以，柯西中值定理是拉格朗日中值定理的推广.

### 四、泰勒中值定理

**定理 4**：如果函数 $f(x)$ 在含有 $x_0$ 的某个开区间 $(a,b)$ 内具有直到 $(n+1)$ 的阶导数，则当 $x$ 在 $(a,b)$ 内时，$f(x)$ 可以表示为 $(x - x_0)$ 的一个 $n$ 次多项式与一个余项 $R_n(x)$ 之和：

$$f(x) = f(x_0) + f'(x_0)(x - x_0) + \frac{1}{2!}f''(x_0)(x - x_0)^2 + \cdots + \frac{1}{n!}f^{(n)}(x_0)(x - x_0)^n + R_n(x)$$

其中：$R_n(x) = \dfrac{f^{(n+1)}(\xi)}{(n+1)!}(x - x_0)^{n+1}$（$\xi$ 介于 $x_0$ 与 $x$ 之间）称为拉格朗日型余项，整个公式称为具有拉格朗日型余项的 $n$ 阶泰勒公式.

而在不需要余项的精确表达式时，$n$ 阶泰勒公式也可写成

$$f(x) = f(x_0) + f'(x_0)(x - x_0) + \frac{1}{2!}f''(x_0)(x - x_0)^2 + \cdots$$

$$+ \frac{1}{n!}f^{(n)}(x_0)(x - x_0)^n + o[(x - x_0)^n].$$

其中：$R_n(x) = o[(x - x_0)^n](x \to x_0)$ 称为佩亚诺型余项，整个公式称为具有佩亚诺型余项的 $n$ 阶泰勒公式.

**注**：（1）泰勒公式误差公式：如果对于某个固定的 $n$，当 $x$ 在区间 $(a,b)$ 内变动时，$|f^{(n+1)}(x)|$ 总不超过一个常数 $M$，则有估计式：

$$|R_n(x)| = \left|\frac{f^{(n+1)}(\xi)}{(n+1)!}(x - x_0)^{n+1}\right| \leqslant \frac{M}{(n+1)!}|x - x_0|^{n+1}, \lim_{x \to x_0}\frac{R_{n(x)}}{(x - x_0)^n} = 0.$$

（2）若 $x_0 = 0$，上面的 $n$ 阶泰勒公式称为麦克劳林（Maclaurin）公式，即

$$f(x) = f(0) + f'(0)x + \frac{f''(0)}{2!}x^2 + \cdots + \frac{f^{(n)}(0)}{n!}x^n + \frac{f^{(n+1)}(\xi)}{(n+1)!}x^{n+1},$$

或 $\qquad f(x) = f(0) + f'(0)x + \frac{f''(0)}{2!}x^2 + \cdots + \frac{f^{(n)}(0)}{n!}x^n + o(x^n),$

其中：$\xi$ 介于 $0$ 与 $x$ 之间.

（3）当 $n=0$ 时,泰勒公式变成拉格朗日中值公式 $f(x)=f(x_0)+f'(\xi)(x-x_0)$ （$\xi$ 在 $x_0$ 与 $x$ 之间）.因此,泰勒中值定理是拉格朗日中值定理的推广.

（4）泰勒公式的主要作用：

① 带拉格朗日余项的泰勒定理主要用于证明；

② 带佩亚诺型余项的泰勒公式主要用于计算,比如求极限、确定等价无穷小的阶及求高阶导数.

（5）常用函数的具有佩亚诺型余项的 $n$ 阶麦克劳林展开式.

$$e^x = 1 + x + \frac{x^2}{2!} + \cdots + \frac{x^n}{n!} + o(x^n),$$

$$\sin x = x - \frac{1}{3!}x^3 + \cdots + \frac{(-1)^n}{(2n+1)!}x^{2n+1} + o(x^{2n+1}),$$

$$\cos x = 1 - \frac{x^2}{2!} + \cdots + (-1)^n \frac{x^{2n}}{(2n)!} + o(x^{2n}),$$

$$\ln(1+x) = x - \frac{x^2}{2} + \frac{x^3}{3} - \cdots + (-1)^{n-1}\frac{x^n}{n} + o(x^n),$$

$$(1+x)^m = 1 + mx + \frac{m(m-1)}{2!}x^2 + \cdots + \frac{m(m-1)\cdots(m-n+1)}{n!}x^n + o(x^n).$$

**例 4:** 在 $y=2^x$ 的麦克劳林公式中含 $x^n$ 项的系数是_____.

**解:** 由 $f(x)$ 的麦克劳林公式：

$$f(x) = f(0) + f'(0)x + \frac{f''(0)}{2!}x^2 + \cdots + \frac{f^{(n)}(0)}{n!}x^n + o(x^n)$$

可知 $x^n$ 的系数为 $f^{(n)}(0)/n!$. 下面求 $f^{(n)}(0)$.

$f'(x) = (2^x)' = 2^x \ln 2$,易求得 $f^{(n)}(x) = (2^x)^{(n)} = 2^x(\ln 2)^n$,$f^{(n)}(0) = 2^0(\ln 2)^n = (\ln 2)^n$,故所求系数为 $(\ln 2)^n/n!$.

# 习题 4.1

1. 下列函数在给定区间上是否满足罗尔定理条件？若满足,求出定理结论中的 $\xi$.

（1）$y = 2x^2 - x - 3, \left[-1, \frac{3}{2}\right]$；

（2）$y = e^{x^2} - 1, [-1, 1]$.

2. 下列函数在给定区间上是否满足拉格朗日中值定理条件？若满足,求出定理结论中的 $\xi$.

（1）$y = x^3 - 5x^2 + x - 2, [-1, 0]$；

（2）$y = \ln x, [1, e]$.

3. 函数 $f(x) = x^3$ 与 $g(x) = x^2 + 1$ 在区间 $[1, 2]$ 上是否满足柯西中值定理的条件？若满足,求出定理结论中的 $\xi$.

4. 证明恒等式：$\arcsin x + \arccos x = \frac{\pi}{2}(-1 \leqslant x \leqslant 1)$.

## 4.2 洛必达(L'Hospital)法则

中值定理的一个重要应用就是给出了一类称为未定式极限的求法. 先来介绍什么是未定式.

观察下面两组例子:

(1) $\lim\limits_{x\to 0}\dfrac{x^2}{x} = 0, \lim\limits_{x\to 0}\dfrac{x}{x^2}$ 不存在, $\lim\limits_{x\to 0}\dfrac{\sin x}{x} = 1$;

(2) $\lim\limits_{x\to\infty}\dfrac{x}{x^2} = 0, \lim\limits_{x\to\infty}\dfrac{x^2}{x}$ 不存在, $\lim\limits_{x\to\infty}\dfrac{x^2+1}{x^2} = 1$.

这两组极限的特点是分子、分母的极限都为 0 或 ∞,因为不满足极限四则运算法则的要求,都不能直接用极限运算法则计算,而这种极限有时存在,有时不存在,故将这种极限形式称为未定式.

在自变量的某种变化过程中, $\lim f(x) = 0(\infty), \lim g(x) = 0(\infty)$,则称 $\lim\dfrac{f(x)}{g(x)}$ 为在自变量的该变化过程中的 $\dfrac{0}{0}$ 型($\dfrac{\infty}{\infty}$ 型)未定式,简记为 $\dfrac{0}{0}(\dfrac{\infty}{\infty})$.

类似的未定式还有下面几种情形,分别是

$$\infty - \infty, 0\cdot\infty, 0^0, 1^\infty, \infty^0.$$

下面我们以 $x\to a$ 时的情况为例,给出这类极限一种简单且重要的求法,对其他极限过程方法仍成立.

### 一、求 $\dfrac{0}{0}$ 型未定式极限的洛必达法则

**定理 1**:设

(1) 当 $x\to a$ 时,函数 $f(x)$ 及 $F(x)$ 都趋于零;

(2) 在点 $a$ 的某去心邻域内, $f'(x)$ 及 $F'(x)$ 都存在且 $F'(x) \neq 0$;

(3) $\lim\limits_{x\to a}\dfrac{f'(x)}{F'(x)}$ 存在(或为无穷大),那么

$$\lim\limits_{x\to a}\dfrac{f(x)}{F(x)} = \lim\limits_{x\to a}\dfrac{f'(x)}{F'(x)}.$$

**注**:(1) 以上 $x\to a$ 的极限过程改为 $x\to a^-, x\to a^+, x\to\infty, x\to +\infty, x\to -\infty$ 时,公式仍然成立.

(2) 使用洛必达法则之前应先化简. 化简方法:等价无穷小代换;若有非零极限值的乘积因子,应先将该因子的极限求出.

(3) 对 $\dfrac{0}{0}$ 型未定式,若当 $x\to 0$ 时,存在形如 $\sin\dfrac{1}{x}$ 或 $\cos\dfrac{1}{x}$ 的因子,或者当 $x\to\infty$ 时,存在 $\sin x$ 或 $\cos x$ 的因子,一般不能使用洛必达法则.

### 二、求 $\dfrac{\infty}{\infty}$ 型未定式极限的洛必达法则

**定理 2**:设

（1）$\lim\limits_{x\to\infty}f(x)=\infty$，$\lim\limits_{x\to\infty}F(x)=\infty$；

（2）当 $|x|>N$ 时 $f'(x)$ 与 $F'(x)$ 都存在，且 $F'(x)\neq0$；

（3）$\lim\limits_{x\to\infty}\dfrac{f'(x)}{F'(x)}$ 存在（或为无穷大），

那么
$$\lim_{x\to\infty}\frac{f(x)}{F(x)}=\lim_{x\to\infty}\frac{f'(x)}{F'(x)}.$$

**注**：（1）以上 $x\to\infty$ 的极限过程改为 $x\to a^-,x\to a^+,x\to a,x\to+\infty,x\to-\infty$ 时，公式仍然成立．

（2）在同一自变量变化过程中，只要是 $\dfrac{0}{0}$ 型和 $\dfrac{\infty}{\infty}$ 型就可以用洛必达法则求极限，并且洛必达法则可以连续使用，但使用前必须观察是否仍然是 $\dfrac{0}{0}$ 型和 $\dfrac{\infty}{\infty}$ 型未定式．

（3）其他未定式 $\infty-\infty,0\cdot\infty,1^\infty,0^0,\infty^0$ 等均可转化为 $\dfrac{0}{0}$ 型或 $\dfrac{\infty}{\infty}$ 型未定式利用洛必达法则求极限．

**例 1**：求极限 $\lim\limits_{x\to\pi}\dfrac{1+\cos x}{\tan^2 x}$.

**解**：$\lim\limits_{x\to\pi}\dfrac{1+\cos x}{\tan^2 x}=\lim\limits_{x\to\pi}\dfrac{-\sin x}{2\tan x\dfrac{1}{\cos^2 x}}=\lim\limits_{x\to\pi}\left(-\dfrac{\cos^3 x}{2}\right)=\dfrac{1}{2}$.

**例 2**：求 $\lim\limits_{x\to+\infty}\dfrac{\dfrac{\pi}{2}-\arctan x}{\dfrac{1}{x}}$.

**解**：属 $\dfrac{0}{0}$ 型极限，利用洛必达法则．

$$\lim_{x\to+\infty}\frac{\dfrac{\pi}{2}-\arctan x}{\dfrac{1}{x}}\xlongequal{\frac{0}{0}\text{型}}\lim_{x\to+\infty}\frac{\left(\dfrac{\pi}{2}-\arctan x\right)'}{\left(\dfrac{1}{x}\right)'}$$

$$=\lim_{x\to+\infty}\frac{-\dfrac{1}{1+x^2}}{-\dfrac{1}{x^2}}=1.$$

**例 3**：求 $\lim\limits_{x\to1}\dfrac{x^3-2x^2+x}{x^3-x^2-x+1}$.

**解**：属 $\dfrac{0}{0}$ 型极限，利用洛必达法则计算．

$$\lim_{x\to1}\frac{x^3-2x^2+x}{x^3-x^2-x+1}\xlongequal{\frac{0}{0}\text{型}}\lim_{x\to1}\frac{(x^3-2x^2+x)'}{(x^3-x^2-x+1)'}$$

$$= \lim_{x \to 1} \frac{3x^2 - 4x + 1}{3x^2 - 2x - 1} \xlongequal{\frac{0}{0}型} \lim_{x \to 1} \frac{(3x^2 - 4x + 1)'}{(3x^2 - 2x - 1)'}$$

$$= \lim_{x \to 1} \frac{6x - 4}{6x - 2} = \frac{1}{2}.$$

**例 4**：求 $\lim\limits_{x \to 0} \dfrac{x - \sin x}{x^3}$.

**解**：属 $\dfrac{0}{0}$ 型极限，利用洛必达法则计算.

$$\lim_{x \to 0} \frac{x - \sin x}{x^3} \xlongequal{\frac{0}{0}型} \lim_{x \to 0} \frac{(x - \sin x)'}{(x^3)'}$$

$$= \lim_{x \to 0} \frac{1 - \cos x}{3x^2} \xlongequal{\frac{0}{0}型} \lim_{x \to 1} \frac{(1 - \cos x)'}{(3x^2)'}$$

$$= \lim_{x \to 0} \frac{\sin x}{6x} = \frac{1}{6}.$$

此两例表明，如果 $\lim\limits_{x \to x_0} \dfrac{f'(x)}{g'(x)}$ 仍为 $\dfrac{0}{0}$ 型极限，可进一步考察其是否满足洛必达法则条件，若满足则可再次使用.

**例 5**：求极限 $\lim\limits_{x \to 0} \dfrac{\sqrt{1 + 2\sin x} - x - 1}{x \ln(1 + x)}$

**解**：

$$\lim_{x \to 0} \frac{\sqrt{1 + 2\sin x} - x - 1}{x \ln(1 + x)} = \lim_{x \to 0} \frac{1 + 2\sin x - (x + 1)^2}{x^2 (\sqrt{1 + 2\sin x} + x + 1)} = \frac{1}{2} \lim_{x \to 0} \frac{2(\sin x - x) - x^2}{x^2} = -\frac{1}{2}.$$

**注**：$\lim\limits_{x \to 0} \dfrac{\sin x - x}{x^2} = 0.$

**例 6**：求 $\lim\limits_{x \to +\infty} \dfrac{\ln x}{x^2}$.

**解**：这是 $\dfrac{\infty}{\infty}$ 型未定式，由洛必达法则可得

$$\lim_{x \to +\infty} \frac{\ln x}{x^2} = \lim_{x \to +\infty} \frac{\frac{1}{x}}{2x} = \lim_{x \to +\infty} \frac{1}{2x^2} = 0.$$

**例 7**：求 $\lim\limits_{x \to +\infty} \dfrac{x^n}{e^x}$.

**解**：这是 $\dfrac{\infty}{\infty}$ 型未定式，连续 $n$ 次使用洛必达法则可得

$$\lim_{x \to +\infty} \frac{x^n}{e^x} = \lim_{x \to +\infty} \frac{nx^{n-1}}{e^x} = \lim_{x \to +\infty} \frac{n(n-1)x^{n-2}}{e^x} = \cdots = \lim_{x \to +\infty} \frac{n!}{e^x} = 0.$$

**例 8:**求 $\lim\limits_{x \to \infty} \dfrac{x - \sin x}{x}$.

**分析:**这是 $\dfrac{\infty}{\infty}$ 型未定式,若应用洛必达法则,得

$$\lim_{x \to \infty} \frac{x - \sin x}{x} = \lim_{x \to \infty} \frac{1 - \cos x}{1}.$$

显然右边的极限不存在,不能继续下去,需要改用其他方法求解.

**解:** $\lim\limits_{x \to \infty} \dfrac{x - \sin x}{x} = \lim\limits_{x \to \infty}\left(1 - \dfrac{\sin x}{x}\right) = 1 - 0 = 1.$

上例说明,洛必达法则也有失效的时侯,当 $\lim\limits_{\substack{x \to \infty \\ (x \to x_0)}} \dfrac{f'(x)}{g'(x)}$ 不存在时,不能说明 $\lim\limits_{\substack{x \to \infty \\ (x \to x_0)}} \dfrac{f(x)}{g(x)}$

不存在,此时应采用其他方法求解.

**例 9:**求下列极限

$(1)\ \lim\limits_{x \to 0}\left[\dfrac{1}{x} - \dfrac{1}{x^2}\ln(1 + x)\right]$; $(2)\ \lim\limits_{x \to 0^+} x \ln x.$

**解:**$(1)\ \lim\limits_{x \to 0}\left[\dfrac{1}{x} - \dfrac{1}{x^2}\ln(1 + x)\right] \xlongequal{\infty - \infty} \lim\limits_{x \to 0} \dfrac{x - \ln(1 + x)}{x^2} \xlongequal{\frac{0}{0}} \lim\limits_{x \to 0} \dfrac{1 - \dfrac{1}{1 + x}}{2x}.$

$(2)\ \lim\limits_{x \to 0^+} x \ln x \xlongequal{0 \cdot \infty} \lim\limits_{x \to 0^+} \dfrac{\ln x}{\dfrac{1}{x}} \xlongequal{\frac{\infty}{\infty}} \lim\limits_{x \to 0^+} \dfrac{\dfrac{1}{x}}{-\dfrac{1}{x^2}} = -\lim\limits_{x \to 0^+} x = 0.$

**例 10:**求 $\lim\limits_{x \to 0^+} x^{\sin x}$.

**解:**这是 $0^0$ 型未定式,我们先运用对数恒等式 $x^{\sin x} = e^{\ln x^{\sin x}} = e^{\sin x \cdot \ln x}$,再求极限.

$$\lim_{x \to 0^+} x^{\sin x} = \lim_{x \to 0^+} e^{\sin x \cdot \ln x} = e^{\lim\limits_{x \to 0^+} \sin x \cdot \ln x} = e^{\lim\limits_{x \to 0^+} x \cdot \ln x} = e^{\lim\limits_{x \to 0^+} \frac{\ln x}{\frac{1}{x}}} = e^{\lim\limits_{x \to 0^+} \frac{\frac{1}{x}}{-\frac{1}{x^2}}} = e^0 = 1$$

**注:**可直接利用 $\lim\limits_{x \to 0^+} x \ln x = 0.$

**例 11:**求 $\lim\limits_{x \to 1}(2 - x)^{\tan \frac{\pi}{2}x}$.

**解:**这是 $1^\infty$ 型未定式. 还是先运用对数恒等式 $(2 - x)^{\tan \frac{\pi}{2}x} = e^{\ln(2-x)^{\tan \frac{\pi}{2}x}} = e^{\tan \frac{\pi}{2}x \cdot \ln(2-x)}$,再求极限.

$$\lim_{x \to 1}(2 - x)^{\tan \frac{\pi}{2}x} = e^{\lim\limits_{x \to 1} \tan \frac{\pi}{2}x \cdot \ln(2-x)}$$

$$= e^{\lim\limits_{x \to 1} \ln(2-x)/\cot \frac{\pi}{2}x} = e^{\lim\limits_{x \to 1}\left(-\frac{1}{2-x}\right)\big/\left(-\csc^2 \frac{\pi}{2}x\right) \cdot \frac{\pi}{2}}$$

$$= e^{\frac{2}{\pi}\lim\limits_{x \to 1} \sin^2 \frac{\pi}{2}x/(2-x)} = e^{\frac{2}{\pi}}.$$

**注:**此例也先等价无穷小代换:

$$\lim_{x \to 1}(2 - x)^{\tan \frac{\pi}{2}x} = e^{\lim\limits_{x \to 1}(1-x)\tan \frac{\pi}{2}x} = e^{\lim\limits_{x \to 1}(1-x)\cot \frac{\pi}{2}x} = e^{\lim\limits_{x \to 1} \frac{1}{\csc \frac{2\pi x}{2} \cdot \frac{\pi}{2}}} = e^{\frac{2}{\pi}\lim\limits_{x \to 1} \sin^2 \frac{\pi}{2}x} = e^{\frac{2}{\pi}}.$$

**例 12**:求 $\lim\limits_{x\to 0^+}\left(1+\dfrac{1}{x}\right)^x$.

**解**:这是 $\infty^0$ 型未定式一种解法:

$$\lim_{x\to 0^+}\left(1+\frac{1}{x}\right)^x = \lim_{x\to 0^+}e^{x\ln\left(1+\frac{1}{x}\right)} = e^{\lim\limits_{x\to 0^+}\frac{\ln\left(1+\frac{1}{x}\right)}{\frac{1}{x}}} = e^{\lim\limits_{x\to 0^+}\frac{\left(1+\frac{1}{x}\right)^{-1}\cdot\left(-\frac{1}{x^2}\right)}{-\frac{1}{x^2}}} = e^{\lim\limits_{x\to 0^+}\frac{x}{1+x}} = e^0 = 1.$$

另一种解法:可利用 $\lim\limits_{x\to 0^+}x\ln\left(1+\dfrac{1}{x}\right)=0$ 的结果,则

$$\lim_{x\to 0^+}\left(1+\frac{1}{x}\right)^x = e^{\lim\limits_{x\to 0^+}x\ln\left(1+\frac{1}{x}\right)} = e^0 = 1.$$

**注**:洛必达法则是求未定式的一种有效方法,但不是万能的.要善于学会根据具体问题采取不同的方法求解,最好能与其他求极限的方法结合使用,主要有以下三种方法:

(1) 化简所求未定式;

(2) 尽量应用等价无穷小代换,这样可以简化计算;

(3) 将非零极限因子的极限分离出去并求出来.

# 习题 4.2

1. 求下列极限:

(1) $\lim\limits_{x\to 0}\dfrac{\sin 5x}{x}$;

(2) $\lim\limits_{x\to 0^+}\dfrac{\ln x - \dfrac{\pi}{2}}{\cot x}$;

(3) $\lim\limits_{x\to 0}\dfrac{\ln\tan 7x}{\ln\tan 2x}$;

(4) $\lim\limits_{x\to 0}\dfrac{\sqrt[3]{x}-\sqrt[3]{a}}{x-a}(a\neq 0)$;

(5) $\lim\limits_{x\to 1}\dfrac{x^3+x^2-5x+3}{x^3-4x^2+5x-2}$;

(6) $\lim\limits_{x\to 0}\dfrac{x^2\sin\dfrac{1}{x}}{\sin x}$;

(7) $\lim\limits_{x\to 0}\dfrac{e^x-e^{\sin x}}{\sin^3 x}$.

2. 求下列极限:

(1) $\lim\limits_{x\to +\infty}x^2\sin\dfrac{2}{x}$;

(2) $\lim\limits_{x\to 0}\left(\dfrac{1}{x}-\dfrac{\ln(1+x)}{x^2}\right)$;

(3) $\lim\limits_{x\to 0}\left(\dfrac{1}{\sin x}-\dfrac{1}{e^x-1}\right)$;

(4) $\lim\limits_{x\to 0}(1+\sin x)^{\frac{1}{x}}$;

(5) $\lim\limits_{x\to +\infty}(e^x+x)^{\frac{1}{x}}$;

(6) $\lim\limits_{x\to +\infty}x^{\frac{1}{x}}$.

3. 当 $x \to \infty$ 时, $f(x) = \dfrac{x - \sin x}{x + \sin x}$ 的极限存在吗？可否应用洛必达法则？

## 4.3 函数的单调性与极值

### 一、函数单调性的判别法

单调函数是函数中的一个重要部分,在第一章介绍了单调函数的定义,而利用定义判断稍微复杂的函数单调性就是很困难的,本节利用微分中值定理根据导数的正负号建立一种简单有效的函数单调性判别法.

先从几何直观入手来进行分析. 函数 $y = f(x)$ 的单调增加(减少)表现为其图形是一条沿着 $x$ 轴正向上升(下降)的曲线,曲线上各点处切线斜率都是非负的(非正的)(图 4-6).

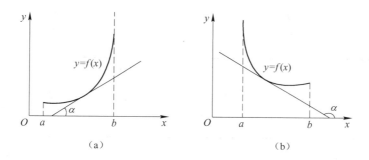

图 4-6

由此可见,函数的单调性与导数的符号密切相关,可以考虑用导数的符号来判断函数的单调性.

**定理 1(单调性判定定理)**:设函数 $y = f(x)$ 在 $[a,b]$ 上连续,在 $(a,b)$ 内可导.

(1) 如果在 $(a,b)$ 内 $f'(x) \geqslant 0$,那么函数 $y = f(x)$ 在 $[a,b]$ 上单调增加;

(2) 如果在 $(a,b)$ 内 $f'(x) \leqslant 0$,那么函数 $y = f(x)$ 在 $[a,b]$ 上单调减少.

**注**:定理中的闭区间可换成其他各种区间,单调性判定定理的结论仍然成立.

**例 1**:求函数 $f(x) = x^3 - 27x$ 的单调区间.

**解**:(1) 函数 $f(x)$ 的定义域为 $(-\infty, +\infty)$.

(2) $f'(x) = 3(x^2 - 9) = 3(x + 3)(x - 3)$.

令 $f'(x) = 0$,得 $x_1 = -3, x_2 = 3$,它们将定义域分为三个子区间:$(-\infty, -3)$,$(-3,3)$,$(3, +\infty)$,列表确定函数的单调区间(表 4-1).

表 4-1

| $x$ | $(-\infty, -3)$ | $(-3, 3)$ | $(3, +\infty)$ |
|---|---|---|---|
| $f'(x)$ | $+$ | $-$ | $+$ |
| $f(x)$ | ↗ | ↘ | ↗ |

函数 $f(x)$ 的单调增加区间为 $(-\infty,-3)$ 和 $(3,+\infty)$，单调减少区间为 $(-3,3)$.

**例 2**：求函数 $f(x) = (x-1)\sqrt[3]{x^2}$ 的单调区间.

**分析**：其导数 $f'(x) = \sqrt[3]{x^2} + (x-1) \cdot \dfrac{2}{3} \dfrac{1}{\sqrt[3]{x}} = \dfrac{5\left(x-\dfrac{2}{5}\right)}{3\sqrt[3]{x}}$，注意到函数 $f(x)$ 在 $x=0$ 处不可导，那么 $x=0$ 也可能成为分界点，具体解答如下：

**解**：函数 $f(x)$ 定义域：$D = (-\infty,+\infty)$，

$$f'(x) = \sqrt[3]{x^2} + (x-1) \cdot \frac{2}{3} \frac{1}{\sqrt[3]{x}} = \frac{5\left(x-\dfrac{2}{5}\right)}{3\sqrt[3]{x}},$$

令 $f'(x) = 0$，得：$x = \dfrac{2}{5}$；当 $x=0$ 时，函数 $f(x)$ 不可导，由 $x=\dfrac{2}{5}$ 和 $x=0$ 将定义域进行划分，列表确定函数的单调区间（表 4-2）.

表 4-2

| $x$ | $(-\infty,0)$ | $0$ | $\left(0,\dfrac{2}{5}\right)$ | $\dfrac{2}{5}$ | $\left(\dfrac{2}{5},+\infty\right)$ |
|---|---|---|---|---|---|
| $f'(x)$ | + | 不存在 | — | 0 | + |
| $f(x)$ | ↗ | | ↘ | | ↗ |

所以，函数 $f(x)$ 在区间 $(-\infty,0)$ 和 $\left(\dfrac{2}{5},+\infty\right)$ 上单调增加，在区间 $\left(0,\dfrac{2}{5}\right)$ 上单调减少.

例 2 表明，导数不存在的点也可能是单调区间的分界点.

确定函数单调性的一般步骤，如下：

(1) 确定函数的定义域.

(2) 求出使 $f'(x) = 0$ 及 $f'(x)$ 不存在的点，并以这些点为分界点，将定义域分成若干个子区间.

(3) 确定 $f'(x)$ 在各子区间内的符号，从而确定 $f(x)$ 的单调区间.

**例 3**：讨论函数 $f(x) = \arctan x - x$ 的单调性.

**解**：函数 $f(x)$ 的定义域为 $(-\infty,+\infty)$，由于

$$f'(x) = \frac{1}{1+x^2} - 1,$$

故在 $(-\infty,+\infty)$ 内，除点 $x=0$ 外总有 $y'<0$，因此 $f(x) = \arctan x - x$ 在 $(-\infty,+\infty)$ 内是单调减少的.

此外，还可利用函数的单调性来证明不等式.

**例 4**：证明当 $x>1$ 时，$e^x > ex$.

**证**：只需证明 $e^x - ex > 0$ 即可. 设

$$f(x) = e^x - ex,$$

则 $f(1) = 0$，而当 $x>1$ 时有

$$f'(x) = e^x - e > 0.$$

所以,连续函数 $f(x)$ 在 $[1,+\infty)$ 内单调增加,故当 $x>1$ 时有

$$f(x) > f(1) = 0,$$

即 $e^x - ex > 0$,即 $e^x > ex$.

## 二、函数的极值

**定义 1(函数的极值)**:设函数 $f(x)$ 在区间 $(a,b)$ 内有定义,$x_0 \in (a,b)$.如果在 $x_0$ 的某一去心邻域内有 $f(x) \leqslant f(x_0)$,则称 $f(x_0)$ 是函数 $f(x)$ 的一个极大值;如果在 $x_0$ 的某一去心邻域内有 $f(x) \geqslant f(x_0)$,则称 $f(x_0)$ 是函数 $f(x)$ 的一个极小值.

函数的极大值与极小值统称为函数的极值,使函数取得极值的点称为极值点.

函数的极值是一个局部概念,它只是与极值点邻近的点的函数值相比较而言的,在整个区间内,极大值与极小值不一定是最大值和最小值,极大值也不一定比极小值大.如图 4-7 所示,在区间 $[a,b]$ 上有极大值 $f(x_1)$,$f(x_3)$,极小值 $f(x_2)$,$f(x_4)$,极小值 $f(x_2)$ 是区间 $[a,b]$ 上的最小值,但没有一个极大值是 $[a,b]$ 上的最大值,并且极大值 $f(x_1)$ 比极小值 $f(x_4)$ 还小.

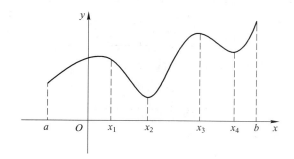

图 4-7

下面讨论如何求极值.

**定理 2(极值的必要条件)**:设函数 $f(x)$ 在点 $x_0$ 处可导,且在 $x_0$ 处取得极值,那么这函数在 $x_0$ 处的导数为零,即 $f'(x_0) = 0$.通常称导数等于零的点为函数的驻点(或稳定点,临界点).

**注**:(1)使导数为零的点(即方程 $f'(x) = 0$ 的实根)叫函数 $f(x)$ 的驻点.可导函数 $f(x)$ 的极值点必定是函数的驻点.但反过来,函数 $f(x)$ 的驻点却不一定是极值点.

(2)极值的必要条件也称为费马定理,通常也作为罗尔定理的引理.

**判断极值的第一种充分条件:**

**定理 3**:设函数 $f(x)$ 在 $x_0$ 连续,且在 $x_0$ 的某去心邻域 $(x_0 - \delta, x_0) \cup (x_0, x_0 + \delta)$ 内可导.

(1)如果在 $(x_0 - \delta, x_0)$ 内 $f'(x) > 0$,在 $(x_0, x_0 + \delta)$ 内 $f'(x) < 0$,那么函数 $f(x)$ 在 $x_0$ 处取得极大值;

(2)如果在 $(x_0 - \delta, x_0)$ 内 $f'(x) < 0$,在 $(x_0, x_0 + \delta)$ 内 $f'(x) > 0$,那么函数 $f(x)$ 在 $x_0$ 处取得极小值;

(3)如果在 $(x_0 - \delta, x_0)$ 及 $(x_0, x_0 + \delta)$ 内 $f'(x)$ 的符号相同,那么函数 $f(x)$ 在 $x_0$ 处没有极值.

因此,可以得到确定极值点和极值的步骤:

(1)求出导数 $f'(x)$;

（2）求出 $f(x)$ 的全部驻点和不可导点；

（3）列表判断（考察 $f'(x)$ 的符号在每个驻点和不可导点的左右邻近的情况，以便确定该点是否是极值点，如果是极值点，还要按定理 3 确定对应的函数值是极大值还是极小值）；

（4）确定出函数的所有极值点和极值.

**例 5**：求函数 $f(x) = x^3 - 3x$ 的极值.

**解**：函数 $f(x)$ 的定义域：$D = (-\infty, +\infty)$；

$$f'(x) = 3x^2 - 3 = 3(x - 1)(x + 1);$$

令 $f'(x) = 0$，得 $x_1 = -1, x_2 = 1$.

由 $x_1 = 0, x_2 = 1$ 将定义域进行划分，表 4-3 讨论如下：

表 4-3

| $x$ | $(-\infty, -1)$ | $-1$ | $(-1,1)$ | $1$ | $(1,+\infty)$ |
|---|---|---|---|---|---|
| $f'(x)$ | $+$ | $0$ | $-$ | $0$ | $+$ |
| $f(x)$ | ↗ | 极大值 $f(-1) = 2$ | ↘ | 极小值 $f(1) = -2$ | ↗ |

所以，当 $x = -1$ 时，函数 $f(x)$ 取得极大值 $f(-1) = 2$；当 $x = 1$ 时，函数 $f(x)$ 取得极小值 $f(1) = -2$.

**例 6**：求函数 $y = (x - 1)\sqrt{x + 2}$ 的单调区间和极值.

**解**：（1）函数的定义域为 $[-2, +\infty)$.

$$y' = \frac{3(x + 1)}{2\sqrt{x + 2}}.$$

（2）令 $y' = 0$，得驻点 $x = -1$；当 $x = -2$ 时，$y'$ 不存在. $x = -2$ 和 $x = -1$ 将定义域分成两个区间 $[-2, -1]$，$[-1, +\infty)$.

（3）在各个区间内，$f'(x)$ 的符号及函数 $f(x)$ 的单调性如表 4-4 所列.

表 4-4

| $x$ | $-2$ | $(-2,-1)$ | $-1$ | $(-1,+\infty)$ |
|---|---|---|---|---|
| $f'(x)$ | 不存在 | $-$ | $0$ | $+$ |
| $f(x)$ | $0$ | ↘ | 极小值-2 | ↗ |

（4）从表中讨论可以得到，在区间 $[-2, -1]$ 上函数单调减，在 $[-1, +\infty]$ 上函数单调增；极小值为 $f(-1) = -2$.

函数的极值还可以利用二阶导数的正负号进行判别，这就是极值的第二种充分条件：

**定理 4**：设函数 $f(x)$ 在点 $x_0$ 处具有二阶导数且 $f'(x_0) = 0$，$f''(x_0) \neq 0$，那么

（1）当 $f''(x_0) < 0$ 时，函数 $f(x)$ 在 $x_0$ 处取得极大值；

（2）当 $f''(x_0) > 0$ 时，函数 $f(x)$ 在 $x_0$ 处取得极小值.

**注**：该定理表明，如果函数 $f(x)$ 在驻点 $x_0$ 处的二导数 $f''(x_0) \neq 0$，那么该点 $x_0$ 一定是极值点，并且可以按二阶导数 $f''(x_0)$ 的符来判定 $f(x_0)$ 是极大值还是极小值.但如果 $f''(x_0) = 0$，

该定理就不能应用.

**例7**:函数 $f(x) = x^4 - 10x^2 + 5$ 的极值.

**解**:函数的定义域为 $(-\infty, +\infty)$, $f'(x) = 4x^3 - 20x = 4x(x^2 - 5)$.

令 $f'(x) = 0$, 得 $x_1 = -\sqrt{5}, x_2 = 0, x_3 = \sqrt{5}, f''(x) = 12x^2 - 20$.

当 $x_1 = -\sqrt{5}$ 时, $f''(-\sqrt{5}) = 40 > 0$, 所以 $x_1 = -\sqrt{5}$ 为极小值点;

当 $x_2 = 0$ 时, $f''(0) = -20 < 0$, 所以 $x_0 = 0$ 为极大值点;

当 $x_3 = \sqrt{5}$ 时, $f''(\sqrt{5}) = 40 > 0$, 所以 $x_3 = \sqrt{5}$ 为极小值点;

故函数的极小值为 $f(-\sqrt{5}) = f(\sqrt{5}) = -20$, 极大值为 $f(0) = 5$.

### 三、函数的最大值与最小值

**定义2**:对于在区间 $I$ 上有定义的函数 $f(x)$, 如果有 $x_0 \in I$, 使得对于任一 $x \in I$ 都有
$$f(x) \leqslant f(x_0) \quad (f(x) \geqslant f(x_0)),$$
则称 $f(x_0)$ 是函数 $f(x)$ 在区间 $I$ 上的最大值(最小值).

在实际应用中,常常会遇到这样一类问题:在一定条件下,怎样使"盈利最多""用料最省""成本最低""效率最高"? 这类问题在数学上常常可归结为一类数学模型——求某一函数(通称为目标函数)的最大值或最小值问题.

常见的有以下几种情况.

(1)若函数 $f(x)$ 在闭区间 $[a, b]$ 上连续,此时函数一定存在最值.若函数在 $(a, b)$ 内至多存在有限个点导数为零或导数不存在,则最值一定在极值点或区间的端点处取得,所以可用以下步骤求最值:

① 求区间内部函数的可疑极值点;

② 计算可疑极值点处的函数值及区间端点处的函数值,并比较他们的大小,最大者即为 $f(x)$ 在 $[a, b]$ 上的最大值,最小者即为 $f(x)$ 在 $[a, b]$ 上的最小值.

(2)若 $f(x)$ 在一个区间(有限或无限,开或闭)内可导且只有一个驻点 $x_0$, 并且这个驻点 $x_0$ 是函数 $f(x)$ 的极值点,那么,当 $f(x_0)$ 是极大值时, $f(x_0)$ 就是 $f(x)$ 在该区间上的最大值;当 $f(x_0)$ 是极小值时, $f(x_0)$ 就是 $f(x)$ 在该区间上的最小值.

(3)在实际问题中,根据问题的性质往往可以断定可导函数 $f(x)$ 确有最大值或最小值,而且一定在定义区间内部取得.这时如果 $f(x)$ 在定义区间内部只有一个驻点 $x_0$, 则可以断定 $f(x_0)$ 就是所求函数的最大值或最小值.

**例8**:求函数 $f(x) = x^4 - 8x^2 + 1$ 在区间 $[-3, 3]$ 上的最大值和最小值.

**解**: $f'(x) = 4x^3 - 16x = 4x(x+2)(x-2)$, 令 $f'(x) = 0$, 得驻点 $x_1 = -2, x_2 = 0, x_3 = 2$, 计算 $f(-2) = f(2) = -15, f(0) = 1, f(-3) = f(3) = 10$, 比较上述各值的大小,得函数在区间 $[-3, 3]$ 上的最大值为 $f(-3) = f(3) = 10$, 最小值为 $f(-2) = f(2) = -15$.

在实际问题中,如果由问题可知可导函数在其定义区间 $I$ 的内部确有最大值(或最小值),且函数有唯一的驻点 $x_0$, 那么可以断言 $f(x_0)$ 必为 $f(x)$ 的最大值(或最小值),不再需要另行判定.

**例9**:铁路线上 $AB$ 段的距离为 $100\text{km}$, 工厂 $C$ 距 $A$ 处为 $20\text{km}$, $AC \perp AB$, 为运输需要,要在 $AB$ 段上选定一点 $D$ 向工厂修筑一条公路.已知铁路运费与公路运费之比为 $3:5$, 为

使货物从供应站 $B$ 运到工厂 $C$ 的运费最省,问 $D$ 点应选在何处?

**解**:设 $AD = x\,(\text{km})$ ,则 $DB = 100 - x$ .

单位铁路运费为 $3k$ ,单位公路运费为 $5k$ ,则总运费 $y$ :

$$y = 3k \cdot (100 - x) + 5k\sqrt{20^2 + x^2} \quad (0 \leqslant x \leqslant 100),\, y' = -3k + \frac{5kx}{\sqrt{400 + x^2}}$$

因当 $y' = 0$ 时, $x = 15(\text{km})$ .

比较 $y|_{x=15} = 380k, y|_{x=0} = 400k, y|_{x=100} = 500k\sqrt{1 + \dfrac{1}{5^2}}$ .

所以,当 $AD = 15\text{km}$ 时,总费用最省.

# 习题 4.3

1. 确定下列函数的单调区间:

(1) $y = x^3 - 3x^2 - 9x + 5$ ;      (2) $y = x - \cos x$ ;      (3) $y = 2x^2 - \ln x$ ;

(4) $y = \dfrac{x^2 + 4}{x}$ ;      (5) $y = x^2 \mathrm{e}^n$ ;      (6) $y = x^n \mathrm{e}^{-x}\,(n > 0, x \geqslant 0)$ ;

(7) $y = \ln(x + \sqrt{1 + x^2})$ ;      (8) $y = \arctan x - x$ .

2. 利用函数的单调性证明下列不等式:

(1) 当 $x > 1$ 时, $2\sqrt{x} > 3 - \dfrac{1}{x}$ ;      (2) 当 $x > 0$ 时, $1 + x\ln(x + \sqrt{1 + x^2}) > \sqrt{1 + x^2}$ ;

(3) 当 $x \in \left(0, \dfrac{\pi}{2}\right)$ 时, $\tan x > x + \dfrac{x^3}{3}$ ;      (4) 当 $x > a > e$ 时, $a^x > x^n$ .

3. 求下列函数的极值:

(1) $y = x - \ln(1 + x)$ ;      (2) $y = 2x^3 - 6x^2 + 1$ ;      (3) $y = x + \dfrac{1}{x}$ ;

(4) $y = \dfrac{(\ln x)^2}{x}$ ;      (5) $y = 2x^3 - x^4$ ;      (6) $y = \arctan x - \dfrac{1}{2}\ln(1 + x^3)$ ;

(7) $y = x^2 \mathrm{e}^{-x}$ ;      (8) $y = 2x + 3\sqrt[3]{x^2}$ .

4. 求下列函数的最大值、最小值:

(1) $y = 2x^3 - 3x^2,\ -1 \leqslant x \leqslant 4$ ;      (2) $y = x + \sqrt{1 - x},\ -5 \leqslant x \leqslant 1$ ;

(3) $y = \ln(x^2 + 1),\ -1 \leqslant x \leqslant 2$ ;      (4) $y = |x^2 - 3x + 2|,\ -3 \leqslant x \leqslant 4$ .

# 4.4 曲线的凹凸性与简单函数图形的描绘

## 一、曲线的凹凸性

    函数图像的弯曲方向也是函数的一个重要性态.观察函数 $y = x^2$ 和 $y = \sqrt{x}$ 在第一象限的图像(图4-8),可以看出两条曲线同样是严格单调增加的,但弯曲方向却不同.这就是我们要讨论的函数的凹凸性.

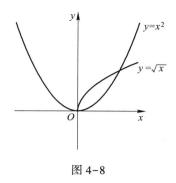

图 4-8

**定义 1**:设 $f(x)$ 在区间 $I$ 上连续,如果对 $I$ 上任意两点 $x_1, x_2$,恒有

$$f\left(\frac{x_1 + x_2}{2}\right) < \frac{f(x_1) + f(x_2)}{2},$$

那么称 $f(x)$ 在 $I$ 上的图形是(向上)凹的(或凹弧);如果恒有

$$f\left(\frac{x_1 + x_2}{2}\right) > \frac{f(x_1) + f(x_2)}{2},$$

那么称 $f(x)$ 在 $I$ 上的图形是(向上)凸的(或凸弧).

直观地看,函数曲线的凹凸性还有下面的等价定义:

**定义 2**:设函数 $y = f(x)$ 在区间 $I$ 上连续,如果函数的曲线位于其上任意一点的切线的上方,则称该曲线在区间 $I$ 上是凹的;如果函数的曲线位于其上任意一点的切线的下方,则称该曲线在区间 $I$ 上是凸的.

**定义 3(曲线的拐点)**:连续曲线 $y = f(x)$ 上凹弧与凸弧的分界点称为这曲线的拐点.

依据上述定义不难发现,函数 $g(x) = \sqrt{x}$ 是上凸的且其图形上任一点处($x = 0$ 除外)的切线总在曲线的上方,且切线的斜率随 $x$ 增大而减小,即 $f''(x) < 0$;而函数 $f(x) = x^2$ 是下凸的且其图形上任一点处的切线总在曲线的下方,且切线斜率是不断增加的,即 $f''(x) > 0$.因此可以利用二阶导数的符号来研究曲线的凸性.

**定理(凹凸性的判定)**:设 $f(x)$ 在 $[a, b]$ 上连续,在 $(a, b)$ 内具有一阶和二阶导数,那么

(1) 若在 $(a, b)$ 内 $f''(x) > 0$,则 $f(x)$ 在 $[a, b]$ 上的图形是凹的;

(2) 若在 $(a, b)$ 内 $f''(x) < 0$,则 $f(x)$ 在 $[a, b]$ 上的图形是凸的.

因此,可以得到确定曲线 $y = f(x)$ 的凹凸区间和拐点的步骤:

(1) 确定函数 $y = f(x)$ 的定义域;

(2) 求出在二阶导数 $f''(x)$;

(3) 求使二阶导数为零的点和使二阶导数不存在的点;

(4) 判断或列表判断,确定出曲线凹凸区间和拐点;

**例 1**:求曲线 $y = x^4 - 2x^3 + 1$ 的凹凸区间与拐点.

**解**:函数的定义域为 $(-\infty, +\infty)$. $y' = 4x^3 - 6x^2$,$y'' = 12x^2 - 12x = 12x(x - 1)$.

令 $y'' = 0$,解得 $x = 0$,$x = 1$.列表来讨论曲线的凸凹区间和拐点(表 4-5).

表 4-5

| $x$ | $(-\infty,0)$ | 0 | $(0,1)$ | 1 | $(1,+\infty)$ |
|---|---|---|---|---|---|
| $f''(x)$ | + | 0 | - | 0 | + |
| $f(x)$ | $\cup$ | 拐点$(0,1)$ | $\cap$ | 拐点$(1,0)$ | $\cup$ |

曲线在区间$(-\infty,0)$与$(1,+\infty)$上是凹的,在区间$(0,1)$上是凸的;$(0,1)$和$(1,0)$是它的两个拐点.

**例 2**:判断曲线 $y=\dfrac{1}{x}$ 的凹凸性.

**解**:$y'=-\dfrac{1}{x^2}, y''=\dfrac{2}{x^3}$

当 $x\in(-\infty,0)$ 时,$y''=\dfrac{8}{x^3}<0$,故曲线 $y=\dfrac{1}{x}$ 在$(-\infty,0)$内为凸的;

当 $x\in(0,+\infty)$ 时,$y''=\dfrac{8}{x^3}>0$,故曲线 $y=\dfrac{1}{x}$ 在$(0,+\infty)$内为凹的.

**例 3**:判断曲线 $y=x^3$ 的凹凸性.

**解**:$y'=3x^2, y''=6x$

当 $x<0$ 时,$y''<0$;当 $x>0$ 时,$y''>0$,所以在$(-\infty,0)$内,曲线 $y=x^3$ 为凸的,在$(0,+\infty)$内曲线为凹的.

**例 4**:判断曲线 $y=x^4$ 是否有拐点?

**解**:函数的定义域为$(-\infty,+\infty)$.

$$y'=4x^3, y''=12x^2.$$

由 $y''=0$ 得 $x=0$.

当 $x\neq0$ 时 $y''>0$,在区间$(-\infty,+\infty)$内曲线是凹的,因此曲线无拐点.

**例 5**:讨论 $y=\sqrt[3]{x}$ 的凹凸性并求拐点.

**解**:函数的定义域为$(-\infty,+\infty)$.

当 $x\neq0$ 时,$y'=\dfrac{1}{3\sqrt[3]{x^2}}, y''=-\dfrac{1}{9x^3\sqrt[3]{x^2}}, y''=-\dfrac{2}{9}x^{-\frac{5}{3}}$.

方程 $y''=0$ 无实根,在 $x=0$ 处,$y''$ 不存在;当 $x<0$ 时,$y''>0$,故曲线在$(-\infty,0)$内为下凸的;当 $x>0$ 时,$y''<0$,曲线在$(0,+\infty)$内为上凸的;又函数 $y=\sqrt[3]{x}$ 在 $x=0$ 处连续,故$(0,0)$是曲线的拐点.

由例 4 和例 5 可以看出,若 $(x_0,f(x_0))$ 是曲线 $y=f(x)$ 的拐点,则 $f''(x_0)=0$ 或 $f''(x_0)$ 不存在,但要注意的是 $f''(x)=0$ 的根或 $f''(x)$ 不存在的点不一定都是曲线的拐点. 例如:$f(x)=x^4$,由 $f''(x)=12x^2=0$ 得 $x=0$,但在 $x=0$ 的两侧二阶导数的符号不变,即函数的凸性不变,故$(0,0)$不是拐点. 又如函数 $f(x)=\sqrt[3]{x^2}$,它在 $x=0$ 处不可导,但$(0,0)$也不是该曲线的拐点.

## 二、曲线的渐近线

函数的图形具有直观明了的特点,对于函数的研究有着重要意义和广泛应用.

我们已经借助于导数研究了函数的主要特征:单调性、极值、曲线的凹凸性、拐点,利用函数的这些特性,可以大致勾勒出函数图形的形状.但我们还希望了解曲线 $y = f(x)$ 向左、右、上、下无限延伸时的大致趋势.这是曲线的渐近线问题.

有些函数的定义域或值域为无穷区间时,它们的图形向无穷远处延伸且和一条直线无限地接近.例如:函数 $y = \dfrac{1}{x}$(图4-9),当 $x \to \infty$ 时,曲线上的点无限接近直线 $y = 0$,而这条直线 $y = 0$ 对准确描绘函数 $y = \dfrac{1}{x}$ 的图形是很重要的.数学上把具有这种特征的直线称为曲线的渐近线.

下面介绍渐近线的概念和求法.

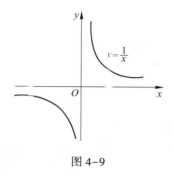

图 4-9

**定义 4(渐近线):**若曲线 $y = f(x)$ 上一动点 $P$ 沿曲线无限远离坐标原点时,点 $P$ 与某一直线 $l$ 的距离趋于零,则称直线 $l$ 为该曲线的渐近线.

(1)水平渐近线.若 $\lim\limits_{x \to +\infty} f(x) = b$ 或 $\lim\limits_{x \to -\infty} f(x) = b$,则直线 $y = b$ 称为曲线 $y = f(x)$ 的水平渐近线.

(2)垂直渐近线.若 $\lim\limits_{x \to x_0^-} f(x) = \infty$ 或 $\lim\limits_{x \to x_0^+} f(x) = \infty$,则直线 $x = x_0$ 称为曲线 $y = f(x)$ 的垂直渐近线.

(3)斜渐近线.若 $a = \lim\limits_{x \to \infty} \dfrac{f(x)}{x}$,$b = \lim\limits_{x \to \infty}\left[f(x) - ax\right]$,则 $y = ax + b$ 称为曲线 $y = f(x)$ 的斜渐近线.

**注:**若曲线有水平渐近线,则无斜渐近线,注意区分 $x \to +\infty$ 和 $x \to -\infty$ 的情形.

**例 6:**曲线 $y = \dfrac{x + 4\sin x}{5x - 2\cos x}$ 的水平渐近线方程为_____.

**解:**因 $\lim\limits_{x \to \infty} y = \lim\limits_{x \to \infty} \dfrac{x + 4\sin x}{5x - 2\cos x} = \lim\limits_{x \to \infty} \dfrac{1 + 4\sin x/x}{5 - 2\cos x/x} = \dfrac{1}{5}$,故水平渐近线方程为 $y = \dfrac{1}{5}$.

**例 7:**下列曲线有渐近线(　　)

(A) $y = x + \sin x$.

(B) $y = x^2 + \sin x$.

(C) $y = x + \sin(1/x)$.

(D) $y = x^2 + \sin(1/x)$.

**解**：(1) 若 $\lim\limits_{x\to+\infty} y = \lim\limits_{x\to+\infty} f(x) = b$，则 $y = b$（$b$ 为有限实数）为曲线 $y = f(x)$ 的水平渐近线，因选项（A）、（B）、（C）、（D）中 $\lim\limits_{x\to+\infty} y$ 或 $\lim\limits_{x\to-\infty} y$ 均不存在，故它们均无水平渐近线.

（2）若 $\lim\limits_{x\to x_0^-} y = \lim\limits_{x\to x_0^-} f(x) = \infty$ 或 $\lim\limits_{x\to x_0^+} y = \lim\limits_{x\to x_0^+} f(x) = \infty$，则 $x = x_0$ 为曲线 $y = f(x)$ 的垂直渐近线. 取 $x_0 = 0$，则在（A）、（B）中 $\lim\limits_{x\to0^-} y = 0$ 或 $\lim\limits_{x\to0^+} y = 0$，在选项（C）、（D）中 $\lim\limits_{x\to0^-} y$ 或 $\lim\limits_{x\to0^+} y$ 均不存在，故选项（A）、（B）、（C）、（D）中曲线均无垂直渐近线.

（3）若 $a = \lim\limits_{x\to\infty} \dfrac{f(x)}{x} \neq 0$，$b = \lim\limits_{x\to\infty} [f(x) - ax]$，则 $y = ax + b$ 为曲线 $y$ 的斜渐近线. 对于选项（B）、（D），$\lim\limits_{x\to\infty} \dfrac{y}{x}$ 不存在；对于选项（A），即 $\lim\limits_{x\to\infty} \dfrac{y}{x} = 1$，但 $\lim\limits_{x\to\infty}(y - x) = \lim\limits_{x\to\infty} \sin x$ 不存在，故选项（A）、（B）、（D）中曲线均无斜渐近线；对于选项（C）：

$$a = \lim_{x\to\infty} \frac{y}{x} = \lim_{x\to\infty} \frac{x + \sin(1/x)}{x} = \lim_{x\to\infty}\left(1 + \frac{1}{x}\sin\frac{1}{x}\right) = 1 + 0(\text{有界变量与无穷小量之乘积}$$

的极限等于 0) $= 1$，

$$b = \lim_{x\to\infty}(y - x) = \lim_{x\to\infty}\sin\frac{1}{x} = 0, \text{故} y = 1\cdot x + 0 = x \text{ 是选项（C）中曲线的斜渐近线. 仅选项}$$

（C）入选.

### 三、函数图形的描绘

利用导数作图是微分学应用的一个重要方面. 通常我们只需要了解函数曲线的草图，如果考虑曲线绘制比较精确的图形，则要综合利用函数导数求出单调区间与极值、凹凸区间与拐点、曲线的渐近线并选取关键点进行描点，这有助于了解数学软件绘图程序的理论基础.

描绘函数图形的一般步骤如下：
(1) 确定函数的定义域，并求函数的一阶和二阶导数；
(2) 求出一阶、二阶导数为零的点，求出一阶、二阶导数不存在的点；
(3) 列表分析，确定曲线的单调性和凹凸性；
(4) 确定曲线的渐近性；
(5) 确定并描出曲线上极值对应的点、拐点、与坐标轴的交点、其他点；
(6) 联结这些点画出函数的图形.

**例 8**：作函数 $y = x^3 - 3x$ 的图形.

**解**：函数的定义域为 $(-\infty, +\infty)$，
$$y'(x) = 3x^2 - 3 = 3(x - 1)(x + 1).$$
$$y''(x) = 6x.$$

令 $y' = 0$ 得驻点：$x_1 = -1$，$x_2 = 1$；令 $y'' = 0$ 得 $x_3 = 0$，如表 4-6 所列.

表 4-6

| $x$ | $(-\infty, -1)$ | $-1$ | $(-1, 0)$ | $0$ | $(0, 1)$ | $1$ | $(1, +\infty)$ |
|---|---|---|---|---|---|---|---|
| $y'$ | $+$ | $0$ | $-$ | $-$ | $-$ | $0$ | $+$ |
| $y''$ | $-$ | $-$ | $-$ | $0$ | $+$ | $+$ | $+$ |
| $y$ | $\nearrow, \cap$ | 极大值2 | $\searrow, \cap$ | 拐点(0,0) | $\searrow, \cup$ | 极小值-2 | $\nearrow, \cup$ |

所以,函数在区间$(-\infty,-1)$和$(1,+\infty)$上单调增加,在$(-1,1)$上单调减少;在$x=-1$处取得极大值$f(-1)=2$,在$x=1$处取得极小值$f(1)=-2$;在区间$(-\infty,0)$上是凸的,在区间$(0,+\infty)$上是凹的,点$(0,0)$是拐点.

又令$f(x)=0$可得曲线与$x$轴的交点为$(-\sqrt{3},0),(0,0),(\sqrt{3},0)$,根据以上讨论可描绘图形(图4-10).

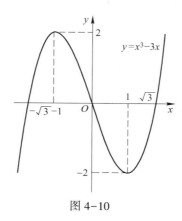

图4-10

**例9**:作函数$y=\mathrm{e}^{-x^2}$的图形.

**解**:该函数的定义域为$(-\infty,+\infty)$,且为偶函数,因此只要作出它在$(0,+\infty)$内的图像即可. $y'=-2x\mathrm{e}^{-x^2}$,$y''=2\mathrm{e}^{-x^2}(2x^2-1)$. 令$y'=0$,得驻点$x=0$,令$y''=0$得$x=\pm\dfrac{\sqrt{2}}{2}$. $\lim\limits_{x\to\infty}y=0$,所以$y=0$为函数图形的水平渐近线(表4-7).

表 4-7

| $x$ | 0 | $\left(0,\dfrac{\sqrt{2}}{2}\right)$ | $\dfrac{\sqrt{2}}{2}$ | $\left(\dfrac{\sqrt{2}}{2},+\infty\right)$ |
|---|---|---|---|---|
| $y'$ | 0 | — | — | — |
| $y''$ | — | — | 0 | + |
| $y$ | 极大值 $f(0)=1$ | 凸 $\searrow$ | 拐点$\left(\dfrac{\sqrt{2}}{2},\mathrm{e}^{-\frac{1}{2}}\right)$ | 凹 $\searrow$ |

根据以上讨论可描绘图形(图4-11).

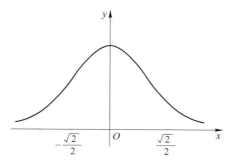

图 4-11

# 习题 4.4

1. 求下列函数的凹凸性及拐点：

(1) $y = \ln(1 + x^2)$；
(2) $y = x + x^{\frac{5}{3}}$.

2. 求 $a, b$ 的值，使点 $(1,3)$ 为曲线 $y = ax^3 + bx^2$ 的拐点.

3. 求下列曲线的渐近线：

(1) $y = \dfrac{x^2}{2x - 1}$；
(2) $y = x\ln\left(e + \dfrac{1}{x}\right)$；
(3) $y = \dfrac{x^2}{2x - 1}$；

(4) $y = x^3 - \dfrac{x^3}{3} + 1$；
(5) $y = \dfrac{(x-1)^3}{(x+1)^2}$.

4. 描绘函数 $y = \dfrac{x}{1 + x^2}$ 的图形.

## 4.5 一元函数微分学在经济学中的简单应用

### 一、边际函数与边际分析

**1. 边际成本**

设总成函数为 $C = C(q)$（其中：$q$ 为产量），则边际成本函数（记为 $MC$）为 $MC = C'(q)$.

边际成本的经济含义：产量为 $q_0$ 时的边际收益 $C'(q_0)$ 表示：当产量为 $q_0$ 时，产量 $q$ 改变一个单位，总成本 $C(q)$ 将改变 $|C'(q_0)|$ 个单位。$C'(q_0)$ 的符号反映出产量 $q$ 的改变与成 $C(q)$ 的改变是同向还是反向.

**2. 边际收益**

设总收益函数为 $R = R(q)$（其中：$q$ 为产量），则边际收益函数（记为 $MR$）为 $MR = R'(q)$.

边际收益的经济含义：销售量为 $q_0$ 时的边际收益 $R'(q_0)$ 表示：当销售量为 $q_0$ 时，销售量 $q$ 改变一个单位，总收益将改变 $|R'(q_0)|$ 个单位。$R'(q_0)$ 的符号反映出销售量 $q$ 的改变与总收益 $R$ 的改变是同向还是反向。

**3. 边际利润**

设利润函数为 $L = L(q)$（其中：$q$ 为产量），则边际利润函数（记为 $ML$）为 $ML = L'(q)$ 销售量为 $q_0$ 时的边际利润 $L'(q_0)$ 表示：当销售量为 $q_0$ 时，销售量 $q$ 改变一个单位，利润将改变 $|L'(q_0)|$ 个单位，$L'(q_0)$ 的符号反映出销售量 $q$ 的改变与利润 $L$ 的改变是同向还是反向。

**注**：(1) 在经济学中，导函数称为边际函数。若函数 $f(x)$ 可导，则称 $f'(x)$ 为 $f(x)$ 的边际函数。$f'(x_0)$ 称为 $f(x)$ 在 $x_0$ 点的边际值。用边际函数来分析经济量的变化叫边际分析。

(2) 边际值 $f'(x_0)$ 被解释为：在 $x_0$ 点，当 $x$ 改变一个单位时，函数 $f(x)$ 近似（实际问题中，经常略去"近似"二字）改变 $|f'(x_0)|$ 个单位。$f'(x_0)$ 的符号反映出自变量的改变与因

变量的改变是同向还是反向.

**例1：**已知某商品的成本函数为

$$C(Q) = 100 + \frac{1}{4}Q^2 \qquad (Q \text{ 表示产量})$$

求：(1)当 $Q = 10$ 时的平均成本及 $Q$ 为多少时,平均成本最小? (2)$Q = 10$ 时的边际成本并解释其经济意义。

**解：**(1)由 $C(Q) = 100 + \frac{1}{4}Q^2$ 得平均成本函数为

$$\frac{C(Q)}{Q} = \frac{100 + \frac{1}{4}Q^2}{Q} = \frac{100}{Q} + \frac{1}{4}Q,$$

当 $Q = 10$ 时： $\left.\frac{C(Q)}{Q}\right|_{Q=10} = \frac{100}{10} + \frac{1}{4} \times 10 = 12.5.$

记 $\overline{C} = \frac{C(Q)}{Q}$ ,则 $\overline{C}' = -\frac{100}{Q^2} + \frac{1}{4}, \overline{C}'' = \frac{200}{Q^3}.$

令 $\overline{C}' = 0$, 得 $Q = 20.$

而 $\overline{C}''(20) = \frac{200}{(20)^3} = \frac{1}{40} > 0$,所以当 $Q = 20$ 时,平均成本最小.

(2) 由 $C(Q) = 100 + \frac{1}{4}Q^2$ 得边际成本函数为

$$C'(Q) = \frac{1}{2}Q,$$

$$\left.C'(Q)\right|_{x=10} = \frac{1}{2} \times 10 = 5,$$

则当产量 $Q = 10$ 时的边际成本为5. 其经济意义：当产量为10时,若再增加(减少)一个单位产品,总成本将近似地增加(减少)5个单位.

**例2：**某工厂生产某种产品,固定成本2000元,每生产一单位产品,成本增加100元。已知总收益 $R$ 为年产量 $Q$ 的函数,且

$$R = R(Q) = \begin{cases} 400Q - \frac{1}{2}Q^2, & 0 \leqslant Q \leqslant 400, \\ 80000, & Q > 400 \end{cases}$$

问每年生产多少产品时,总利润最大? 此时总利润是多少?

**解：**由题意总成本函数为

$$C = C(Q) = 2000 + 100Q,$$

从而可得利润函数为

$$L = L(Q) = R(Q) - C(Q)$$

$$= \begin{cases} 300Q - \frac{1}{2}Q^2, & 0 \leqslant Q \leqslant 400, \\ 60000 - 100Q, & Q > 400. \end{cases}$$

令 $L'(Q) = 0$,得 $Q = 300.$

$$L''(Q)_{Q=300} = -1 < 0.$$

所以当 $Q = 300$ 时总利润最大,此时 $L(300) = 25000$,即当年产量为 300 个单位时,总利润最大,此时总利润为 25000 元.

**例3:**已知某产品的总成本函数和总收益函数分别为

$$C(Q) = 5Q + 200, R(Q) = 10Q - 0.01Q^2,$$

求当 $Q = 5$ 时的边际成本、边际收益和边际利润.

**解:**边际成本 $C'(Q) = 5$,边际收益 $R'(Q) = 10 - 0.02Q$,

边际利润 $L'(Q) = R'(Q) - C'(Q) = 5 - 0.02Q$.

当 $Q = 5$ 时,边际成本为 $C'(5) = 5$,它表示当产量 $Q = 5$ 时,产量增加一个单位,成本增加 5 个单位;

当 $Q = 5$ 时,边际收益为 $R'(5) = 9.9$,它表示当产量 $Q = 5$ 时,销量增加一个单位,收益增加 9.9 个单位;

当 $Q = 5$ 时,边际利润为 $R'(5) = 4.9$,它表示当产量 $Q = 5$ 时,销量增加一个单位,利润增加 4.9 个单位.

## 二、弹性函数与弹性分析

### 1. 需求的价格弹性

设需求函数为 $Q = \varphi(p)$(其中:$p$ 为价格,$Q$ 为需求量),则需求弹性为 $\eta_d = \dfrac{p}{\varphi(p)}\varphi'(p)$. 由于需求函数单调递减,$\varphi'(p) < 0$,从而 $\eta_d < 0$.

需求的价格弹性的经济意义:当价格为 $p$ 时,若提价(降价)1%,则需求量将减少(增加)$|\eta_d|\%$.

### 2. 供给的价格弹性

设供给函数为 $Q = \Psi(p)$(其中:$p$ 为价格,$Q$ 为供给量),则供给弹性为 $\eta_s = \dfrac{p}{\psi(p)}\psi'(p)$. 由于供给函数单调增加,$\psi'(p) > 0$,从而 $\eta_s > 0$.

供给的价格弹性的经济意义:当价格为 $p$ 时,若提价(降价)1%,则供给量将增加(减少)$\eta_s\%$.

**注:**(1)在经济学中,把因变量对自变量变化的反应的灵敏度,称为弹性或弹性系数.

(2)设函数 $y = f(x)$ 可导,称 $\eta = \lim\limits_{\Delta x \to 0}\left(\dfrac{\Delta y}{y} \Big/ \dfrac{\Delta x}{x}\right) = \dfrac{x}{y}y' = \dfrac{x}{f(x)}f'(x)$ 为函数 $y = f(x)$ 的弹性函数.

(3)设函数 $y = f(x)$ 可导,称 $\eta\big|_{x=x_0} = \dfrac{x_0}{f(x_0)}f'(x_0)$ 为函数 $f(x)$ 在 $x_0$ 处的(点)弹性 $\eta\big|_{x=x_0}$ 表示在 $x_0$ 处,当自变量 $x$ 改变 1% 时,因变量 $y$ 将改变 $|\eta\big|_{x=x_0}|\%$。其符号表示自变量 $x$ 与因变量 $y$ 的改变是同向还是反向.

(4)用弹性函数来分析经济量的变化叫弹性分析.

**例4:**求函数 $y = e^{\frac{x}{4}}$ 的弹性函数及 $x = 2$ 时的弹性.

**解**：$y' = \dfrac{1}{4}\mathrm{e}^{\frac{x}{4}}$，

弹性函数 $\dfrac{Ey}{Ex} = y' \dfrac{x}{y} = \dfrac{1}{4}\mathrm{e}^{\frac{x}{4}} \dfrac{x}{\mathrm{e}^{\frac{x}{4}}} = \dfrac{1}{4}x$，

当 $x = 2$ 时，$\dfrac{Ey}{Ex}\bigg|_{x=2} = \dfrac{1}{4} \times 2 = \dfrac{1}{2}$，

它表示当 $x=2$ 时，当自变量改变 $1\%$ 时，函数 $y = \mathrm{e}^{\frac{x}{4}}$ 改变 $0.5\%$.

# 习题 4.5

1. 求下列函数的边际函数与弹性函数：

(1) $x^3\mathrm{e}^{-x}$；    (2) $\dfrac{\mathrm{e}^{2x}}{x}$；    (3) $x^3\mathrm{e}^{-5(x+6)}$；    (4) $a^x$.

2. 设某商品的总收益关于销售量的函数为 $R(Q) = 5Q - 0.003Q^2$，求：
(1) 销售量为 $Q$ 时的边际收入；
(2) 销售量 $Q = 500$ 个单位时的边际收入；
(3) 销售量 $Q = 1000$ 个单位时总收入对 $Q$ 的弹性.

3. 某化工厂日产能力最高为 1000t，总成本 $C$（单位：元）是产量 $x$（单位：t）的函数：$C(x) = 1000 + 3x + 50\sqrt{x}$，$x \in [0, 1000]$，求：
(1) 当日产量为 100t 时的边际成本；
(2) 当日产量为 100t 时的平均单位成本.

4. 某商品的价格 $P$ 关于需求量 $Q$ 的函数为 $P = P(Q) = 10\mathrm{e}^{-\frac{8}{2}}$，求：
(1) 总收益函数、平均收益函数和边际收益函数；
(2) 当 $Q = 2$ 时的总收益、平均收益和边际收益.

5. 某工厂每周生产 $Q$ 单位（单位：百件）产品的总成本 $C$（单位：千元）是产量的函数 $C(Q) = 100 + 120Q + Q^2$；如果每百件产品销售价格为 5 万元，试求出利润函数及边际利润为零时的每周产量.

6. 设某商品的需求函数为 $Q = f(P) = 80 - P^2$，求 $P = 5$ 时的边际需求，并说明其经济意义.

7. 某厂生产某产品，其总成本函数为 $C = 6Q^2 + 18Q + 54$（元），每件商品的售价为 258 元，求利润最大时的产量和利润.

8. 某厂产品的成本函数为 $C = 200 + 50Q + Q^2$，市场需求函数为 $Q = 100 - P$，政府对每件商品征收销售税 $t$ 个单位. 求：
(1) 当产量 $Q$ 为多少时，企业获得最大利润？
(2) 在企业获得最大利润的情况下，政府对每件商品征收销售税为多少时，总税额最大？

9. 某食品加工厂生产某类食品的成本 $C$（元）是日产量 $Q$（千克）的函数：
$$C(Q) = 1600 + 4.5Q + 0.01Q^2,$$
问该产品每天生产多少千克时，才能使平均成本达到最小值？

# 第五章  不定积分

在前面介绍的微分学中,讨论了求已知函数的导数和微分问题,比如对质点运动的路程函数求导能得到该质点的运动速度 $s'(t) = v(t)$. 反过来,如果已知质点在任何时刻的速度函数 $v(t)$,那么如何求质点在 $t$ 时刻所经过的路程函数 $s(t)$ 呢? 这就是求导问题的逆问题.

微分学的基本问题是,已知一个函数 $f(x)$,求它的导函数;但在科学技术领域中往往会遇到相反的问题:已知一个函数 $F(x)$ 的导函数 $f(x)$,即 $F'(x) = f(x)$,求原来的函数 $F(x)$. 这样的问题实际上是微分运算的逆运算——不定积分. 本章将讨论一元函数的不定积分的概念、公式、性质及基本积分方法.

## 5.1  不定积分的概念与性质

### 一、原函数与不定积分的概念

#### 1. 原函数的概念

**定义 1**:如果在区间 $I$ 上, 可导函数 $F(x)$ 的导函数为 $f(x)$, 即对任一 $x \in I$, 都有
$$F'(x) = f(x) \ \text{或} \ \mathrm{d}F(x) = f(x)\mathrm{d}x,$$
那么函数 $F(x)$ 就称为 $f(x)$($f(x)\mathrm{d}x$) 在区间 $I$ 上的原函数.

例如:$(\sin x)' = \cos x$,所以 $\sin x$ 是 $\cos x$ 的一个原函数;$(x^2)' = 2x$,所以 $x^2$ 是 $2x$ 的一个原函数.

**例 1**:将适当的函数填入下列括号内,使等式成立.

(1) $\mathrm{d}(\quad) = 2\mathrm{d}x$;　　　　(2) $\mathrm{d}(\quad) = 3x\mathrm{d}x$;

(3) $\mathrm{d}(\quad) = \cos t\mathrm{d}t$;　　　(4) $\mathrm{d}(\quad) = \sin \omega x\mathrm{d}x$;

(5) $\mathrm{d}(\quad) = \dfrac{1}{1+x}\mathrm{d}x$;　　(6) $\mathrm{d}(\quad) = \mathrm{e}^{-2x}\mathrm{d}x$.

**解**:(1) $\mathrm{d}(2x + C) = 2\mathrm{d}x$.

(2) $\mathrm{d}\left(\dfrac{3}{2}x^2 + C\right) = 3x\mathrm{d}x$.

(3) $\mathrm{d}(\sin t + C) = \cos t\mathrm{d}t$.

(4) $\mathrm{d}\left(-\dfrac{1}{\omega}\cos \omega t + C\right) = \sin \omega t\mathrm{d}t$.

(5) $\mathrm{d}(\ln(1 + x) + C) = \dfrac{1}{1 + x}\mathrm{d}x$.

$(6)\ \mathrm{d}\left(-\dfrac{1}{2}\mathrm{e}^{-2r}+C\right)=\mathrm{e}^{-2r}\mathrm{d}x.$

那么,对任意函数 $f(x)$ 满足怎样的条件就存在原函数呢？关于原函数的存在性问题,给出下面的结论.

**2. 原函数存在定理**

**定理**:如果函数 $f(x)$ 在区间 $I$ 上连续,那么在区间 $I$ 上存在可导函数 $F(x)$,使对任一 $x\in I$ 都有 $F'(x)=f(x)$,即连续函数一定有原函数.

**注**:(1)如果函数 $f(x)$ 在区间 $I$ 上有原函数 $F(x)$,那么 $f(x)$ 就有无限多个原函数,$F(x)+C$ 都是 $f(x)$ 的原函数,其中:$C$ 是任意常数.

(2) $f(x)$ 的任意两个原函数之间只差一个常数,即如果 $\Phi(x)$ 和 $F(x)$ 都是 $f(x)$ 的原函数,则 $\Phi(x)-F(x)=C$($C$ 为某个常数).

设 $C$ 为任意常数,由 $(\sin x+C)'=\cos x$ 知 $\sin x+C$ 也是 $\cos x$ 的原函数.由 $C$ 的任意性可知 $\cos x$ 有无穷多个原函数.

从以上分析可知,如果 $f(x)$ 有一个原函数 $F(x)$,那么 $F(x)+C$($C$ 为任意常数)都是 $f(x)$ 的原函数;另外,不同的原函数之间仅相差一个常数,因此得到 $F(x)+C$($C$ 为任意常数)为 $f(x)$ 的所有原函数.

**3. 不定积分的概念**

**定义 2**:在区间 $I$ 上,函数 $f(x)$ 的带有任意常数项的原函数称为 $f(x)$($ 或 $f(x)\mathrm{d}x$ )在区间 $I$ 上的不定积分,记作 $\int f(x)\mathrm{d}x$.其中记号 $\int$ 称为积分号,$f(x)$ 称为被积函数,$f(x)\mathrm{d}x$ 称为被积表达式,$x$ 称为积分变量.如果 $F(x)$ 是 $f(x)$ 在区间 $I$ 上的一个原函数,那么 $F(x)+C$ 就是 $f(x)$ 的不定积分,即 $\int f(x)\mathrm{d}x=F(x)+C$.

**注**:(1)不定积分 $\int f(x)\mathrm{d}x$ 可以表示 $f(x)$ 的任意一个原函数.

(2) 连续函数一定有原函数,但未必能用初等函数表示出来。例如:

$$\int\frac{\sin x}{x}\mathrm{d}x,\int\mathrm{e}^{-x^2}\mathrm{d}x,\int\frac{\mathrm{d}x}{\ln x},\int\frac{\mathrm{d}x}{\sqrt{1+x^4}}$$

等都不能用初等函数表示出来,其表达式只能用级数形式或变上限积分形式给出。

**4. 不定积分的几何意义**

如果 $F(x)$ 是 $f(x)$ 在区间 $I$ 上的一个原函数,则 $y=F(x)$ 的图形称为 $f(x)$ 的一条积分曲线,$y=F(x)+C$ 称为 $f(x)$ 的积分曲线族(图 5-1).

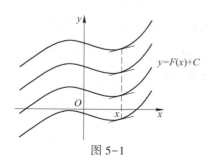

图 5-1

由不定积分的定义可见,求不定积分 $\int f(x)\mathrm{d}x$,可归结为求被积函数 $f(x)$ 的一个原函数 $F(x)$,然后加任意常数 $C$ 即可.

**例2**:求 $\int 3x^2\mathrm{d}x$.

**解**:因为 $(x^3)' = 3x^2$,所以 $x^3$ 是 $3x^2$ 的一个原函数.因此 $\int 3x^2\mathrm{d}x = x^3 + C$.

**例3**:求 $\int \dfrac{1}{x}\mathrm{d}x$.

**解**:当 $x > 0$ 时,$(\ln|x|)' = (\ln x)' = \dfrac{1}{x}$;

当 $x < 0$ 时,$(\ln|x|)' = (\ln(-x))' = (-x)'\left(-\dfrac{1}{x}\right) = \dfrac{1}{x}$.

**例4**:设曲线上任一点的切线斜率都等于切点处横坐标的两倍,求曲线的方程;若曲线通过点 $(1,2)$,求此曲线方程.

**解**:设曲线方程为 $y = y(x)$,由题意知曲线在任一点处的导数 $y' = 2x$.因 $\int 2x\mathrm{d}x = x^2 + C$,所以所求曲线方程为 $y = x^2 + C$,$C$ 为任意常数.

若曲线通过点 $(1,2)$,就是在上述曲线族中找到经过点 $(1,2)$ 的那条曲线,所以有 $2 = 1^2 + C$,得 $C = 1$,于是所求曲线方程为 $y = x^2 + 1$.

## 二、不定积分的性质

**性质1**:微分运算与积分运算的关系:设函数 $f(x)$ 在区间 $I$ 上连续,$F(x)$ 是 $f(x)$ 在区间 $I$ 上的一个原函数,则

(1) $\dfrac{\mathrm{d}}{\mathrm{d}x}\left[\int f(x)\mathrm{d}x\right] = f(x)$;　　　　(2) $\mathrm{d}\left[\int f(x)\mathrm{d}x\right] = f(x)\mathrm{d}x$;

(3) $\int F'(x)\mathrm{d}x = F(x) + C$;　　　　(4) $\int \mathrm{d}F(x) = F(x) + C$.

**注**:微分运算(以记号 $\mathrm{d}$ 表示)与求不定积分的运算(简称积分运算,以记号 $\int$ 表示)是互逆的.当记号 $\int$ 与 $\mathrm{d}$ 连在一起时,或者抵消,或者抵消后差一个常数.

**性质2**:函数的和的不定积分等于各个函数的不定积分的和,即

$$\int [f(x) + g(x)]\mathrm{d}x = \int f(x)\mathrm{d}x + \int g(x)\mathrm{d}x.$$

**性质3**:求不定积分时,被积函数中不为零的常数因子可以提到积分号外面来,即

$$\int kf(x)\mathrm{d}x = k\int f(x)\mathrm{d}x \,(k \text{ 是常数}, k \neq 0).$$

**例5**:设下列不定积分都存在,则正确的是(　　　)

(A) $\int f'(x)\mathrm{d}x = f(x)$.　　　　(B) $\int \mathrm{d}f(x) = f(x)$.

(C) $\dfrac{\mathrm{d}}{\mathrm{d}x}\int f(x).\mathrm{d}x = f(x)$.　　　　(D) $\mathrm{d}\int f(x)\mathrm{d}x = f(x)$.

**解**:对于(A),由不定积分的性质应为 $\int f'(x)\mathrm{d}x = f(x) + C$,可知(A)不正确.

同理(B)应为 $\int \mathrm{d}f(x) = f(x) + C$,可知(B)也不正确.

对于(D)应为 $\mathrm{d}\int f(x)\mathrm{d}x = f(x)\mathrm{d}x$,可知(D)也不正确.

故由排除法,可知(C)正确. 故选(C).

**例 6**:设 $f'(x) = \cos x$,则 $f(x)$ 的一个原函数为(　　)

(A)$1-\sin x$.　　　　　　　　　　　　(B)$1+\sin x$.

(C)$1-\cos x$.　　　　　　　　　　　　(D)$1+\cos x$.

**解**:

解法 1:由于 $f'(x) = \cos x$,可知

$$f(x) = \int f'(x)\mathrm{d}x = \int \cos x\mathrm{d}x = \sin x + C_1,$$

则 $f(x)$ 的原函数为

$$\int f(x)\mathrm{d}x = \int (\sin x + C_1)\mathrm{d}x = -\cos x + C_1 x + C_2.$$

对照四个选项,当 $C_1 = 0, C_2 = 1$ 时,得 $1-\cos x$. 故选(C).

解法 2:将四个选项分别求导数,得出 $f(x)$,再分别求导数,哪个导数值为 $\cos x$,则哪个为正确选项. 换句话说,将四个选项分别求二阶导数,值为 $\cos x$ 的选项正确,可知(C)正确,此时

$$(1 - \cos x)'' = (\sin x)' = \cos x.$$

## 三、基本积分公式表

根据不定积分的定义和性质,由导数或微分基本公式,即可得到不定积分的基本公式. 这里我们列出基本积分表(表 5-1),请务必熟记. 因为许多不定积分最终将归结为这些基本积分公式.

表 5-1　导数、微分、积分基本公式对照表

| 序号 | 导数公式 | 微分公式 | 积分公式($C$ 为任意常数) |
|---|---|---|---|
| 1 | $x' = 1$ | $\mathrm{d}x = 1\mathrm{d}x$ | $\int k\mathrm{d}x = kx + C$ |
| 2 | $\left(\dfrac{1}{x}\right)' = -\dfrac{1}{x^2}$ | $\mathrm{d}\left(\dfrac{1}{x}\right) = -\dfrac{1}{x^2}\mathrm{d}x$ | $\int \dfrac{1}{x^2}\mathrm{d}x = -\dfrac{1}{x} + C$ |
| 3 | $(\sqrt{x})' = \dfrac{1}{2\sqrt{x}}$ | $\mathrm{d}(\sqrt{x}) = \dfrac{1}{2\sqrt{x}}\mathrm{d}x$ | $\int \dfrac{1}{\sqrt{x}}\mathrm{d}x = 2\sqrt{x} + C$ |
| 4 | $(x^\alpha)' = \alpha x^{\alpha-1}$ | $\mathrm{d}(x^a) = \alpha x^{a-1}\mathrm{d}x$ | $\int x^n\mathrm{d}x = \dfrac{x^{n+1}}{\alpha+1} + C(\alpha \neq -1)$ |
| 6 | $(a^x)' = a^x\ln a$ | $\mathrm{d}(a^x) = a^x\ln a\mathrm{d}x$ | $\int a^x\mathrm{d}x = \dfrac{1}{\ln a}a^x + C$ |
| 7 | $(\mathrm{e}^x)' = \mathrm{e}^x$ | $\mathrm{d}\mathrm{e}^x = \mathrm{e}^x\mathrm{d}x$ | $\int \mathrm{e}^x\mathrm{d}x = \mathrm{e}^x + C$ |

| 序号 | 导数公式 | 微分公式 | 积分公式（$C$ 为任意常数） |
|---|---|---|---|
| 8 | $(\ln x)' = \dfrac{1}{x}$ | $\mathrm{d}(\ln x) = \dfrac{1}{x}\mathrm{d}x$ | $\displaystyle\int \dfrac{1}{x}\mathrm{d}x = \ln\lvert x\rvert + C$ |
| 9 | $(\sin x)' = \cos x$ | $\mathrm{d}(\sin x) = \cos x\mathrm{d}x$ | $\displaystyle\int \cos x\mathrm{d}x = \sin x + C$ |
| 10 | $(\cos x)' = -\sin x$ | $\mathrm{d}(\cos x) = -\sin x\mathrm{d}x$ | $\displaystyle\int \sin x\mathrm{d}x = -\cos x + C$ |
| 11 | $(\tan x)' = \sec^2 x$ | $\mathrm{d}(\tan x) = \sec^2 x\mathrm{d}x$ | $\displaystyle\int \sec^2 x\mathrm{d}x = \tan x + C$ |
| 12 | $(\cot x)' = -\csc^2 x$ | $\mathrm{d}(\cot x) = -\csc^2 x\mathrm{d}x$ | $\displaystyle\int \csc^2 x\mathrm{d}x = -\cot x + C$ |
| 13 | $(\sec x)' = \sec x\tan x$ | $\mathrm{d}(\sec x) = \sec x\tan x\mathrm{d}x$ | $\displaystyle\int \sec x\tan x\mathrm{d}x = \sec x + C$ |
| 14 | $(\csc x)' = -\csc x\cot x$ | $\mathrm{d}(\csc x) = -\csc x\cot x\mathrm{d}x$ | $\displaystyle\int \csc x\cot x\mathrm{d}x = -\csc x + C$ |
| 15 | $(\arcsin x)' = \dfrac{1}{\sqrt{1-x^2}}$ | $\mathrm{d}(\arcsin x) = \dfrac{1}{\sqrt{1-x^2}}\mathrm{d}x$ | $\displaystyle\int \dfrac{1}{\sqrt{1-x^2}}\mathrm{d}x = \arcsin x + C$ |
| 16 | $(\arcsin x)' = \dfrac{1}{1+x^2}$ | $\mathrm{d}(\arctan x) = \dfrac{1}{1+x^2}\mathrm{d}x$ | $\displaystyle\int \dfrac{1}{1+x^2}\mathrm{d}x = \arctan x + C$ |

**例 7**：求下列不定积分：

(1) $\displaystyle\int \dfrac{\mathrm{d}x}{x^2\sqrt{x}}$；　　　　　　　　(2) $\displaystyle\int (\sqrt{x}+1)(\sqrt{x^3}-1)\mathrm{d}x$.

**解**：

(1) $\displaystyle\int \dfrac{\mathrm{d}x}{x^2\sqrt{x}} = \int x^{-\frac{5}{2}}\mathrm{d}x = \dfrac{1}{1+\left(-\dfrac{5}{2}\right)}x^{-\frac{5}{2}+1} + C = -\dfrac{2}{3}x^{-\frac{3}{2}} + C.$

(2) $\displaystyle\int (\sqrt{x}+1)(\sqrt{x^3}-1)\mathrm{d}x = \int \left(x^2 + x^{\frac{3}{2}} - x^{\frac{1}{2}} - 1\right)\mathrm{d}x = \dfrac{1}{3}x^3 + \dfrac{2}{5}x^{\frac{5}{2}} - \dfrac{2}{3}x^{\frac{3}{2}} - x + C.$

**例 8**：求下列不定积分：

(1) $\displaystyle\int \dfrac{2\cdot e^x - 5\cdot 2^x}{3^x}\mathrm{d}x$；　　　　　　　　(2) $\displaystyle\int \dfrac{3x^4 + 3x^2 + 1}{x^2+1}\mathrm{d}x$.

**解**：

分析：①将被积函数拆开，用指数函数的积分公式；②分子分母都含有偶数次幂，将其化成一个多项式和一个真分式的和，然后即可用公式.

(1) $\displaystyle\int \dfrac{2\cdot e^x - 5\cdot 2^x}{3^x}\mathrm{d}x = 2\int \left(\dfrac{e}{3}\right)^x \mathrm{d}x - 5\int \left(\dfrac{2}{3}\right)^x \mathrm{d}x = \dfrac{2\cdot\left(\dfrac{e}{3}\right)^x}{1-\ln 3} - \dfrac{5\cdot\left(\dfrac{2}{3}\right)^x}{\ln 2 - \ln 3} + C.$

(2) $\displaystyle\int \dfrac{3x^4 + 3x^2 + 1}{x^2+1}\mathrm{d}x = \int 3x^2\mathrm{d}x + \int \dfrac{1}{1+x^2}\mathrm{d}x = x^3 + \arctan x + C.$

**例 9**：求不定积分 $\int (3^x e^x - 5\sin x)\mathrm{d}x$ .

**解**：$\int (3^x e^x - 5\sin x)\mathrm{d}x = \int (3e)^x \mathrm{d}x - \int 5\sin x \mathrm{d}x$

$$= \frac{(3e)^x}{\ln(3e)} + 5\cos x + C = \frac{3^x e^x}{1 + \ln 3} + 5\cos x + C.$$

**例 10**：求 $\int \dfrac{1}{\sin^2 x \cos^2 x}\mathrm{d}x$ .

**解**：$\displaystyle\int \frac{1}{\sin^2 x \cos^2 x}\mathrm{d}x = \int \frac{\sin^2 x + \cos^2 x}{\sin^2 x \cos^2 x}\mathrm{d}x$

$$= \int \frac{1}{\cos^2 x}\mathrm{d}x + \int \frac{1}{\sin^2 x}\mathrm{d}x$$

$$= \int \sec^2 x \mathrm{d}x + \int \csc^2 x \mathrm{d}x$$

$$= \tan x - \cot x + C$$

## 习题 5.1

1. 求下列不定积分：

(1) $\int \sqrt{x\sqrt{x}}\,\mathrm{d}x$ ;

(2) $\int (2 - x)^3 \mathrm{d}x$ ;

(3) $\int \dfrac{x^2 - \sqrt{x} + 1}{x\sqrt{x}}\mathrm{d}x$ ;

(4) $\int (\sqrt{x} - 1)\left(x + \dfrac{1}{\sqrt{x}}\right)\mathrm{d}x$ ;

(5) $\int \dfrac{x^2 + \sin^2 x}{x^2 \sin^2 x}\mathrm{d}x$ ;

(6) $\int \dfrac{1}{x^2(1 + x^2)}\mathrm{d}x$ ;

(7) $\int \left(\sqrt{\dfrac{1 - x}{1 + x}} + \sqrt{\dfrac{1 + x}{1 - x}}\right)\mathrm{d}x$ ;

(8) $\int \left(\dfrac{3}{1 + x^2} - \dfrac{2}{\sqrt{1 - x^2}}\right)\mathrm{d}x$ ;

(9) $\int 2^{2x} \cdot 3^x \mathrm{d}x$ ;

(10) $\int \dfrac{2 \cdot 3^x - 5 \cdot 2^x}{3^x}\mathrm{d}x$ ;

(11) $\int \dfrac{e^{2x} - 1}{e^x - 1}\mathrm{d}x$ ;

(12) $\int \cot^2 x \mathrm{d}x$ ;

(13) $\int \dfrac{1}{1 + \cos 2x}\mathrm{d}x$ ;

(14) $\int \dfrac{\cos 2x}{\cos x + \sin x}\mathrm{d}x$ ;

(15) $\int \dfrac{\cos 2x}{\sin^2 x + \cos^2 x}\mathrm{d}x$ ;

(16) $\int \sec x(\sec x - \tan x)\mathrm{d}x$ .

2. 已知曲线上任一点 $x$ 处的切线的斜率为 $\dfrac{1}{2\sqrt{x}}$ ，且曲线经过点 $(4,3)$ ，求此曲线的方程.

## 5.2　换元积分法

利用基本积分表与不定积分的性质,所能计算的不定积分是非常有限的. 因此,有必要进一步来研究不定积分的求法. 由微分运算与积分运算的互逆关系,我们可以把复合函数的微分法反过来用于求不定积分,利用中间变量的代换,得到复合函数的积分,称为换元积分法,简称换元法. 本节就来讨论两类换元法——第一类换元法和第二类换元法.

### 一、第一类换元法(也称为凑微分法)

**定理**：设 $f(u)$ 具有原函数, $u = \varphi(x)$ 可导,则有换元公式：

$$\int f[\varphi(x)]\varphi'(x)\,\mathrm{d}x = \int f[\varphi(x)]\,\mathrm{d}\varphi(x) = \int f(u)\,\mathrm{d}u = F(u) + C = F[\varphi(x)] + C.$$

**证明**：因为 $F(u)$ 是 $f(u)$ 的原函数,所以 $F'(u) = f(u)$.

先根据复合函数的求导法则有

$$[F(\varphi(x))]' = F'(u)\varphi'(x) = f(u)\varphi'(x) = f[\varphi(x)]\varphi'(x),$$

再根据不定积分的定义有 $\int f[\varphi(x)]\varphi'(x)\,\mathrm{d}x = F[\varphi(x)] + C$.

**例1**：求不定分 $\int 2\cos 2x\,\mathrm{d}x.\ = \int \cos 2x \cdot (2x)'\,\mathrm{d}x = \int \cos 2x\,\mathrm{d}(2x).$

**解**：$\int 2\cos 2x\,\mathrm{d}x = \int \cos 2x \cdot (2x)'\,\mathrm{d}x = \int \cos 2x\,\mathrm{d}(2x) = \int \cos u\,\mathrm{d}u = \sin u + C = \sin 2x + C$.

**例2**：求不定分 $\int \dfrac{1}{3+2x}\,\mathrm{d}x.$

**解**：$\int \dfrac{1}{3+2x}\,\mathrm{d}x = \dfrac{1}{2}\int \dfrac{1}{3+2x}(3+2x)'\,\mathrm{d}x = \dfrac{1}{2}\int \dfrac{1}{3+2x}\,\mathrm{d}(3+2x)$

$$= \dfrac{1}{2}\int \dfrac{1}{u}\,\mathrm{d}x = \dfrac{1}{2}\ln|u| + C = \dfrac{1}{2}\ln|3+2x| + C.$$

**例3**：求不定分 $\int 2xe^{x^2}\,\mathrm{d}x.$

**解**：$\int 2xe^{x^2}\,\mathrm{d}x = \int e^{x^2}(x^2)'\,\mathrm{d}x = \int e^{x^2}\,\mathrm{d}(x^2) = \int e^u\,\mathrm{d}u$

$$= e^u + C = e^{x^2} + C.$$

**例4**：求不定分 $\int x\sqrt{1-x^2}\,\mathrm{d}x.$

**解**：$\int x\sqrt{1-x^2}\,\mathrm{d}x = \dfrac{1}{2}\int \sqrt{1-x^2}(x^2)'\,\mathrm{d}x = \dfrac{1}{2}\int \sqrt{1-x^2}\,\mathrm{d}x^2$

$$= -\dfrac{1}{2}\int \sqrt{1-x^2}\,\mathrm{d}(1-x^2) = -\dfrac{1}{2}\int u^{\frac{1}{2}}\,\mathrm{d}u = -\dfrac{1}{3}u^{\frac{3}{2}} + C$$

$$= -\dfrac{1}{3}(1-x^2)^{\frac{3}{2}} + C.$$

**例5**：求不定分 $\int \tan x\,\mathrm{d}x.$

**解**：$\int \tan x \mathrm{d}x = \int \dfrac{\sin x}{\cos x} \mathrm{d}x = -\int \dfrac{1}{\cos x} \mathrm{d}\cos x$

$$= -\int \dfrac{1}{u} \mathrm{d}u = -\ln|u| + C$$

$$= -\ln|\cos x| + C,$$

即　　$\int \tan x \mathrm{d}x = -\ln|\cos x| + C.$

类似地可得 $\int \cot x \mathrm{d}x = \ln|\sin x| + C$.熟练之后,变量代换就不必再写出了.

**例 6**：求不定分 $\int \dfrac{1}{a^2 + x^2} \mathrm{d}x.$

**解**：$\int \dfrac{1}{a^2 + x^2} \mathrm{d}x = \dfrac{1}{a^2} \int \dfrac{1}{1 + \left(\dfrac{x}{a}\right)^2} \mathrm{d}x$

$$= \dfrac{1}{a} \int \dfrac{1}{1 + \left(\dfrac{x}{a}\right)^2} \mathrm{d}\dfrac{x}{a} = \dfrac{1}{a} \arctan \dfrac{x}{a} + C,$$

即　　$\int \dfrac{1}{a^2 + x^2} \mathrm{d}x = \dfrac{1}{a} \arctan \dfrac{x}{a} + C.$

**例 7**：当 $a > 0$ 时, 求不定分 $\int \dfrac{1}{\sqrt{a^2 - x^2}} \mathrm{d}x.$

**解**：当 $a > 0$ 时, $\int \dfrac{1}{\sqrt{a^2 - x^2}} \mathrm{d}x = \dfrac{1}{a} \int \dfrac{1}{\sqrt{1 - \left(\dfrac{x}{a}\right)^2}} \mathrm{d}x = \int \dfrac{1}{\sqrt{1 - \left(\dfrac{x}{a}\right)^2}} \mathrm{d}\dfrac{x}{a} = \arcsin \dfrac{x}{a} + C,$

即　　$\int \dfrac{1}{\sqrt{a^2 - x^2}} \mathrm{d}x = \arcsin \dfrac{x}{a} + C.$

**例 8**：求不定分 $\int \dfrac{1}{x^2 - a^2} \mathrm{d}x.$

**解**：$\int \dfrac{1}{x^2 - a^2} \mathrm{d}x = \dfrac{1}{2a} \int \left(\dfrac{1}{x - a} - \dfrac{1}{x + a}\right) \mathrm{d}x = \dfrac{1}{2a} \left[\int \dfrac{1}{x - a} \mathrm{d}x - \int \dfrac{1}{x + a} \mathrm{d}x\right]$

$$= \dfrac{1}{2a} \left[\int \dfrac{1}{x - a} \mathrm{d}(x - a) - \int \dfrac{1}{x + a} \mathrm{d}(x + a)\right]$$

$$= \dfrac{1}{2a} \left[\ln|x - a| - \ln|x + a|\right] + C = \dfrac{1}{2a} \ln\left|\dfrac{x - a}{x + a}\right| + C,$$

即　　$\int \dfrac{1}{x^2 - a^2} \mathrm{d}x = \dfrac{1}{2a} \ln\left|\dfrac{x - a}{x + a}\right| + C.$

**例 9**：求不定分 $\int \dfrac{\mathrm{d}x}{x(1 + 2\ln x)}.$

**解**：$\int \dfrac{\mathrm{d}x}{x(1 + 2\ln x)} = \int \dfrac{\mathrm{d}\ln x}{1 + 2\ln x} = \dfrac{1}{2} \int \dfrac{\mathrm{d}(1 + 2\ln x)}{1 + 2\ln x}$

$$= \frac{1}{2}\ln|1 + 2\ln x| + C.$$

**例 10**：求不定分 $\int \frac{e^{\sqrt[3]{x}}}{\sqrt{x}}dx$.

**解**：$\int \frac{e^{\sqrt[3]{x}}}{\sqrt{x}}dx = 2\int e^{\sqrt[3]{x}}d\sqrt{x} = \frac{2}{3}\int e^{\sqrt[3]{x}}d3\sqrt{x}$

$$= \frac{2}{3}e^{\sqrt[3]{x}} + C.$$

**例 11**：求不定分 $\int \sin^3 x dx$.

**解**：$\int \sin^3 x dx = \int \sin^2 x \cdot \sin x dx = -\int(1 - \cos^2 x)d\cos x$

$$= -\int d\cos x + \int \cos^2 x d\cos x = -\cos x + \frac{1}{3}\cos^3 x + C.$$

凑微分法是一种重要的积分方法，需要非常熟悉基本积分公式和性质，并掌握一定的解题技巧，下面是常见的几种凑微分形式。

(1) $\int f(ax + b)dx = \frac{1}{a}\int f(ax + b)d(ax + b), a \neq 0, u = ax + b.$

(2) $\int f(ax^b)x^{b-1}dx = \frac{1}{ab}\int f(ax^b), ab \neq 0, u = ax^b.$

(3) $\int f(e^x)e^x dx = \int f(e^x)d(e^x), u = e^x.$

(4) $\int f(\ln x)\frac{1}{x}dx = \int f(\ln x)s(\ln x), u = \ln x.$

(5) $\int f(\sin x)\cos x dx = \int f(\sin x)d(\sin x), u = \sin x.$

(6) $\int f(\cos x)\sin x dx = -\int f(\cos x)d(\cos x), u = \cos x.$

(7) $\int f(\arctan x)\frac{1}{1 + x^2}dx = \int f(\arctan x)d(\arctan x), u = \arctan x.$

(8) $\int f(\tan x)\sec^2 x dx = \int f(\tan x)d(\tan x), u = \tan x.$

(9) $\int f(\cot x)\csc^2 x dx = -\int f(\cot x)d(\cot x), u = \cot x.$

(10) $\int f(\arcsin x)\frac{1}{\sqrt{1 - x^2}}dx = \int f(\arcsin x)d(\arcsin x), u = \arcsin x.$

(11) $\int \sin ax\sin \beta x dx, \int \sin ax\cos \beta x dx, \int \cos ax\cos \beta x dx$ 先积化和差再凑微分.

(12) $\int \sin^n x \cos^m x dx$, $m$ 与 $n$ 皆为偶数，用倍角公式；$m$ 与 $n$ 中至少有一个奇数，将奇次幂因子拆成一个一次幂因子并与 $dx$ 凑微分，所剩偶次幂因子利用 $\sin^2 x + \cos^2 x = 1$，其中：$m, n$ 为非负整数.

## 二、第二类换元法(也称为变量代换法)

第一换元积分法(凑微分法)是将积分 $\int f[\varphi(x)]\varphi'(x)\mathrm{d}x$ 中 $\varphi(x)$ 用一个新的变量 $u$ 替换,化为积分 $\int f(u)\mathrm{d}u$,从而使不定积分容易计算;第二换元积分法,则是引入新积分变量 $t$,将 $x$ 表示为 $t$ 的一个连续函数 $x=\varphi(t)$,从而简化积分计算.

这是因为有些积分的被积表达式要凑成某函数的微分是很困难的,但可以通过适当的变量代换 $x=\varphi(t)$,将积分 $\int f(x)\mathrm{d}x$ 化为 $\int f[\varphi(t)]\varphi'(t)\mathrm{d}t$,而求 $\int f[\varphi(t)]\varphi'(t)\mathrm{d}t$ 很容易,由此有如下定理.

**定理 2**:设 $x=\varphi(t)$ 是单调的、可导的函数,并且 $\varphi'(t)\neq0$.又设 $f[\varphi(t)]\varphi'(t)$ 具有原函数 $F(t)$,则有换元公式:

$$\int f(x)\mathrm{d}x=\int f[\varphi(t)]\varphi'(t)\mathrm{d}t=F(t)=F[\varphi^{-1}(x)]+C.$$

其中: $t=\varphi^{-1}(x)$ 是 $x=\varphi(t)$ 的反函数.

**注**:(1)被积表达式中的 $\mathrm{d}x$ 可当作变量 $x$ 的微分来对待,从而微分等式 $\varphi'(x)\mathrm{d}x=\mathrm{d}u$ 可以应用到被积表达式中.

(2)在求积分 $\int g(x)\mathrm{d}x$ 时,如果函数 $g(x)$ 可以化为 $g(x)=f[\varphi(x)]\varphi'(x)$ 的形式,那么

$$\int g(x)\mathrm{d}x=\int f[\varphi(x)]\varphi'(x)\mathrm{d}x=\left[\int f(u)\mathrm{d}u\right]_{u=\varphi(x)}.$$

**例 12**:求 $\displaystyle\int\frac{x-2}{1+\sqrt[3]{x-3}}\mathrm{d}x$.

**解**:

设 $t=\sqrt[3]{x-3}$ 则 $t^3=x-3,x=t^3+3,\mathrm{d}x=3t^2\mathrm{d}t$, 所以

$$\int\frac{x-2}{1+\sqrt[3]{x-3}}\mathrm{d}x=\int\frac{t^3+3-2}{1+t}\cdot3t^2\mathrm{d}t=\int\frac{t^3+1}{1+t}\cdot3t^2\mathrm{d}t$$

$$=\int3t^2(t^2-t+1)\mathrm{d}t=3\left(\frac{1}{5}t^5-\frac{1}{4}t^4+\frac{1}{3}t^3\right)+C$$

$$=\frac{3}{5}\sqrt[3]{(x-3)^5}-\frac{3}{4}\sqrt[3]{(x-3)^4}+x-3+C.$$

**例 13**:求不定积分 $\displaystyle\int\sqrt{a^2-x^2}\mathrm{d}x(a>0)$.

**解**:令 $x=a\sin t$,则 $\mathrm{d}x=a\cos t\mathrm{d}t,t\in\left(-\dfrac{\pi}{2},\dfrac{\pi}{2}\right)$.

$$\sqrt{a^2-x^2}=\sqrt{a^2-a^2\sin^2t}=a\cos t.$$

于是 $\displaystyle\int\sqrt{a^2-x^2}\mathrm{d}x=\int a\cos t\cdot a\cos t\mathrm{d}t=a^2\int\cos^2t\mathrm{d}t=a^2\int\frac{1+\cos2t}{2}\mathrm{d}t$

$$= \frac{a^2}{2}\left[t + \frac{1}{2}\sin 2t\right] + C = \frac{a^2}{2}\left[t + \sin t \cdot \cos t\right] + C.$$

由 $x = a\sin t$，即 $\sin t = \dfrac{x}{a}$，作直角三角形（图 4-2），由图可得 $\cos t =$

$\dfrac{\sqrt{a^2 - x^2}}{a}$. 因此

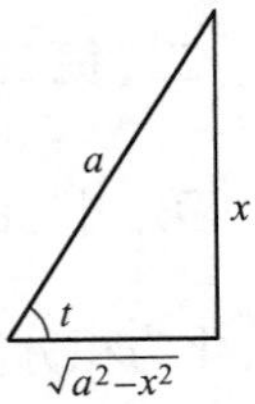

图 5-2

$$\int \sqrt{a^2 - x^2}\,\mathrm{d}x = \frac{a^2}{2}\left[\frac{x}{a} \cdot \sqrt{1 - \left(\frac{x}{a}\right)^2} + \arcsin \frac{x}{a}\right] + C = \frac{x}{2} \cdot \sqrt{a^2 - x^2} + \frac{a^2}{2}\arcsin \frac{x}{a} + C.$$

**例 14**：求不定积分 $\displaystyle\int \frac{1}{\sqrt{x^2 + a^2}}\mathrm{d}x\,(a > 0)$.

**解**：令 $x = a\tan t$，其中：$t \in \left(-\dfrac{\pi}{2}, \dfrac{\pi}{2}\right)$，则 $\mathrm{d}x = a\sec^2 t\,\mathrm{d}t$，

于是 $\displaystyle\int \frac{1}{\sqrt{x^2 + a^2}}\,\mathrm{d}x = \int \frac{1}{a\sec t} \cdot a\sec^2 t\,\mathrm{d}t = \int \sec t\,\mathrm{d}t = \ln|\sec t + \tan t| + C_1$

由 $x = a\tan t$，即 $\tan t = \dfrac{x}{a}$，作直角三角形（图 4-3），由图可得 $\sec t =$

图 5-3

$\dfrac{\sqrt{x^2 + a^2}}{a}$，因此

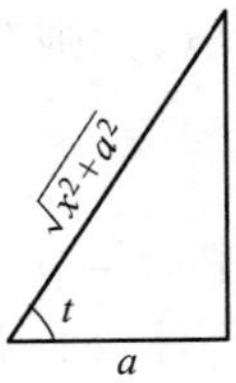

$$\int \frac{1}{\sqrt{x^2 + a^2}}\mathrm{d}x = \ln\left|\frac{x}{a} + \frac{\sqrt{x^2 + a^2}}{a}\right| + C_1 = \ln\left|x + \sqrt{x^2 + a^2}\right| + C.$$

其中：$C = C_1 - \ln a$.

关于第二换元积分法的解题规律归纳如下：

**1. 常见的几种变量代换**

（1）被积函数中含有 $\sqrt[n]{ax + b}$，可试用 $\sqrt[n]{ax + b} = u$，这里 $n$ 为自然数.

（2）令 $u = \dfrac{1}{x}$ 称为倒代换.当被积函数以商的形式出现且分子的次数比分母的次数小得较多时,不少积分不妨用此法一试.

（3）被积函数中同时含有 $(ax + b)^a, \cdots, (ax + b)^\lambda$，其中：$a, \cdots, \lambda$ 为分数，可试用 $\sqrt[m]{ax + b} = u$，这里 $m$ 为 $a, \cdots, \lambda$ 的分母的最小公倍数.

**2. 常见的三角代换法（表 5-2）**

表 5-2

| 被积函数 $f(x)$ 含有根式 | 变量代换 | 三角形示意图 |
|---|---|---|
| $\sqrt{a^2 - x^2}\,(a > 0)$ | $x = a\sin t, \|t\| < \dfrac{\pi}{2}$ | 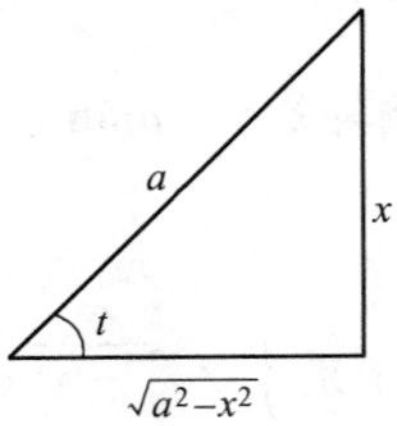  |

112

| 被积函数 $f(x)$ 含有根式 | 变量代换 | 三角形示意图 |
|---|---|---|
| $\sqrt{a^2 + x^2}\ (a > 0)$ | $x = a\tan t,\ \|t\| < \dfrac{\pi}{2}$ | |
| $\sqrt{x^2 - a^2}\ (a > 0)$ | $x = a\sec t,\ 0 < t < \dfrac{\pi}{2}$ | |

（1）被积函数中含有 $\sqrt{a^2 - x^2}$ ，可试用 $x = a\sin u$ .

（2）被积函数中含有 $\sqrt{a^2 + x^2}$ ，可试用 $x = a\tan u$ .

（3）被积函数中含有 $\sqrt{x^2 - a^2}$ ，可试用 $x = a\sec u$ .

**3. 两种常见积分的求解途径**

（1）形如 $\displaystyle\int \frac{\mathrm{d}x}{ax^2 + bx + c}\left(\displaystyle\int \frac{\mathrm{d}x}{\sqrt{ax^2 + bx + c}}\right)$ 的积分, 总是先对二次三项式 $ax^2 + bx + c$ 配方, 使之转化成以下形式之一, 再积分:

$$\int \frac{\mathrm{d}u}{u^2 \pm A^2},\ \int \frac{\mathrm{d}u}{\sqrt{u^2 + A^2}},\ \int \frac{\mathrm{d}u}{A^2 - u^2},\ \int \frac{\mathrm{d}u}{\sqrt{A^2 - u^2}}.$$

（2）形如 $\displaystyle\int \frac{Mx + N}{ax^2 + bx + c}\mathrm{d}x$ 或 $\displaystyle\int \frac{Mx + N}{\sqrt{ax^2 + bx + c}}\mathrm{d}x$ 的积分, 总的拆成两项之和, 第一项中分子是二次三项式 $ax^2 + bx + c$ , 第二项则转化成上面求解途径（1）的形式, 分别求积分.

**4. 常用的积分公式**

（1）$\displaystyle\int \tan x\mathrm{d}x = -\ln|\cos x| + C$ ;

（2）$\displaystyle\int \cot x\mathrm{d}x = \ln|\sin x| + C$ ;

（3）$\displaystyle\int \csc x\mathrm{d}x = \ln|\csc x - \cot x| + C$ ;

（4）$\displaystyle\int \sec x\mathrm{d}x = \ln|\sec x + \tan x| + C$ ;

（5）$\displaystyle\int \frac{1}{\sqrt{a^2 - x^2}}\mathrm{d}x = \arcsin \frac{x}{a} + C$ ;

（6）$\displaystyle\int \frac{1}{a^2 + x^2}\mathrm{d}x = \frac{1}{a}\arctan \frac{x}{a} + C$ ;

$(7) \int \dfrac{1}{x^2 - a^2} \, \mathrm{d}x = \dfrac{1}{2a} \ln \left| \dfrac{x-a}{x+a} \right| + C;$

$(8) \int \dfrac{1}{\sqrt{x^2 + a^2}} \, \mathrm{d}x = \ln \left| x + \sqrt{x^2 + a^2} \right| + C;$

$(9) \int \dfrac{1}{\sqrt{x^2 - a^2}} \mathrm{d}x = \ln \left| x + \sqrt{x^2 + a^2} \right| + C.$

## 习题 5.2

1. 计算下列不定积分：

$(1) \int (1-x)^\mu \mathrm{d}x;$ $\qquad$ $(2) \int \sqrt{2 + 3x} \, \mathrm{d}x;$ $\qquad$ $(3) \int x(1 + 2x^2)^2 \mathrm{d}x;$

$(4) \int \dfrac{1}{2x-1} \mathrm{d}x;$ $\qquad$ $(5) \int \dfrac{x}{\sqrt{1-x^2}} \mathrm{d}x;$ $\qquad$ $(6) \int \dfrac{\mathrm{e}^x}{1 + \mathrm{e}^x} \mathrm{d}x;$

$(7) \int \sin(3x+1) \mathrm{d}x;$ $\qquad$ $(8) \int \dfrac{\sin x}{(1 + \cos x)^3} \mathrm{d}x;$ $\qquad$ $(9) \int 2x \mathrm{e}^{-x^2} \mathrm{d}x;$

$(10) \int \dfrac{1}{3^x} \mathrm{d}x;$ $\qquad$ $(11) \int \dfrac{1}{x^2} \sin \dfrac{1}{x} \mathrm{d}x;$ $\qquad$ $(12) \int \dfrac{1}{9 + 4x^2} \mathrm{d}x;$

$(13) \int \dfrac{1}{x \ln^2 x} \mathrm{d}x;$ $\qquad$ $(14) \int \dfrac{x}{\sqrt{a^2 - x^2}} \mathrm{d}x;$ $\qquad$ $(15) \int \dfrac{x}{\sqrt{1 - x^4}} \mathrm{d}x;$

$(16) \int \dfrac{x}{x+1} \mathrm{d}x;$ $\qquad$ $(17) \int \sin 3x \sin x \mathrm{d}x;$ $\qquad$ $(18) \int \cos 5x \cos x \mathrm{d}x;$

$(19) \int \dfrac{\cos 2x}{\cos x - \sin x} \mathrm{d}x;$ $\qquad$ $(20) \int \tan x \sec^5 x \mathrm{d}x;$ $\qquad$ $(21) \int \dfrac{\mathrm{d}x}{1 + \sqrt{2x}};$

$(22) \int \dfrac{\mathrm{e}^{\sqrt[3]{x}}}{\sqrt{x}} \mathrm{d}x;$ $\qquad$ $(23) \int \sqrt{1 - 4x^2} \, \mathrm{d}x;$ $\qquad$ $(24) \int \dfrac{\mathrm{d}x}{x^2 \sqrt{1-x^2}};$

$(25) \int \dfrac{\mathrm{d}x}{\sqrt{(x^2+1)^3}};$ $\qquad$ $(26) \int \dfrac{\sqrt{x^2 - 4}}{x} \mathrm{d}x;$ $\qquad$ $(27) \int \dfrac{\mathrm{d}x}{\mathrm{e}^x + \mathrm{e}^{-x}}.$

## 5.3 分部积分法

利用换元积分法可以计算出大量的不定积分,但对另外一些积分却不适用,如 $\int x \mathrm{e}^x \mathrm{d}x$, $\int \ln x \mathrm{d}x$ 等. 本节介绍的分部积分法将有效地解决这一类问题.

**定理:** 设函数 $u = u(x)$ 及 $v = v(x)$ 具有连续导数,则分部积分公式为

$$\int u v' \mathrm{d}x = uv - \int u' v \mathrm{d}x, \text{或} \int u \mathrm{d}v = uv - \int v \mathrm{d}u.$$

**证:** 由导数的乘法公式:

$$[u(x) \cdot v(x)]' = u'(x)v(x) + u(x)v'(x),$$

两端积分并移项,得

$$\int u(x)v'(x)\mathrm{d}x = u(x) \cdot v(x) - \int u'(x)v(x)\mathrm{d}x$$

或

$$\int u\mathrm{d}v = uv - \int v\mathrm{d}u.$$

**注:** 分部积分法的目的是通过分部积分公式,将不易求解的不定积分 $\int u\mathrm{d}v$ 转化成容易求解的不定积分 $\int v\mathrm{d}u$ ,分部积分法的关键是如何选取 $u,\mathrm{d}v$ ,选择原则如下:

① 容易积分者选作 $\mathrm{d}v$ ,求导简单者选作 $u$ .

② 在两者不可兼得的情况下,首先要保证的是前者.

如果选择不当,反而会使不定积分更加复杂.

常见的几种用分部积分法计算的不定积分的类型:

第一换元法与分部积分法的共同点是第一步都是凑微分:

$$\int f[\varphi(x)]\varphi'(x)\mathrm{d}x = \int f[\varphi(x)]\mathrm{d}\varphi(x) \xrightarrow{\text{令}\,\varphi(x)\,=\,u} \int f(u)\mathrm{d}u ,$$

$$\int u(x)v'(x)\mathrm{d}x = \int u(x)\mathrm{d}v(x) = u(x)v(x) - \int v(x)\mathrm{d}u(x) .$$

(1) 当被积函数为不同类的两个函数之积时,通常要考虑分部积分法.特别地,若被积函数中含有 $a^x, e^x, \sin x, \cos x$ 型的函数因子,则一般将该因子与 $\mathrm{d}x$ 合成 $\mathrm{d}v$ ,余者为 $u$ ;而当被积函数中含有 $\ln x, \arcsin x, \arccos x, \arctan x, \operatorname{arccot} x$ 型的函数因子,一般将该因子取作 $u$ ,余者与 $\mathrm{d}x$ 合成 $\mathrm{d}v$ .

(2) 具体情形如下:

① 被积函数为幂函数和对数函数的乘积,如

$$\int x^k \log_4^m x\mathrm{d}x (a > 0, a \neq 1) ,选 u = \log_4^m x.$$

② 被积函数为幂函数和三角函数的乘积,如

$$\int x^k \sin ax\mathrm{d}x ,选 u = x^k; \int x^k \cos ax\mathrm{d}x ,选 u = x^k.$$

③ 被积函数为幂函数和指数函数的乘积,如

$$\int x^k a^x \mathrm{d}x ,选 u = x^k; \int x^k e^{ax} \mathrm{d}x ,选 u = x^k.$$

④ 被积函数为幂函数和反三角函数的乘积,如

$$\int x^k \arctan ax\mathrm{d}x ,选 u = \arctan ax.$$

⑤ 被积函数为指数函数和三角函数的乘积,如

$$\int e^{ax} \cos bx\mathrm{d}x ,选 u = e^{ax} 或 u = \cos bx 均可.$$

**例1:** 求不定积分 $\int xe^x \mathrm{d}x$ .

**分析:** 被积函数为幂函数 $x$ 与指数函数 $e^x$ 的乘积,选择 $u = x, v = e^x$ ,从而利用分部积分

公式.

解：
$$\int x\mathrm{e}^x\mathrm{d}x = \int x\mathrm{d}\mathrm{e}^x = x\mathrm{e}^x - \int \mathrm{e}^x\mathrm{d}x$$
$$= x\mathrm{e}^x - \mathrm{e}^x + C.$$

**例 2**：求不定积分 $\int x^2\sin x\mathrm{d}x$.

**分析**：被积函数为幂函数 $x^2$ 与三角函数 $\sin x$ 的乘积，选择 $u=x^2$，$v=\cos x$.

**解**：
$$\int x^2\sin x\mathrm{d}x = -\int x^2\mathrm{d}\cos x = -\left(x^2\cos x - \int \cos x\mathrm{d}x^2\right)$$
$$= -x^2\cos x + 2\int x\cos x\mathrm{d}x \quad (\text{对}\int x\cos x\mathrm{d}x\text{再次利用分部积分公式})$$
$$= -x^2\cos x + 2\int x\mathrm{d}\sin x.$$

**例 3**：求不定积分 $\int \mathrm{e}^{\sqrt{x}}\mathrm{d}x$.

**解**：令 $t=\sqrt{x}$，则 $x=t^2$，$\mathrm{d}x=2t\mathrm{d}t$，于是
$$\int \mathrm{e}^{\sqrt{x}}\mathrm{d}x = 2\int \mathrm{e}^t t\mathrm{d}t = 2\int t\mathrm{d}\mathrm{e}^t = 2t\mathrm{e}^t - 2\int \mathrm{e}^t\mathrm{d}t$$
$$= 2t\mathrm{e}^t - 2\mathrm{e}^t + C = 2\mathrm{e}^t(t-1) + C = 2\mathrm{e}^{\sqrt{x}}(\sqrt{x}-1) + C.$$

**例 4**：求不定积分 $\int \mathrm{e}^x\cos x\mathrm{d}x$.

**解**：
$$\int \mathrm{e}^x\cos x\mathrm{d}x = \int \mathrm{e}^x\mathrm{d}(\sin x) = \mathrm{e}^x\sin x - \int \mathrm{e}^x\sin x\mathrm{d}x$$
$$= \mathrm{e}^x\sin x - \int \mathrm{e}^x\mathrm{d}(-\cos x)$$
$$= \mathrm{e}^x\sin x + \mathrm{e}^x\cos x - \int \mathrm{e}^x\sin x\mathrm{d}x.$$
$$\int \mathrm{e}^x\sin\,\mathrm{d}x = \frac{\mathrm{e}^x}{2}(\sin x + \cos x) + C.$$

**例 5**：求下列不定积分：

(1) $\int \cos x\ln(\cot x)\mathrm{d}x$;　　　　　　(2) $\int \ln(x+\sqrt{1+x^2})\mathrm{d}x$;

(3) $\int \dfrac{x\mathrm{e}^x}{\sqrt{\mathrm{e}^x-1}}\mathrm{d}x$;　　　　　　(4) $\int \dfrac{\arctan \mathrm{e}^x}{\mathrm{e}^{2x}}\mathrm{d}x$.

**解**：(1) 分析：被积函数为三角函数与对数函数的乘积，可采用分部积分法.
$$\int \cos x\ln(\cot x)\mathrm{d}x = \int \ln(\cot x)\mathrm{d}(\sin x)$$
$$= \sin x\cdot\ln(\cot x) - \int \sin x\cdot\frac{1}{\cot x}\cdot(-\csc^2 x)\mathrm{d}x$$
$$= \sin x\cdot\ln(\cot x) + \int \sec x\mathrm{d}x$$
$$= \sin x\ln(\cot x) + \ln|\sec x + \tan x| + C.$$

(2) 分析：被积函数可以看成是多项式函数与对数函数的乘积，可采用分部积分法.

116

$$\int \ln(x + \sqrt{1 + x^2})\,dx = x\ln(x + \sqrt{1 + x^2}) - \int x \cdot \frac{1}{x + \sqrt{1 + x^2}} \cdot \left(1 + \frac{1}{2} \cdot \frac{2x}{\sqrt{1 + x^2}}\right)dx$$

$$= x\ln(x + \sqrt{1 + x^2}) - \int \frac{x}{\sqrt{1 + x^2}}dx$$

$$= x\ln(x + \sqrt{1 + x^2}) - \frac{1}{2}\int (1 + x^2)^{-\frac{1}{2}}d(1 + x^2)$$

$$= x\ln(x + \sqrt{1 + x^2}) - \sqrt{1 + x^2} + C.$$

（3）分析：可利用凑微分公式 $e^x dx = de^x$，然后用分部积分；另外考虑到被积函数中含有根式，也可用根式代换.

解法 1： $\displaystyle\int \frac{xe^x}{\sqrt{e^x - 1}}dx = \int \frac{xd(e^x - 1)}{\sqrt{e^x - 1}} = 2\int xd(\sqrt{e^x - 1})$

$$= 2\left[x\sqrt{e^x - 1} - \int \sqrt{e^x - 1}\,dx\right],$$

令 $t = \sqrt{e^x - 1}$，则 $x = \ln(1 + t^2)$，$dx = \dfrac{2t\,dt}{1 + t^2}$，则

$$\int \sqrt{e^x - 1}\,dx = 2\int \frac{t^2\,dt}{1 + t^2} = 2(t - \arctan t) + C_1.$$

故

$$\int \frac{xe^x}{\sqrt{e^x - 1}}dx = 2(x\sqrt{e^x - 1} - 2\sqrt{e^x - 1} + 2\arctan\sqrt{e^x - 1}) + C$$

$$= 2x\sqrt{e^x - 1} - 4\sqrt{e^x - 1} + 4\arctan\sqrt{e^x - 1} + C.$$

解法 2：令 $\sqrt{e^x - 1} = t$，则

$$\int \frac{xe^x}{\sqrt{e^x - 1}}dx = 2\int \ln(1 + t^2)\,dt = 2t\ln(1 + t^2) - 4\int \frac{t^2}{1 + t^2}dt$$

$$= 2t\ln(1 + t^2) - 4t + 4\arctan t + C$$

$$= 2x\sqrt{e^x - 1} - 4\sqrt{e^x - 1} + 4\arctan\sqrt{e^x - 1} + C.$$

**注**：求不定积分时，有时往往需要几种方法结合使用，才能得到结果.

（4）分析：被积函数是指数函数和反三角函数的乘积，可考虑用分部积分法.

解法 1： $\displaystyle\int \frac{\arctan e^x}{e^{2x}}dx = -\frac{1}{2}\int \arctan e^x d(e^{-2x}) = -\frac{1}{2}\left[e^{-2x}\arctan e^x - \int \frac{de^x}{e^{2x}(1 + e^{2x})}\right]$

$$= -\frac{1}{2}[e^{-2x}\arctan e^x + e^{-x} + \arctan e^x] + C.$$

解法 2：先换元，令 $e^x = t$，再用分部积分法，请读者自行完成余下的解答.

# 习题 5.3

1. 计算下列不定积分:

(1) $\int x\sin 3x\mathrm{d}x$;                (2) $\int x^2\cos x\mathrm{d}x$;

(3) $\int x\mathrm{e}^{2x}\mathrm{d}x$;                (4) $x^3\mathrm{e}^{-x}\mathrm{d}x$;

(5) $\int x^2\ln x\mathrm{d}x$;                (6) $\int x^2\arctan x\mathrm{d}x$;

(7) $\int\arcsin x\mathrm{d}x$;                (8) $\int x^2\arccos x\mathrm{d}x$;

(9) $\int\mathrm{e}^x\sin x\mathrm{d}x$;                (10) $\int\cos(\ln x)\mathrm{d}x$;

(11) $\int x\sin(\ln x)\mathrm{d}x$;                (12) $\int\dfrac{\arcsin x}{x^2}\mathrm{d}x$;

(13) $\int\ln(x+\sqrt{1+x^2})\mathrm{d}x$;                (14) $\int\arctan\sqrt{x}\mathrm{d}x$;

(15) $\int\ln\dfrac{1+x}{1-x}\mathrm{d}x$;                (16) $\int(x^2+3x+1)\ln x\mathrm{d}x$;

(17) $\int(\arcsin x)^2\mathrm{d}x$;                (18) $\int\sec^3 x\mathrm{d}x$;

(19) $\int\dfrac{\ln(\mathrm{e}^x+1)}{\mathrm{e}^x}\mathrm{d}x$;                (20) $\int\dfrac{x\mathrm{e}^x}{\sqrt{\mathrm{e}^x-1}}\mathrm{d}x$.

2. 设 $I_n=\int\tan^n x\mathrm{d}x$,求证 $I_n=\dfrac{1}{n-1}\tan^{n-1}x-I_{n-2}$,并求 $\int\tan^5 x\mathrm{d}x$.

3. 已知 $\ln^2 x$ 是 $f(x)$ 的一个原函数,求不定积分 $\int xf'(x)\mathrm{d}x$.

# 5.4  几种特殊类型函数的不定积分

本节介绍一些比较简单的特殊类型函数的不定积分,包括有理函数的积分以及可化为有理函数的积分,如三角函数有理式、简单无理函数的积分和分段函数的积分等.

## 一、有理函数的分解定理

**定义**:有理函数是指形如 $R(x)=\dfrac{P_n(x)}{Q_m(x)}=\dfrac{a_0x^n+a_1x^{n-1}+\cdots a_n}{b_0x^m+b_1x^{m-1}+\cdots b_m}$,其中:$m,n$ 为正整数或者 0, $a_0,\cdots,a_n;b_0,\cdots,b_m$ 都是常数,且 $a_0\neq 0,b_0\neq 0$,当 $n<m$ 是真分式,当 $n\geqslant m$ 时是假分式.

**定理**:任何实多项式都可以分解成为一次因式与二次因式的乘积.

**定理 2**:有理函数的分解:

$$\frac{P_n(x)}{Q_m(x)} = \frac{A_1}{(x-a)^\alpha} + \frac{A_2}{(x-a)^{\alpha-1}} + \cdots + \frac{A_\alpha}{(x-a)}$$

$$\frac{B_1}{(x-b)^\beta} + \frac{B_2}{(x-b)^{\beta-1}} + \cdots + \frac{B_\beta}{(x-b)}$$

$$+ \frac{M_1 x + N_1}{(x^2 + px + q)^\gamma} + \frac{M_2 x + N_2}{(x^2 + px + q)^{\gamma-1}} + \cdots + \frac{M_3 x + N_3}{(x^2 + px + q)}$$

$$+ \frac{R_1 x + S_1}{(x^2 + rx + s)^\mu} + \frac{R_2 x + S_2}{(x^2 + rx + s)^{\mu-1}} + \cdots + \frac{R_\mu x + S_\mu}{(x^2 + rx + s)}$$

上述常数用待定系数法可以确定,其中: $p^2 - 4q < 0, r^2 - 4s < 0$.

**例 1**:将 $\dfrac{1}{x(x-1)^2}$ 分解为部分分式之和.

**解**:以为分母为 $x(x-1)^2$,故设

$$\frac{1}{x(x-1)^2} = \frac{A}{x} + \frac{B}{(x-1)^2} + \frac{C}{x-1}.$$

其中: $A, B, C$ 为待定系数,两端比较,得

$$1 = A(x-1)^2 + Bx + Cx(x-1),$$

令 $x = 0$ 得 $A = 1$;令 $x = 1$ 得 $B = 1$;令 $x = 2$,得 $C = -1$,

即 $\dfrac{1}{x(x-1)^2} = \dfrac{1}{x} + \dfrac{1}{(x-1)^2} - \dfrac{1}{x-1}$.

## 二、有理真分式 $\dfrac{P_n(x)}{Q_m(x)}$ 的积分方法

有理真分式 $\dfrac{P_n(x)}{Q_m(x)}$ 的积分,由分解部分分式与求积分两步完成:

(1) 将真分式 $\dfrac{P_n(x)}{Q_m(x)}$ 分解成部分分式的方法:

若 $Q_m(x)$ 的因式分解式中,含有因式 $(x-a)^k$,则其部分分式对应地有

$$\frac{A_1}{x-a} + \frac{A_2}{(x-a)^2} + \cdots + \frac{A_k}{(x-a)^k},$$

若 $Q_m(x)$ 中含有因式 $(x^2 + px + q)^r (p^2 - 4q < 0)$,则其部分分式对应地有

$$\frac{B_1 x + C_1}{x^2 + px + q} + \frac{B_2 x + C_2}{(x^2 + px + q^2)} + \cdots + \frac{B_r x + C_r}{(x^2 + px + q)^r}.$$

其中: $A, B, C$ 皆为待定系数。

具体分解时,先写出形式分解式,然后将右边通分求和,并令两端分子相等,定出待定系数。

(2) 由分解式可见,有理真分式的积分归结为下面四种形式的积分:

(a) $\displaystyle\int \frac{A}{x-a} \mathrm{d}x = A\ln|x-a| + C$,

(b) $\int \dfrac{A}{(x-a)^n}\mathrm{d}x = -\dfrac{A}{n-1}\dfrac{1}{(x-a)^{n-1}} + C\,(n \neq 1)$

(c) $\int \dfrac{Mx+N}{x^2+px+q}\mathrm{d}x = \dfrac{M}{2}\int \dfrac{\mathrm{d}(x^2+px+q)}{x^2+px+q} + \left(N-\dfrac{Mp}{2}\right)\int \dfrac{\mathrm{d}\left(x+\dfrac{p}{2}\right)}{\left(x+\dfrac{p}{2}\right)^2 + \left(\sqrt{q^2-\dfrac{p^2}{4}}\right)^2}$

$$= \dfrac{M}{2}\ln|x^2+px+q| + \dfrac{\left(N-\dfrac{Mp}{2}\right)}{\sqrt{q^2-\dfrac{p^2}{4}}}\arctan\dfrac{x-\dfrac{Mp}{2}}{\sqrt{q^2-\dfrac{p^2}{4}}} + C$$

其中：$p^2 - 4q < 0$.

(d) $\int \dfrac{Mx+N}{(x^2+px+q)^n}\mathrm{d}x = \dfrac{M}{2}\int \dfrac{\mathrm{d}(x^2+px+q)}{(x^2+px+q)^n} + \left(N-\dfrac{Mp}{2}\right)\int \dfrac{\mathrm{d}\left(x+\dfrac{p}{2}\right)}{\left(\left(x+\dfrac{p}{2}\right)^2 + \left(\sqrt{q^2-\dfrac{p^2}{4}}\right)^2\right)^n}$

$$= \dfrac{M}{2}\dfrac{(x^2+px+q)^{-n+1}}{-n+1} + \left(N-\dfrac{Mp}{2}\right)\int \dfrac{\mathrm{d}u}{(u^2+a^2)^n},$$

其中：$p^2 - rq < 0$，$u = x + \dfrac{p}{2}$，$a = \sqrt{q^2-\dfrac{p^2}{4}}$，积分 $\int \dfrac{\mathrm{d}u}{(u^2+a^2)^n}$. 可用递推公式.

**注**：上述方法是有理函数积分的一般方法，但未必是最简单的方法，因此遇到有理函数的积分，应该分析被积函数的特点，选择恰当的方法，如凑微分法等.

**例 2**：求不定积分 $\displaystyle\int \dfrac{x+3}{x^2-5x+6}\mathrm{d}x$

**解**：$\dfrac{x+3}{x^2-5x+6} = \dfrac{A}{x-2} + \dfrac{B}{x-3}$，用待定系数法得 $A=-5, B=6$，

则 $\displaystyle\int \dfrac{x+3}{x^2-5x+6}\mathrm{d}x = \int\left(\dfrac{-5}{x-2}+\dfrac{6}{x-3}\right)\mathrm{d}x = -5\ln|x-2| + 6\ln|x-3| + C.$

**例 3**：求不定积分 $\displaystyle\int \dfrac{5}{(1+2x)(1+x^2)}\mathrm{d}x$.

**解**：设 $\dfrac{5}{(1+2x)(1+x^2)} = \dfrac{A}{1+2x} + \dfrac{Bx+C}{1+x^2}$.

于是有 $5 = A(1+x^2) + (Bx+C)(1+2x)$，

整理得 $5 = (A+2B)x^2 + (B+2C)x + C + A$，即 $A+2B=0, B+2C=0, A+C=5$，

解得 $A=4, B=-2, C=1$，即 $\dfrac{5}{(1+2x)(1+x^2)} = \dfrac{4}{1+2x} + \dfrac{-2x+1}{1+x^2}$.

所以 $\displaystyle\int \dfrac{5}{(1+2x)(1+x^2)}\mathrm{d}x = \int\left(\dfrac{4}{1+2x} + \dfrac{-2x+1}{1+x^2}\right)\mathrm{d}x$

$$= \int \dfrac{4}{1+2x}\mathrm{d}x - \int \dfrac{2x}{1+x^2}\mathrm{d}x + \int \dfrac{1}{1+x^2}\mathrm{d}x$$

$$= 2\int \frac{1}{1+2x}\mathrm{d}(1+2x) - \int \frac{1}{1+x^2}\mathrm{d}(1+x^2) + \int \frac{1}{1+x^2}\mathrm{d}x$$

$$= 2\ln|1+2x| - \ln(1+x^2) + \arctan x + C.$$

### 三、三角函数有理式的不定积分

（1）三角函数有理式是指由三角函数和常数经过有限次四则运算所构成的函数,记为 $R(\sin x, \cos x)$,其特点是分子分母都包含三角函数的和差和乘积运算.由于各种三角函数都可以用 $\sin x$ 及 $\cos x$ 的有理式表示,故三角函数有理式也就是 $\sin x$、$\cos x$ 的有理式.

求解 $\int R(\sin x, \cos x)\mathrm{d}x$ 的基本思路,如下:

① 尽量使分母简单. 为此,分子分母同乘以某个因子,将分母化成 $\sin^k x$ 或 $\cos^k x$ 的单项式,或将分母整个看成一项;

② 尽量使 $R(\sin x, \cos x)$ 的幂降低,为此通常利用倍角公式或积化和差公式以达目的.

（2）用于三角函数有理式积分的万能变换:

把 $\sin x$、$\cos x$ 表成 $\tan \frac{x}{2}$ 的函数,然后作万能变换,令 $u = \tan \frac{x}{2}$,则

$$\sin x = 2\sin \frac{x}{2}\cos \frac{x}{2} = \frac{2\tan \frac{x}{2}}{\sec^2 \frac{x}{2}} = \frac{2\tan \frac{x}{2}}{1+\tan^2 \frac{x}{2}} = \frac{2u}{1+u^2},$$

$$\cos x = \cos^2 \frac{x}{2} - \sin^2 \frac{x}{2} = \frac{1-\tan^2 \frac{x}{2}}{\sec^2 \frac{x}{2}} = \frac{1-u^2}{1+u^2}.$$

变换后原积分变成了有理函数的积分,则

$$\int R(\sin x, \cos x)\mathrm{d}x = \int R\left(\frac{2u}{1+u^2}, \frac{1-u^2}{1+u^2}\right)\frac{2\mathrm{d}u}{1+u^2},$$

于是将三角有理函数的积分化为有理函数的积分.

**注**:上述将三角函数有理式积分化为 $u$ 的有理函数的积分,但是这样化出的有理函数的积分往往比较繁琐.因此这种代换不一定是最简捷的代换. 碰到此类题目时,应仔细分析被积函数特点或者利用三角学方面的知识,尽量使被积函数化简,或者利用凑微分法.

（3）三角函数有理式积分的分母化为单项式的方法:

情形 1:$\int \frac{R(\sin x, \cos x)}{1+\sin x}\mathrm{d}x$ 或 $\int \frac{R(\sin x, \cos x)}{1-\sin x}\mathrm{d}x$. 方法:分子分母同乘以 $1-\sin x$ 或 $1+\sin x$,最好将分母变为单项式.

情形 2:$\int \frac{R(\sin x, \cos x)}{1+\cos x}\mathrm{d}x$. 方法:分子分母同乘以 $1-\cos x$ 或利用公式 $1+\cos x = 2\cos^2 \frac{x}{2}$.

情形 3:$\int \frac{R(\sin x, \cos x)}{1-\cos x}\mathrm{d}x$. 方法:分子分母同乘以 $1+\cos x$ 或利用公式 $1-\cos x = 2\sin^2 \frac{x}{2}$.

（4）用变量代换法求解三角函数有理式积分的方法:①若被积函数满足 $R(-\sin x,$

$- \cos x) = R(\sin x, \cos x)$，则可令 $\tan x = t$；②若被积函数满足 $R(\sin x, - \cos x) = - R(\sin x, \cos x)$，则可令 $\sin x = t$；③若被积函数满足 $R( - \sin x, \cos x) = - R(\sin x, \cos x)$，则可令 $\cos x = t$.

**例 4**：求不定积分 $\displaystyle\int \frac{\mathrm{d}x}{1 + \sin x}$.

**解**：方法一：用万能变换，令 $t = \tan \dfrac{x}{2}$，$\mathrm{d}x = \dfrac{2}{1 + t^2}\mathrm{d}t$，$\sin x = \dfrac{2t}{1 + t^2}$，于是

$$\int \frac{\mathrm{d}x}{1 + \sin x} = \int \frac{2\mathrm{d}t}{(t + 1)^2} = - \frac{2}{t + 1} + C = - \frac{2}{\tan \dfrac{x}{2} + 1} + C.$$

方法二：由于 $\quad \dfrac{1}{1 + \sin x} = \dfrac{1 - \sin x}{(1 + \sin x)(1 - \sin x)} = \dfrac{1 - \sin x}{\cos^2 x}$，

所以 $\quad\displaystyle\int \frac{1}{1 + \sin x}\mathrm{d}x = \int \frac{1 - \sin x}{\cos^2 x}\mathrm{d}x = \int \frac{1}{\cos^2 x}\mathrm{d}x + \int \frac{\mathrm{d}\cos x}{\cos^2 x}$

$$= \tan x - \frac{1}{\cos x} + C.$$

方法三： $\qquad\displaystyle\int \frac{\mathrm{d}x}{1 + \sin x} = \int \frac{\mathrm{d}x}{1 + \cos\left(\dfrac{\pi}{2} - x\right)}$

$$= \int \frac{\mathrm{d}x}{2\cos^2\left(\dfrac{\pi}{4} - \dfrac{x}{2}\right)} = - \int \frac{\mathrm{d}\left(\dfrac{\pi}{4} - \dfrac{x}{2}\right)}{\cos^2\left(\dfrac{\pi}{4} - \dfrac{x}{2}\right)}$$

$$= - \tan\left(\frac{\pi}{4} - \frac{x}{2}\right) + C.$$

## 四、简单无理函数的积分

被积函数为简单根式的有理函数，可通过根式代换化为有理函数的积分，如

$\displaystyle\int R(x, \sqrt[n]{ax + b})\mathrm{d}x$，令 $\sqrt[n]{ax + b} = t$；

$\displaystyle\int R\left(x, \sqrt[n]{\dfrac{ax + b}{cx + d}}\right)\mathrm{d}x$，令 $\sqrt[n]{\dfrac{ax + b}{cx + d}} = t$；

$\displaystyle\int R(\sqrt[n]{ax + b}, \sqrt[m]{ax + b})\mathrm{d}x$，令 $t = \sqrt[l]{ax + b}$，其中 $l$ 为 $m, n$ 的最小公倍数.

**例 5**：求 $\displaystyle\int \frac{1}{x}\sqrt{\frac{x + 2}{x - 2}}\mathrm{d}x$.

**解**：令 $t = \sqrt{\dfrac{x + 2}{x - 2}}$ 则有 $x = \dfrac{2(t^2 + 1)}{t^2 - 1}$，$\mathrm{d}x = \dfrac{-8t}{(t^2 - 1)^2}\mathrm{d}t$.

$$\int \frac{1}{x}\sqrt{\frac{x + 2}{x - 2}}\mathrm{d}x = \int \frac{4t^2}{(1 - t^2)(1 + t^2)}\mathrm{d}t$$

$$= \int \left( \frac{2}{1 - t^2} - \frac{2}{1 + t^2} \right) \mathrm{d}t$$

$$= \ln \left| \frac{1 + t}{1 - t} \right| - 2\arctan t + C$$

$$= \ln \left| \frac{1 + \sqrt{(x + 2)(x - 2)}}{1 - \sqrt{(x + 2)(x - 2)}} \right| - 2\arctan \sqrt{\frac{x + 2}{x - 2}} + C.$$

### 五、分段函数的不定积分方法

（1）分别求函数各分段支在相应区间内的原函数；

（2）考查函数在分段点处的连续性. 如果连续,那么在包含该点的区间内有原函数存在,然后根据原函数的连续性定出积分常数 $C$;如果分段点是函数的第一类间断点,则在包含该点的区间内,不存在原函数,这时函数的不定积分只能在不包含该点的每个分段区间内得到.

**例 6**：设 $f(x) = \begin{cases} x^2, & x \geq 0, \\ 0, & x < 0, \end{cases}$ 求 $\int f(x) \mathrm{d}x$.

**解**：当 $x > 0$ 时, $\int f(x) \mathrm{d}x = \int x^2 \mathrm{d}x = \frac{x^3}{3} + C_1$,

当 $x < 0$ 时, $\int f(x) \mathrm{d}x = \int 0 \mathrm{d}x = C_2$.

因为 $f(x)$ 在 $(-\infty, +\infty)$ 内连续,所以其原函数在 $(-\infty, +\infty)$ 内连续,又

$$\lim_{x \to 0^+} \left( \frac{x^3}{3} + C_1 \right) = C_1 = \lim_{x \to 0^-} C_2 = C_2, \ \text{令} \ C_1 = C_2 = C, \text{于是}$$

$$\int f(x) \mathrm{d}x = \begin{cases} \dfrac{1}{3}x^3 + C, & x \geq 0, \\ C, & x < 0. \end{cases}$$

## 习题 5.4

1. 求下列不定积分：

（1）$\displaystyle\int \frac{x^3}{x + 3} \mathrm{d}x$;

（2）$\displaystyle\int \frac{x^5 + x^4 - 8}{x^3 - x} \mathrm{d}x$;

（3）$\displaystyle\int \frac{1}{x(x^2 + 1)} \mathrm{d}x$;

（4）$\displaystyle\int \frac{x + 1}{(x - 1)^3} \mathrm{d}x$;

（5）$\displaystyle\int \frac{x}{(x + 2)(x + 3)^2} \mathrm{d}x$;

（6）$\displaystyle\int \frac{x^2 + 1}{(x + 1)^2(x - 1)} \mathrm{d}x$;

（7）$\displaystyle\int \frac{3}{x^3 + 1} \mathrm{d}x$;

（8）$\displaystyle\int \frac{1}{(x^2 + 1)(x^2 + x)} \mathrm{d}x$;

（9）$\displaystyle\int \frac{x}{(x + 1)(x + 2)(x + 3)} \mathrm{d}x$.

2. 求下列不定积分：

（1）$\displaystyle\int \frac{1}{3 + \cos x} \mathrm{d}x$;

（2）$\displaystyle\int \frac{1}{2 + \sin x} \mathrm{d}x$;

（3）$\displaystyle\int \frac{1}{3 + \cos^2 x} \mathrm{d}x$;

（4）$\displaystyle\int \frac{1}{1 + \tan x} \mathrm{d}x$.

# 第六章　定积分及其应用

定积分和不定积分是一元函数积分学的两个主要组成部分：不定积分侧重于基本计算方法，而定积分完整地体现了积分思想，在几何学、物理学、经济学等领域有着大量应用．定积分的概念是作为某种和式的极限引入的，表面上看起来它与不定积分是两类不同的问题，在历史上，它们的发展也是相互独立的．直到 17 世纪中叶，牛顿和莱布尼茨分别发现了定积分与不定积分的内在联系才推动了积分学的发展．

本章首先由实际问题引入定积分的概念，然后讨论定积分的性质、定积分与不定积分的关系、定积分的计算与简单应用，以及反常积分的概念和计算方法．

## 6.1　定积分的概念与性质

### 一、两个引例

**例 1：**曲边梯形的面积．

在初等数学中，已经学会求三角形、矩形、梯形及圆等一些规则图形的面积．但如果将梯形中的一个底换为曲线，那么图形的面积(曲边梯形的面积)该如何求？

设函数 $f(x)$ 在 $[a,b]$ 上连续，且 $f(x) \geqslant 0$，称由曲线 $y = f(x)$，直线 $x = a, x = b(b > a)$ 和 $y = 0$ 围成的平面图形为曲边梯形(图 6-1)．

如何求曲边梯形的面积？其思想具体：将曲边梯形分成许多小竖条(图 6-2)，即小曲边梯形，每一小曲边梯形的面积用相应的矩形的面积来代替，把这些矩形的面积加起来就得到曲边梯形面积 $A$ 的近似值．当小竖条分得越细时，近似程度就越好．其具体方法如下：

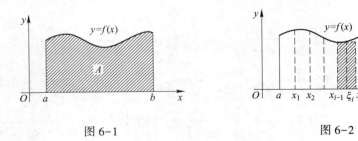

图 6-1　　　　　　　　　　图 6-2

(1) 分割：在 $[a,b]$ 中任意插入 $n-1$ 个分点：

$$a = x_0 < x_1 < x_2 < \cdots < x_{i-1} < x_i < \cdots < x_{n-1} < x_n = b.$$

把区间 $[a,b]$ 分割成 $n$ 个小区间：

$$\left[x_0, x_1\right], \left[x_1, x_2\right], \cdots, \left[x_{i-1}, x_i\right], \cdots, \left[x_{n-1}, x_n\right],$$

各小区间的长度依次为

$$\Delta x_1 = x_1 - x_0, \Delta x_2 = x_2 - x_1, \cdots, \Delta x_i = x_i - x_{i-1}, \cdots, \Delta x_n = x_n - x_{n-1}.$$

（2）近似代替：过每一个分点作平行于 $y$ 轴的直线段，把曲边梯形分成 $n$ 个窄的小曲边梯形，设它们的面积依次为 $\Delta A_i (i = 1, 2, \cdots, n)$，在第 $i$ 个小区间 $\left[x_{i-1}, x_i\right]$ 上任取一点 $\xi_i \in \left[x_{i-1}, x_i\right] (i = 1, 2, \cdots, n)$，用以 $\Delta x_i$ 为底，$f(\xi_i)$ 为高的矩形的面积 $f(\xi_i)\Delta x_i$ 近似代替第 $i$ 个小曲边梯形的面积 $\Delta A_i$，即 $\Delta A_i \approx f(\xi_i)\Delta x_i (i = 1, 2, \cdots, n)$.

（3）求和：把这些矩形的面积 $f(\xi_i)\Delta x_i (i = 1, 2, \cdots, n)$ 相加，用其和近似地表示曲边梯形的面积 $A$，即

$$A = \sum_{i=1}^{n} \Delta A_i \approx \sum_{i=1}^{n} f(\xi_i)\Delta x_i.$$

（4）求极限：由于划分越细，用矩形的面积 $\sum_{i=1}^{n} f(\xi_i)\Delta x_i$ 代替曲边梯形的面积 $A$ 就越精确，记 $\lambda = \max\{\Delta x_1, \Delta x_2, \cdots, \Delta x_i, \cdots, \Delta x_n\}$，当 $\lambda \to 0$（这时分的段数无限的增多），即当 $n \to \infty$ 时，上式右端取极限，其极限值就为曲边梯形的面积 $A$：

$$A = \lim_{\lambda \to 0} \sum_{i=1}^{n} f(\xi_i)\Delta x_i.$$

**例 2**：变速直线运动的路程.

设某物体作直线运动，已知速度 $v(t)$ 是时间间隔 $\left[T_1, T_2\right]$ 上的一个连续函数，且 $v(t) \geqslant 0$，求物体在这段时间 $\left[T_1, T_2\right]$ 内所经过的路程.

总体思路：把整段时间分割成若干小段，每小段上速度看作不变，求出各小段的路程再相加，便得到路程的近似值，最后通过对时间的无限细分求得路程的精确值. 其具体做法如下：

（1）分割：在 $\left[T_1, T_2\right]$ 中任意插入 $n - 1$ 个分点：

$$T_1 = t_0 < t_1 < t_2 < \cdots < t_{i-1} < t_i < \cdots < t_{n-1} < t_n = T_2.$$

把区间 $\left[T_1, T_2\right]$ 分割成 $n$ 个小区间：

$$\left[t_0, t_1\right], \left[t_1, t_2\right], \cdots, \left[t_{i-1}, t_i\right], \cdots, \left[t_{n-1}, t_n\right].$$

各小区间的长度依次为

$$\Delta t_1 = t_1 - t_0, \Delta t_2 = t_2 - t_1, \cdots, \Delta t_i = t_i - t_{i-1}, \cdots, \Delta t_n = t_n - t_{n-1}.$$

（2）近似代替：在第 $i$ 个小时间间隔 $\left[t_{i-1}, t_i\right]$ 上任取一点 $\tau_i \in \left[t_{i-1}, t_i\right] (i = 1, 2, \cdots, n)$，以 $\tau_i$ 点的速度 $v(\tau_i)$ 作为平均速度，用 $v(\tau_i)$ 与第 $i$ 个小时间间隔 $\Delta t_i$ 的乘积 $v(\tau_i)\Delta t_i$ 近似代替第 $i$ 个小时间间隔内物体走过的路程 $\Delta s_i$，即

$$\Delta s_i \approx v(\tau_i)\Delta t_i (i = 1, 2, \cdots, n).$$

（3）求和：把这些小时间间隔内走过的路程 $\Delta s_i (i = 1, 2, \cdots, n)$ 相加，用其和近似地表示物体在时间 $\left[T_1, T_2\right]$ 内所经过的路程 $s$，即

$$s = \sum_{i=1}^{n} \Delta s_i \approx \sum_{i=1}^{n} v(\tau_i) \Delta t_i.$$

（4）取极限：由于时间间隔分得越细，用 $\sum_{i=1}^{n} v(\tau_i) \Delta t_i$ 代替物体在时间 $[T_1, T_2]$ 内所经过的路程 $s$ 就越精确，记 $\lambda = \max\{\Delta t_1, \Delta t_2, \cdots, \Delta t_i, \cdots, \Delta t_n\}$，当 $\lambda \to 0$（这时分段数无限的增多），即当 $n \to \infty$ 时，上式右端取极限，其极限值就为物体在时间 $[T_1, T_2]$ 内所经过的路程 $s$ 的精确值，即

$$s = \lim_{\lambda \to 0} \sum_{i=1}^{n} v(\tau_i) \Delta t_i.$$

上面的两个例子从表面上看一个是几何问题，一个是物理问题，是两个不同的实际问题。但是解决问题的方法是相同的，都是对一个函数在一个区间上分割、近似代替、求和、取极限的过程，而且最后得到和式的极限结构一样，因此抽象出定积分的定义.

## 二、定积分的概念与性质

**定义：**设函数 $f(x)$ 在 $[a, b]$ 上有界，作下面 4 步：

（1）任意分割：在 $[a, b]$ 中任意插入若干个分点 $a = x_0 < x_1 < x_2 < \cdots < x_{n-1} < x_n = b$，把区间 $[a, b]$ 分成 $n$ 个小区间 $[x_0, x_1], [x_1, x_2], \cdots, [x_{n-1}, x_n]$，各小段区间的长依次为

$$\Delta x_1 = x_1 - x_0, \Delta x_2 = x_2 - x_1, \cdots, \Delta x_n = x_n - x_{n-1}.$$

（2）作乘积：在每个小区间 $[x_{i-1}, x_i]$ 上任取一个点 $\xi_i(x_{i-1} < \xi_i < x_i)$，作函数值 $f(\xi_i)$ 与小区间长度 $\Delta x_i$ 的乘积 $f(\xi_i) \Delta x_i (i = 1, 2, \cdots, n)$.

（3）求和：作出和 $S = \sum_{i=1}^{n} f(\xi_i) \Delta x_i$.

（4）取极限：$\lim\limits_{\lambda \to 0} S = \lim\limits_{\lambda \to 0} \sum_{i=1}^{n} f(\xi_i) \Delta x_i$，其中：$\lambda = \max\{\Delta x_1, \Delta x_2, \cdots, \Delta x_n\}$.

如果不论对 $[a, b]$ 怎样分法，也不论在小区间 $[x_{i-1}, x_i]$ 上点 $\xi_i$ 怎样取法，只要当 $\lambda \to 0$ 时，和 $S$ 总趋于确定的极限 $I$，这时称这个极限 $I$ 为函数 $f(x)$ 在区间 $[a, b]$ 上的定积分，记作

$$\int_a^b f(x)\,\mathrm{d}x, \quad 即 \int_a^b f(x)\,\mathrm{d}x = \lim_{\lambda \to 0} \sum_{i=1}^{n} f(\xi_i) \Delta x_i.$$

其中：$f(x)$ 叫做被积函数，$f(x)\mathrm{d}x$ 叫做被积表达式，$x$ 叫做积分变量，$a$ 叫做积分下限，$b$ 叫做积分上限，$[a, b]$ 叫做积分区间.

**1. 定积分存在定理**

**定理 1：**设 $f(x)$ 在区间 $[a, b]$ 上连续，则 $f(x)$ 在 $[a, b]$ 上可积.

**定理 2：**设 $f(x)$ 在区间 $[a, b]$ 上有界，且只存在有限个间断点，则 $f(x)$ 在 $[a, b]$ 上可积.

**定理 3：**闭区间 $[a, b]$ 上的单调函数必定在 $[a, b]$ 上可积.

**注：**（1）定积分与不定积分是两个截然不同的概念，定积分是一个数，定积分存在时，其值只与被积函数 $f(x)$ 及积分区间 $[a, b]$ 有关，而与积分变量自身无关。例如：

$$\int_a^b f(x)\,\mathrm{d}x = \int_a^b f(t)\,\mathrm{d}t = \int_a^b f(u)\,\mathrm{d}u.$$

（2）无界函数一定不可积，因为总可以借助 $\xi_i$ 的选择使积分和成为无穷大。换言之，

可积必有界。但有界函数未必可积。例如:狄利克雷函数:

$$D(x) = \begin{cases} 1, \text{若 } x \text{ 是有理数,} \\ 0, \text{若 } x \text{ 是无理数,} \end{cases} x \in \left[0,1\right] \text{ ,}$$

就是如此。可见,有界是可积的必要条件但不是充分条件.

**2. 定积分的几何意义 (图 6-3)**

(1) 在区间 $\left[a,b\right]$ 上,当 $f(x) \geq 0$ 时,积分 $\int_a^b f(x)\,\mathrm{d}x$ 在几何上表示由曲线 $y = f(x)$、两条直线 $x = a$、$x = b$ 与 $x$ 轴所围成的曲边梯形的面积;

(2) 当 $f(x) \leq 0$ 时,由曲线 $y = f(x)$、两条直线 $x = a$、$x = b$ 与 $x$ 轴所围成的曲边梯形位于 $x$ 轴的下方,定义分在几何上表示上述曲边梯形面积的负值;

(3) 当 $f(x)$ 既取得正值又取得负值时,函数 $f(x)$ 的图形某些部分在 $x$ 轴的上方,而其他部分在 $x$ 轴的下方.如果对面积赋以正负号,在 $x$ 轴上方的图形面积赋以正号,在 $x$ 轴下方的图形面积赋以负号,则在一般情形下,定积分 $\int_a^b f(x)\,\mathrm{d}x$ 的几何意义为:它是介于 $x$ 轴、函数 $f(x)$ 的图形及两条直线 $x = a$、$x = b$ 之间的各部分面积的代数和.

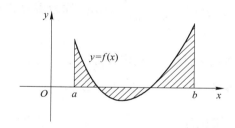

图 6-3

**3. 定积分的性质与规定**

1) 两点规定

(1) 当 $a = b$ 时,$\int_a^b f(x)\,\mathrm{d}x = 0$ .

(2) 当 $a > b$ 时,$\int_a^b f(x)\,\mathrm{d}x = -\int_b^a f(x)\,\mathrm{d}x$ .

2) 性质

**性质 1:** 函数的和(差)的定积分等于它们的定积分的和(差),即

$$\int_a^b \left[f(x) \pm g(x)\right]\mathrm{d}x = \int_a^b f(x)\,\mathrm{d}x \pm \int_a^b g(x)\,\mathrm{d}x \text{ .}$$

**性质 2:** 被积函数的常数因子可以提到积分号外面,即 $\int_a^b kf(x)\,\mathrm{d}x = k\int_a^b f(x)\,\mathrm{d}x$ .

**性质 3:** 如果将积分区间分成两部分 则在整个区间上的定积分等于这两部分区间上定积分之和, 即 $\int_a^b f(x)\,\mathrm{d}x = \int_a^c f(x)\,\mathrm{d}x + \int_c^b f(x)\,\mathrm{d}x$ .

注:这个性质表明定积分对于积分区间具有可加性,且不论 $a$,$b$,$c$ 的相对位置如何总有等式 $\int_a^b f(x)\,\mathrm{d}x = \int_a^c f(x)\,\mathrm{d}x + \int_c^b f(x)\,\mathrm{d}x$ 成立.

**性质 4:** 如果在区间 $[a,b]$ 上 $f(x) \equiv 1$ 则 $\int_a^b 1\mathrm{d}x = \int_a^b \mathrm{d}x = b - a$.

**性质 5:** 如果在区间 $[a,b]$ 上 $f(x) \geqslant 0$,则 $\int_a^b f(x)\,\mathrm{d}x \geqslant 0\,(a < b)$.

**推论 1:** 如果在区间 $[a,b]$ 上 $f(x) \leqslant g(x)$ 则 $\int_a^b f(x)\,\mathrm{d}x \leqslant \int_a^b g(x)\,\mathrm{d}x\,(a < b)$.

**推论 2:** $\left| \int_a^b f(x)\,\mathrm{d}x \right| \leqslant \int_a^b |f(x)|\,\mathrm{d}x\,(a < b)$.

**性质 6:** 设 $M$ 及 $m$ 分别是函数 $f(x)$ 在区间 $[a,b]$ 上的最大值及最小值,则

$$m(b - a) \leqslant \int_a^b f(x)\,\mathrm{d}x \leqslant M(b - a)\,(a < b).$$

**性质 7:**(定积分中值定理):如果函数 $f(x)$ 在闭区间 $[a,b]$ 上连续,则在积分区间 $[a,b]$ 上至少存在一个点 $\xi$,使下式成立:$\int_a^b f(x)\,\mathrm{d}x = f(\xi)(b - a)$.这个公式叫做积分中值公式.

注:(1)应注意:不论 $a < b$ 还是 $a > b$,积分中值公式都成立.

(2)由积分中值定理:$f(\xi) = \dfrac{1}{b - a}\int_a^b f(x)\,\mathrm{d}x$ 称为函数 $f(x)$ 在闭区间 $[a,b]$ 上的平均值.

**例 3:** 利用定积分的几何意义,计算下列定积分:

(1) $\int_0^a \sqrt{a^2 - x^2}\,\mathrm{d}x\,(a > 0)$;    (2) $\int_1^2 (1 - 2x)\,\mathrm{d}x$.

**解:**(1)如图 6-4 所示,定积分 $\int_0^a \sqrt{a^2 - x^2}\,\mathrm{d}x$ 表示上半个圆周 $y = \sqrt{a^2 - x^2}$ 与两坐标轴围成的图形在第一象限部分的面积,即 $\int_0^a \sqrt{a^2 - x^2}\,\mathrm{d}x = \dfrac{\pi a^2}{4}$.

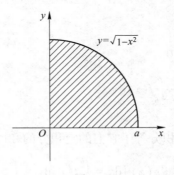

图 6-4

(2)因为当 $x \in [1,2]$ 时,$y = 1 - 2x < 0$.定积分 $\int_1^2 (1 - 2x)\,\mathrm{d}x$ 表示曲线 $y = 1 - 2x$ 与 $x = 1$,$x = 2$ 以及 $x$ 轴围成的面积的负值.即 $\int_1^2 (1 - 2x)\,\mathrm{d}x$ 表示由直线 $y = 1 - 2x$ 与 $x = 1$,

$x = 2$ 以及 $x$ 轴围成的梯形的面积的负值.

$$\int_1^2 (1 - 2x)\,\mathrm{d}x = -\frac{1}{2}(3 + 1) \cdot 1 = -2.$$

**例 4**：设 $f(x)$ 为 $[a,b]$ 上的连续函数，$[c,d] \subseteq [a,b]$，则下列命题正确的是（　　）

（A）$\int_a^b f(x)\,\mathrm{d}x = \int_a^b f(t)\,\mathrm{d}t$.　　　　　　（B）$\int_a^b f(x)\,\mathrm{d}x \geqslant \int_c^d f(x)\,\mathrm{d}x$.

（C）$\int_a^b f(x)\,\mathrm{d}x \leqslant \int_c^d f(x)\,\mathrm{d}x$.　　　　（D）$\int_a^b f(x)\,\mathrm{d}x$ 与 $\int_a^b f(t)\,\mathrm{d}t$ 不能比较大小.

**解**：由题设 $f(x)$ 为 $[a,b]$ 上的连续函数，因此 $\int_a^b f(x)\,\mathrm{d}x$ 存在，故它的值为确定的数值，取决于 $f(x)$ 和 $[a,b]$，与积分变量无关，因此 $\int_a^b f(x)\,\mathrm{d}x = \int_a^b f(t)\,\mathrm{d}t$，可知（A）正确，（D）不正确. 由于题设并没有指明 $f(x)$ 的正负变化，可知选项（B）、（C）都不正确. 故选（A）.

**例 5**：用定积分求极限 $\lim\limits_{s \to \infty}\left(\dfrac{1}{n+1} + \dfrac{1}{n+2} + \cdots + \dfrac{1}{2n}\right)$.

**分析**：所给极限为和式极限形式，可与定积分定义形式相比较，找出定积分定义中的被积函数，积分区间及分割的小区间的长度（通常是等分区间），从而将数列极限化为定积分并计算.

**解**：因为
$$\frac{1}{n+1} + \frac{1}{n+2} + \cdots + \frac{1}{n+n} = \frac{1}{n}\left(\frac{1}{1+\frac{1}{n}} + \frac{1}{1+\frac{2}{n}} + \cdots + \frac{1}{1+\frac{n}{n}}\right)$$
$$= \sum_{i=1}^n \frac{1}{n}\frac{1}{1+\frac{i}{n}},$$

将上面和式看为函数 $\dfrac{1}{1+x}$ 在区间为 $[0,1]$ 上的积分和，其中分割的任意小区间的长度为 $\dfrac{1}{n}$（等分区间），$\dfrac{i}{n}$ 为各小区间的右端点，而 $\dfrac{1}{1+x}$ 在 $[0,1]$ 上连续，从而在 $[0,1]$ 上可积，所以

$$\lim_{n \to \infty}\left(\frac{1}{n+1} + \frac{1}{n+2} + \cdots + \frac{1}{2n}\right) = \int_0^1 \frac{1}{1+x}\,\mathrm{d}x = \ln(1+x)\,\big|_0^1 = \ln 2.$$

# 习题 6.1

1. 利用定积分定义计算下列定积分：

（1）$\int_a^b x\,\mathrm{d}x\,(a \leqslant b)$；　　　　　　　　（2）$\int_0^1 \mathrm{e}^x\,\mathrm{d}x$.

2. 利用定积分的几何意义，证明下列等式：

（1）$\int_0^1 2x\,\mathrm{d}x = 1$；　　　　　　　　　（2）$\int_0^1 \sqrt{1-x^2}\,\mathrm{d}x = \dfrac{\pi}{4}$.

3. 估计下列各积分的值:

(1) $\int_1^4 (x^2 + 1) \mathrm{d}x$;

(2) $\int_{\frac{\pi}{4}}^{\frac{5}{4}\pi} (1 + \sin^2 x) \mathrm{d}x$;

(3) $\int_1^2 \frac{x}{1 + x^2} \mathrm{d}x$;

(4) $\int_2^0 \mathrm{e}^{x^2 - x} \mathrm{d}x$.

4. 不计算积分,比较下列各积分值的大小:

(1) $\int_0^{\frac{\pi}{2}} x \mathrm{d}x$ 与 $\int_0^{\frac{\pi}{2}} \sin x \mathrm{d}x$;

(2) $\int_0^1 x^2 \mathrm{d}x$ 与 $\int_0^1 x^3 \mathrm{d}x$;

(3) $\int_1^2 \ln x \mathrm{d}x$ 与 $\int_1^2 (\ln x)^2 \mathrm{d}x$;

(4) $\int_0^1 \mathrm{e}^x \mathrm{d}x$ 与 $\int_0^1 (1 + x) \mathrm{d}x$.

# 6.2 微积分基本公式

定积分作为一种特定和式的极限,按照定义和性质直接来计算是非常困难的,如果被积函数比较复杂则难度会更大,因此必须寻找简便有效的计算方法. 牛顿和莱布尼茨分别独立发现了定积分与不定积分的内在联系,提出了一种划时代的新的函数形式——积分上限函数,由此提出了计算定积分的简单有效方法,称为牛顿-莱布尼茨公式或微积分基本公式.

## 一、积分上限函数及其导数

定积分 $\int_a^b f(x) \mathrm{d}x$ 取决于被积函数 $f(x)$ 及积分区间 $[a,b]$,只要 $f(x)$ 及 $a,b$ 确定了,定积分的值也就确定了,现假定函数 $f(x)$ 在区间 $[a,b]$ 上连续,且积分下限 $a$ 是确定的,而让积分上限变动,即设 $x$ 为区间 $[a,b]$ 上的一点,由于 $f(x)$ 在区间 $[a,x]$ 上连续,所以定积分 $\int_a^x f(x) \mathrm{d}x$ 存在. 因为定积分与积分变量的记法无关,所以可以把其中的积分变量 $x$ 改用其他符号,如用 $t$ 表示,则上面的定积分可写成

$$\int_a^x f(t) \mathrm{d}t.$$

如果积分上限 $x$ 在区间 $[a,b]$ 上任意变动,则对于每一个取定的 $x$ 值,定积分有一下对应值,所以它在 $[a,b]$ 上定义了一个函数,记作 $\Phi(x)$

$$\Phi(x) = \int_a^x f(t) \mathrm{d}t \quad (a \le x \le b),$$

称为积分上限函数.

**定义**:设函数 $f(x)$ 在区间 $[a,b]$ 上连续,并且设 $x$ 为 $[a,b]$ 上的一点.我们把函数 $f(x)$ 在部分区间 $[a,x]$ 上的定积分 $\int_a^x f(x) \mathrm{d}x$ 称为积分上限的函数.它是区间 $[a,b]$ 上的函数,记为

$$\Phi(x) = \int_a^x f(x) \mathrm{d}x, \text{或} \Phi(x) = \int_a^x f(t) \mathrm{d}t.$$

**注**:从几何上看,当 $f(x) \ge 0$ 时,利用定积分的几何意义可以直观地看到积分上限函数

$\Phi(x) = \int_a^x f(t)\,\mathrm{d}t$ 所表示的几何意义:积分 $\int_a^x f(t)\,\mathrm{d}t$ 表示图 6-5 中阴影部分曲边梯形的面积.

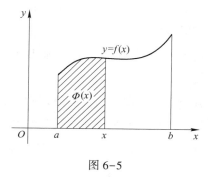

图 6-5

**定理 1(积分上限函数的导数):** 如果函数 $f(x)$ 在区间 $[a,b]$ 上连续,则函数 $\Phi(x) = \int_a^x f(x)\,\mathrm{d}x$ 在 $[a,b]$ 上具有导数,并且它的导数为 $\Phi'(x) = \dfrac{\mathrm{d}}{\mathrm{d}x}\int_a^x f(t)\,\mathrm{d}t = f(x)\,(a \leqslant x \leqslant b)$.

**证:** 因当 $x$ 取得增量 $\Delta x$ 时,$\Phi(x)$ 在 $x+\Delta x$ 处的函数值为

$$\Phi(x + \Delta x) = \int_a^{x+\Delta x} f(t)\,\mathrm{d}t,$$

由此得函数的增量:

$$\begin{aligned}
\Delta\Phi &= \Phi(x + \Delta x) - \Phi(x) \\
&= \int_a^{x+\Delta x} f(t)\,\mathrm{d}t - \int_a^x f(t)\,\mathrm{d}t \\
&= \int_a^x f(t)\,\mathrm{d}t + \int_x^{x+\Delta x} f(t)\,\mathrm{d}t - \int_a^x f(t)\,\mathrm{d}t \\
&= \int_x^{x+\Delta x} f(t)\,\mathrm{d}t.
\end{aligned}$$

应用积分中值定理,在 $x$ 与 $x+\Delta x$ 之间存在 $\xi$,使得

$$\Delta\Phi = \int_x^{x+\Delta x} f(t)\,\mathrm{d}t = f(\xi)\Delta x.$$

将上式两端除以 $\Delta x$,有

$$\frac{\Delta\Phi}{\Delta x} = f(\xi).$$

令 $\Delta x \to 0$,对上式两端取极限,$\Phi'(x) = \lim\limits_{\Delta x \to 0} \dfrac{\Delta\Phi}{\Delta x} = \lim\limits_{\Delta x \to 0} f(\xi)$.

由于假设 $f(x)$ 在区间 $[a,b]$ 上连续,而 $\Delta x \to 0$ 时,$\xi \to x$,因此 $\lim\limits_{\Delta x \to 0} f(\xi) = f(x)$. 于是 $\Phi'(x) = f(x)$,注意:若 $x=a$,取 $\Delta x > 0$,即可证 $\Phi'_+(a) = f(a)$;若 $x=b$,取 $\Delta x < 0$,可证 $\Phi'(b) = f(b)$.

**推论:** 如果函数 $f(x)$ 在区间 $[a,b]$ 上连续,$\varphi(x)$,$\psi(x)$ 可导,则

(1) $\dfrac{\mathrm{d}}{\mathrm{d}x}\displaystyle\int_a^{\varphi(x)} f(t)\,\mathrm{d}t = f(\varphi(x)) \cdot \varphi'(x)\,(a \leqslant x \leqslant b)$.

$(2)$ $\dfrac{\mathrm{d}}{\mathrm{d}x}\displaystyle\int_{\psi(x)}^{\varphi(x)}f(t)\,\mathrm{d}t=f(\varphi(x))\cdot\varphi'(x)-f(\psi(x))\cdot\psi'(x)\,(a\leqslant x\leqslant b)$ .

这个定理指出了一个重要结论:连续函数 $f(x)$ 取变上限 $x$ 的定积分然后求导,其结果还原为 $f(x)$ 本身.联想到原函数的定义,定理 1 表明 $\varPhi(x)$ 是连续函数 $f(x)$ 的一个原函数.由此可以得到如下原函数的存在定理.

**定理 2(原函数存在定理):** 若 $f(x)$ 在 $[a,b]$ 上连续,则积分上限函数 $\varPhi(x)=\displaystyle\int_a^x f(t)\,\mathrm{d}t$ 为 $f(x)$ 在 $[a,b]$ 上的一个原函数.

**注:** 定理的重要意义:一方面肯定了连续函数的原函数是存在的,另一方面初步地揭示了积分学中的定积分与原函数之间的联系.即连续函数不定积分与定积分的关系为

$$\int f(x)\,\mathrm{d}x=\int_a^x f(t)\,\mathrm{d}t+C\quad(C\text{ 为任意常数}).$$

因此,就有可能通过原函数来计算定积分.

**例 1:** 求下列函数的导数:

$(1)$ $\varPhi(x)=\displaystyle\int_1^x\dfrac{\ln t}{\sin t}\,\mathrm{d}t$ ;

$(2)$ $\varPhi(x)=\displaystyle\int_x^{-2}\dfrac{\sqrt{t^2-1}}{\sqrt{t^2+1}}\,\mathrm{d}t$ ;

$(3)$ $\varPhi(x)=\displaystyle\int_0^{\cos x}\mathrm{e}^{2t}\,\mathrm{d}t$ ;

$(4)$ $\varPhi(x)=\displaystyle\int_x^{x^2}\dfrac{t^3}{1+t}\,\mathrm{d}t\,(x>0)$ .

**解:** $(1)$ $\varPhi'(x)=\dfrac{\mathrm{d}}{\mathrm{d}x}\displaystyle\int_1^x\dfrac{\ln t}{\sin t}\,\mathrm{d}t=\dfrac{\ln x}{\sin x}$ .

$(2)$ 因为 $\varPhi(x)=-\displaystyle\int_{-2}^x\dfrac{\sqrt{t^2-1}}{\sqrt{t^2+1}}\,\mathrm{d}t$ , 所以

$$\varPhi'(x)=-\dfrac{\sqrt{x^2-1}}{\sqrt{x^2+1}}.$$

$(3)$ 令 $u=\cos x$ , 得

$$\varPhi'(x)=\left(\int_0^u\mathrm{e}^{2t}\,\mathrm{d}t\right)'_u\cdot u'_x=\mathrm{e}^{2u}\cdot(\cos x)'=-\mathrm{e}^{2\cos x}\sin x.$$

$(4)$ $\varPhi(x)=\displaystyle\int_x^{x^2}\dfrac{t^3}{1+t}\,\mathrm{d}t=\int_x^1\dfrac{t^3}{1+t}\,\mathrm{d}t+\int_1^{x^2}\dfrac{t^3}{1+t}\,\mathrm{d}t=-\int_1^x\dfrac{t^3}{1+t}\,\mathrm{d}t+\int_1^{x^2}\dfrac{t^3}{1+t}\,\mathrm{d}t.$

**例 2:** 求 $\lim\limits_{x\to0}\dfrac{x-\displaystyle\int_0^x\mathrm{e}^{t^2}\,\mathrm{d}t}{x^3}$ .

**解:** 所求极限为 "$\dfrac{0}{0}$" 型. 由洛必达法则可得

$$\lim_{x\to0}\dfrac{x-\displaystyle\int_0^x\mathrm{e}^{t^2}\,\mathrm{d}t}{x^3}=\lim_{x\to0}\dfrac{1-\mathrm{e}^{x^2}}{3x^2}=-\lim_{x\to0}\dfrac{x^2}{3x^2}=-\dfrac{1}{3}.$$

**例 4:** 设 $f(x)$ 为连续函数,且满足 $\displaystyle\int_0^x f(t-1)\,\mathrm{d}t=x^3$ ,求 $f'(x)$ .

**解:** 由于 $f(x)$ 为连续函数,因此将所给表达式两端同时关于 $x$ 求导,可得

$$f(x-1) = 3x^2.$$

令 $t = x - 1$，则 $x = t + 1$，可得 $f(t) = 3(t+1)^2$，即
$$f(x) = 3(x+1)^2,$$
故
$$f'(x) = 6(x+1).$$

## 二、牛顿–莱布尼茨公式

利用积分上限函数的求导公式,可以证明牛顿–莱布尼茨公式,它给出了利用原函数和不定积分计算定积分的简便方法.

**定理 3**：如果函数 $F(x)$ 是连续函数 $f(x)$ 在区间 $[a,b]$ 上的一个原函数,则

$$\int_a^b f(x)\mathrm{d}x = F(x)\Big|_a^b = F(b) - F(a).$$

此公式称为牛顿–莱布尼茨公式,也称为微积分基本公式.

利用牛顿–莱布尼茨公式计算定积分是最基本的方法,如果函数 $f(x)$ 在区间 $[a,b]$ 上连续,并且容易求出它的一个原函数 $F(x)$，则

$$\int_a^b f(x)\mathrm{d}x = F(x)\Big|_a^b = F(b) - F(a)$$

**例 4**：求下列定积分：

$(1)\ \displaystyle\int_{-1}^1 \frac{\mathrm{d}x}{1+x^2}\ ;$  $\qquad\qquad$ $(2)\ \displaystyle\int_0^\pi \sin x\mathrm{d}x\ ;$

$(3)\ \displaystyle\int_1^4 \frac{1}{x}\mathrm{d}x\ ;$  $\qquad\qquad$ $(4)\ \displaystyle\int_0^{\frac{\pi}{4}} \frac{\mathrm{d}x}{\cos^2 x}.$

**解**：$(1)\ \displaystyle\int_{-1}^1 \frac{\mathrm{d}x}{1+x^2} = \arctan x\Big|_{-1}^1 = \arctan 1 - \arctan(-1) = \frac{\pi}{4} - \left(-\frac{\pi}{4}\right) = \frac{\pi}{2}.$

$(2)\ \displaystyle\int_0^\pi \sin x\mathrm{d}x = (-\cos x)\Big|_0^\pi = -[\cos \pi - \cos 0] = 1 - (-1) = 2.$

$(3)\ \displaystyle\int_1^4 \frac{1}{x}\mathrm{d}x = \ln x\Big|_1^4 = \ln 4 - \ln 1 = 2\ln 2.$

$(4)\ \displaystyle\int_0^{\frac{\pi}{4}} \frac{\mathrm{d}x}{\cos^2 x} = \tan x\Big|_0^{\frac{\pi}{4}} = \tan \frac{\pi}{4} - \tan 0 = 1 - 0 = 1.$

**例 5**：求 $\displaystyle\int_9^{16} \frac{x+1}{\sqrt{x}}\mathrm{d}x.$

**解**：$\displaystyle\int_9^{16} \frac{x+1}{\sqrt{x}}\mathrm{d}x = \int_9^{16} \left(\sqrt{x} + \frac{1}{\sqrt{x}}\right)\mathrm{d}x.$

$\qquad = \displaystyle\int_9^{16} x^{\frac{1}{2}}\mathrm{d}x + \int_9^{16} x^{-\frac{1}{2}}\mathrm{d}x$

$\qquad = \dfrac{2}{3}\sqrt{x^3}\Big|_9^{16} + 2\sqrt{x}\Big|_9^{16}$

$\qquad = \dfrac{128}{3} - 18 + 8 - 6 = \dfrac{80}{3}.$

**例 6**：求 $\int_0^1 \dfrac{x^4}{x^2+1}\mathrm{d}x.$

**解**：$\int_0^1 \dfrac{x^4}{x^2+1}\mathrm{d}x = \int_0^1 \left(\dfrac{x^4-1}{x^2+1} + \dfrac{1}{x^2+1}\right)\mathrm{d}x$

$$= \int_0^1 \left(x^2 - 1 + \dfrac{1}{1+x^2}\right)$$

$$= \left(\dfrac{x^3}{3} - x + \arctan x\right)\bigg|_0^1$$

$$= \dfrac{1}{3} - 1 + \dfrac{\pi}{4}$$

$$= \dfrac{\pi}{4} - \dfrac{2}{3}.$$

**例 7**：求 $\int_{-1}^2 |x|\,\mathrm{d}x.$

**解**：因为 $|x| = \begin{cases} x, & x \geq 0, \\ -x, & x < 0, \end{cases}$ 所以

$$\int_{-1}^2 |x|\,\mathrm{d}x = \int_{-1}^0 |x|\,\mathrm{d}x + \int_0^2 |x|\,\mathrm{d}x$$

$$= \int_{-1}^0 -x\,\mathrm{d}x + \int_0^2 x\,\mathrm{d}x$$

$$= \left(-\dfrac{x^2}{2}\right)\bigg|_{-1}^0 + \dfrac{1}{2}x^2\bigg|_0^2$$

$$= \dfrac{1}{2} + 2 = \dfrac{5}{2}.$$

## 习题 6.2

1. 求下列各导数：

(1) $\dfrac{\mathrm{d}}{\mathrm{d}x}\int_0^x \arctan t^2\,\mathrm{d}t$；

(2) $\dfrac{\mathrm{d}}{\mathrm{d}x}\int_x^{-1} te^{-t}\,\mathrm{d}t$；

(3) $\dfrac{\mathrm{d}}{\mathrm{d}x}\int_0^{x^2} \dfrac{1}{\sqrt{1+t^2}}\,\mathrm{d}t$；

(4) $\dfrac{\mathrm{d}}{\mathrm{d}x}\int_{x^2}^{x^3} e^t\,\mathrm{d}t$．

2. 设 $f(x) = \int_0^{x^2} \dfrac{\mathrm{d}x}{1+x^3}$，求 $f''(1)$．

3. 求下列定积分：

(1) $\int_{-1}^1 (x^3 + 3x^2 - x + 2)\,\mathrm{d}x$；

(2) $\int_1^2 \left(x^2 + \dfrac{1}{x^4}\right)\mathrm{d}x$；

(3) $\int_4^9 \sqrt{x}\,(1 + \sqrt{x})\,\mathrm{d}x$；

(4) $\int_{-1}^0 \dfrac{3x^4 + 3x^2 + 1}{x^2+1}\,\mathrm{d}x$；

（5）$\displaystyle\int_{-\frac{1}{2}}^{\frac{1}{2}}\frac{1}{\sqrt{1-x^2}}\mathrm{d}x$；　　　　　　　　　　（6）$\displaystyle\int_{0}^{\sqrt{3}a}\frac{\mathrm{d}x}{a^2+x^2}$；

（7）$\displaystyle\int_{0}^{\frac{\pi}{4}}\tan^2\theta\mathrm{d}\theta$；　　　　　　　　　　（8）$\displaystyle\int_{0}^{2\pi}|\sin x|\mathrm{d}x$.

4. 设函数 $f(x)=\begin{cases}\sqrt{x},0\leqslant x\leqslant 1,\\ \mathrm{e}^x,1<x\leqslant 3,\end{cases}$ 求 $\displaystyle\int_{0}^{3}f(x)\mathrm{d}x$.

5. 求下列极限：

（1）$\displaystyle\lim_{x\to 0}\frac{\displaystyle\int_{0}^{x}\arctan t\mathrm{d}t}{x^2}$；　　　　　　（2）$\displaystyle\lim_{x\to 0}\frac{\displaystyle\int_{0}^{x}\cos t^2\mathrm{d}t}{\displaystyle\int_{0}^{x}\frac{\sin t}{t}\mathrm{d}t}$；

（3）$\displaystyle\lim_{x\to 0}\frac{\displaystyle\int_{0}^{\sin x}\mathrm{e}^{-t^2}\mathrm{d}t}{x}$；　　　　　　（4）$\displaystyle\lim_{x\to 0}\frac{\displaystyle\int_{0}^{x^2}\sin^{\frac{3}{2}}t\mathrm{d}t}{\displaystyle\int_{0}^{x}t(t-\sin t)\mathrm{d}t}$.

6. 设 $F(x)=\displaystyle\int_{0}^{x}(x-u)f(u)\mathrm{d}u$，其中：$f(x)$ 连续，求 $F''(x)$.

# 6.3　定积分的计算

计算定积分本质上是求原函数，所以本节在不定积分的换元积分法和分部积分法的基础上，讨论定积分的换元积分法和分部积分法，它们具有高度一致性．

## 一、定积分的换元积分法

**定理 1**：设函数 $f(x)$ 在区间 $[a,b]$ 上连续，函数 $x=\varphi(t)$ 满足条件：

（1）$\varphi(\alpha)=a$，$\varphi(\beta)=b$；

（2）$\varphi(t)$ 在 $[\alpha,\beta]$（或 $[\beta,\alpha]$）上具有连续导数，且其值域不越出 $[a,b]$，则有 $\displaystyle\int_{a}^{b}f(x)\mathrm{d}x=\int_{\alpha}^{\beta}f[\varphi(t)]\varphi'(t)\mathrm{d}t$．这个公式叫做定积分的换元公式．

**注**：（1）在作变量代换的同时，一定要更换积分的上、下限；引入代换时，一定要注意函数 $x=\varphi(t)$ 单值、有连续导数．

（2）求出 $f[\varphi(t)]\varphi'(t)$ 的一个原函数 $\Phi(t)$ 后，不必像计算不定积分那样再要把 $\Phi(t)$ 换成原来变量 $x$ 的函数，只要把新变量 $t$ 的上、下限分别代入 $\Phi(t)$ 中然后相减就行了．

**例 1**：计算 $\displaystyle\int_{1}^{4}\frac{1}{x+\sqrt{x}}\mathrm{d}x$.

**解**：令 $\sqrt{x}=t^2$，或 $x=t^2$，当 $x=1,4$ 时，$t$ 的对应取值为 $1,2$.

$$\int_{1}^{4}\frac{1}{x+\sqrt{x}}\mathrm{d}x=\int_{1}^{2}\frac{1}{t^2+t}\cdot 2t\mathrm{d}t=[2\ln(1+t)]_{1}^{2}=2\ln\frac{3}{2}.$$

**例 2**：求下列定积分的值：

$(1)\int_0^1 x^2\sqrt{1-x^2}\,\mathrm{d}x;$ $(2)\int_0^9\dfrac{\mathrm{d}x}{1+\sqrt{x}}.$

**解**:$(1)$ 令 $x=\sin t,t\in\left[-\dfrac{\pi}{2},\dfrac{\pi}{2}\right]$,则 $\mathrm{d}x=\cos t\mathrm{d}t$,当 $x=0$ 时,$t=0$;当 $x=1$ 时,$t=\dfrac{\pi}{2}$,

所以

$$\int_0^1 x^2\sqrt{1-x^2}\,\mathrm{d}x=\int_0^{\frac{\pi}{2}}\sin^2 t\cos^2 t\mathrm{d}t=\frac{1}{4}\int_0^{\frac{\pi}{2}}\sin^2 2t\mathrm{d}t$$

$$=\frac{1}{8}\int_0^{\frac{\pi}{2}}(1-\cos 4t)\,\mathrm{d}t=\frac{1}{8}\left(t-\frac{1}{4}\sin 4t\right)\Big|_0^{\frac{\pi}{2}}=\frac{\pi}{16}.$$

$(2)$ 令 $\sqrt{x}=t$,则 $x=t^2,\mathrm{d}x=2t\mathrm{d}t$. 当 $x=0$ 时,$t=0$;$x=9$ 时,$t=3$,所以

$$\int_0^9\frac{\mathrm{d}x}{1+\sqrt{x}}=\int_0^3\frac{2t}{1+t}\mathrm{d}t=2\int_0^3\left(1-\frac{1}{1+t}\right)\mathrm{d}t=2(t-\ln|1+t|)\mid_0^3=6-4\ln 2.$$

**例 3**:设函数 $f(x)$ 在 $[-a,a]$ 上连续,证明:

$(1)$ 若函数 $f(x)$ 在 $[-a,a]$ 上为偶函数,则 $\int_{-a}^a f(x)\mathrm{d}x=2\int_0^a f(x)\mathrm{d}x$;

$(2)$ 若函数 $f(x)$ 在 $[-a,a]$ 上为奇函数,则 $\int_{-a}^a f(x)\mathrm{d}x=0$.

**证明**:根据定积分的性质,得

$$\int_{-a}^a f(x)\mathrm{d}x=\int_{-a}^0 f(x)\mathrm{d}x+\int_0^a f(x)\mathrm{d}x.$$

令 $x=-t$,则 $\mathrm{d}x=-\mathrm{d}t$. 当 $x=0$ 时,$t=0$;当 $x=-a$ 时,$t=a$,所以

$$\int_{-a}^a f(x)\mathrm{d}x=-\int_a^0 f(-t)\mathrm{d}t=\int_0^a f(-t)\mathrm{d}t=\int_0^a f(-x)\mathrm{d}x.$$

于是有

$$\int_{-a}^a f(x)\mathrm{d}x=\int_0^a f(-x)\mathrm{d}x+\int_0^a f(x)\mathrm{d}x=\int_0^a[f(-x)+f(x)]\mathrm{d}x.$$

$(1)$ 若 $f(x)$ 是偶函数,则 $f(-x)=f(x)$,所以

$$\int_{-a}^a f(x)\mathrm{d}x=\int_0^a[f(-x)+f(x)]\mathrm{d}x=\int_0^a 2f(x)\mathrm{d}x=2\int_0^a f(x)\mathrm{d}x.$$

$(2)$ 若 $f(x)$ 是奇函数,则 $f(-x)=-f(x)$. 所以

$$\int_{-a}^a f(x)\mathrm{d}x=\int_0^a[f(-x)+f(x)]\mathrm{d}x=\int_0^a 0\mathrm{d}x=0.$$

例 3 的结论可以简化奇函数与偶函数的对称区间上的积分.

**例 4**:计算下列定积分:

$(1)\displaystyle\int_{-3}^3\frac{x^5\sin^2 x}{1+x^2+x^4}\mathrm{d}x;$ $(2)\displaystyle\int_{-1}^1\sqrt{4-x^2}\,\mathrm{d}x.$

**解**:$(1)$ 因为被积函数 $f(x)=\dfrac{x^5\sin^2 x}{1+x^2+x^4}$ 在对称区间 $[-3,3]$ 上是奇函数,所以

$$\int_{-3}^3\frac{x^5\sin^2 x}{1+x^2+x^4}\mathrm{d}x=0.$$

$(2) \int_{-1}^{1} \sqrt{4-x^2}\, dx = 2\int_{0}^{1} \sqrt{4-x^2}\, dx \xrightarrow{x=2\sin t} 2\int_{0}^{\frac{\pi}{6}} \sqrt{4-4\sin^2 t} \cdot 2\cos t\, dt$

$$= 8\int_{0}^{\frac{\pi}{6}} \cos^2 t\, dt = 4\int_{0}^{\frac{\pi}{6}} (1+\cos 2t)\, dt$$

$$= (4t + 2\sin 2t)\Big|_{0}^{\frac{\pi}{6}} = \frac{2\pi}{3} + \sqrt{3}.$$

**例5**：计算 $\int_{1}^{e^3} \dfrac{dx}{x\sqrt{\ln x + 1}}$.

**解**：令 $t = \ln x + 1$，则 $dt = \dfrac{1}{x}dx$，且当 $x=1$ 时，$t=1$；当 $x=e^3$ 时，$t=4$，

于是 $\int_{1}^{e^3} \dfrac{dx}{x\sqrt{\ln x + 1}} = \int_{1}^{4} \dfrac{dt}{\sqrt{t}} = 2\sqrt{4}\Big|_{1}^{4} = 2.$

## 二、定积分的分部积分法

**定理2**：设函数 $u(x)$、$v(x)$ 在区间 $[a,b]$ 上具有连续导数 $u'(x)$、$v'(x)$，则

$$\int_{a}^{b} uv'dx = [uv]_{a}^{b} - \int_{a}^{b} u'v\, dx, \text{或} \int_{a}^{b} u\, dv = [uv]_{a}^{b} - \int_{a}^{b} v\, du.$$

这就是定积分的分部积分公式.

**注**：定积分的分部积分法，其公式与方法与不定积分类似，只是多了上、下限.

**例6**：求定积分 $\int_{0}^{1} xe^{-x}dx$

**解** $\int_{0}^{1} xe^{-x}dx = -\int_{0}^{1} x\, d(e^{-x}) = -\left[ (xe^{-x})\Big|_{0}^{1} - \int_{0}^{1} e^{-x}dx \right] = -\left[ (e^{-1} - 0) + \int_{0}^{1} e^{-x}d(-x) \right]$

$$= -(e^{-1} + e^{-x}\Big|_{0}^{1}) = -[e^{-1} + (e^{-1} - 1)] = 1 - 2e^{-1}.$$

**例7**：求 $\int_{0}^{1} \arctan x\, dx$

**解**：设 $u = \arctan x$，$dv = dx$，则 $du = \dfrac{dx}{1+x^2}$，$v = x$，于是

$$\int_{0}^{1} \arctan x\, dx = (x\arctan x)\Big|_{0}^{1} - \int_{0}^{1} \frac{x\, dx}{1+x^2} = \frac{\pi}{4} - \frac{1}{2}\int_{0}^{1} \frac{d(1+x^2)}{1+x^2}$$

$$= \frac{\pi}{4} - \frac{1}{2}\left[ \ln(1+x^2) \right]\Big|_{0}^{1} = \frac{\pi}{4} - \frac{1}{2}\ln 2.$$

**例8**：求 $\int_{0}^{4} e^{\sqrt{x}}dx$

**解**：设 $\sqrt{x} = t$，则当 $x=0$ 时，$t=0$；则当 $x=4$ 时，$t=2$，$dx = 2t\, dt$. 于是

$$\int_{0}^{4} e^{\sqrt{x}}dx = 2\int_{0}^{2} te^t\, dt = 2\int_{0}^{2} t\, de^t = 2(te^t)\Big|_{0}^{2} - 2\int_{0}^{2} e^t\, dt$$

$$= 4e^2 - 2e^t\Big|_{0}^{2} = 2(e^2 + 1).$$

**例9**：定积分 $\int_{1}^{2} \dfrac{1}{x^3}e^{\frac{1}{x}}dx = $ _____ .

解： 
$$\int_1^2 \frac{1}{x^3} e^{\frac{1}{x}} dx = -\int_1^2 \frac{1}{x} e^{\frac{1}{x}} d\left(\frac{1}{x}\right) = -\int_1^2 \frac{1}{x} d\left(e^{\frac{1}{x}}\right)$$

$$= \left[-\frac{1}{x} e^{\frac{1}{x}}\right]_1^2 + \int_1^2 e^{\frac{1}{x}} d\left(\frac{1}{x}\right) = -\frac{1}{2} e^{\frac{1}{2}} + e + \left[e^{\frac{1}{x}}\right]_1^2 = \frac{1}{2} e^{\frac{1}{2}}.$$

## 三、几个有用的定积分公式

利用定积分的换元积分法和分部积分法，可以很方便地得到下列有用的公式：

(1) 设 $f(x)$ 是在区间 $[-a,a]$ $(a>0)$ 上连续的偶函数，则 $\int_{-a}^a f(x) dx = 2\int_0^a f(x) dx$.

(2) 设 $f(x)$ 是在区间 $[-a,a]$ $(a>0)$ 上连续的奇函数，则 $\int_{-a}^a f(x) dx = 0$.

(3) 设 $f(x)$ 在 $(-\infty, +\infty)$ 内是以 $T$ 为周期的连续的周期函数，则对任意常数 $a$ 和任意正整数 $n$，都有

$$\int_a^{a+T} f(x) dx = \int_0^T f(x) dx, \quad \int_a^{a+nT} f(x) dx = n\int_0^T f(x) dx.$$

(4) 设 $f(x)$ 在 $[-1,1]$ 上连续，则

$$\int_0^{\frac{\pi}{2}} f(\sin x) dx = \int_0^{\frac{\pi}{2}} f(\cos x) dx,$$

$$\int_0^{\pi} x f(\sin x) dx = \frac{\pi}{2} \int_0^{\pi} f(\sin x) dx,$$

$$\int_0^{\pi} f(\sin x) dx = 2\int_0^{\frac{\pi}{2}} f(\sin x) dx.$$

(5) 递推公式：

$$\int_0^{\frac{\pi}{2}} \sin^{2n} x dx = \int_0^{\frac{\pi}{2}} \cos^{2n} x dx = \frac{1}{2} \cdot \frac{3}{4} \cdot \cdots \cdot \frac{2n-1}{2n} \cdot \frac{\pi}{2},$$

$$\int_0^{\frac{\pi}{2}} \sin^{2n+1} x dx = \int_0^{\frac{\pi}{2}} \cos^{2n+1} x dx = 1 \cdot \frac{2}{3} \cdot \frac{4}{5} \cdot \cdots \cdot \frac{2n}{2n+1}.$$

# 习题 6.3

1. 计算下列定积分：

(1) $\int_0^{\pi} (1 - \sin^3 x) dx$;

(2) $\int_1^4 \frac{dx}{1 + \sqrt{x}}$;

(3) $\int_0^{\sqrt{2}a} \frac{x dx}{\sqrt{3a^2 - x^2}}$;

(4) $\int_1^{e^2} \frac{dx}{x\sqrt{1 + \ln x}}$;

(5) $\int_1^e \frac{1 + \ln x}{x} dx$;

(6) $\int_{\frac{\pi}{4}}^{\frac{\pi}{2}} \cot x \ln \sin x \, dx$.

2. 利用函数的奇偶性计算下列定积分:

(1) $\int_{-\pi}^{x} \sin x \mathrm{d}x$;

(2) $\int_{-\frac{\pi}{2}}^{\frac{\pi}{2}} 4\cos^4 \theta \mathrm{d}\theta$;

(3) $\int_{-\frac{1}{2}}^{\frac{1}{2}} \dfrac{(\arcsin x)^2}{\sqrt{1-x^2}} \mathrm{d}x$;

(4) $\int_{-5}^{5} \dfrac{x^3 \sin^2 x}{x^4 + 2x^2 + 1} \mathrm{d}x$.

3. 证明下列等式成立:

(1) $\int_{1}^{x} \dfrac{\mathrm{d}x}{1+x^2} = \int_{\frac{1}{x}}^{1} \dfrac{\mathrm{d}x}{1+x^2} (x > 0)$;

(2) $\int_{0}^{1} x^{\prime\prime\prime}(1-x)^{\prime\prime} \mathrm{d}x = \int_{0}^{1} x^{\prime\prime}(1-x)^{\prime\prime\prime} \mathrm{d}x$.

4. 计算下列定积分:

(1) $\int_{0}^{1} x\mathrm{e}^{-x} \mathrm{d}x$;

(2) $\int_{0}^{\pi} |x\cos x| \mathrm{d}x$;

(3) $\int_{\frac{1}{e}}^{e^2} x|\ln x| \mathrm{d}x$;

(4) $\int_{0}^{1} \mathrm{e}^{2x}(4x+3) \mathrm{d}x$;

(5) $\int_{\frac{1}{2}}^{1} \mathrm{e}^{\sqrt{2-1}} \mathrm{d}x$;

(6) $\int_{0}^{\frac{\pi}{4}} (x+1)\sin 3x \mathrm{d}x$.

# 6.4　反常积分

前面所讨论的定积分中都假定积分区间是有限区间且 $f(x)$ 在积分区间上有界,但在一些实际问题中,常会遇到积分区间为无穷区间,或者被积函数有无穷间断点的情况,它们已经不属于前面所定义的定积分了,因此,有必要对定积分做如下两种推广:

（1）将积分区间由有限区间推广为无穷区间(称为无穷限的广义积分);

（2）将在积分区间上有界的被积函数推广为无界函数(称为无界函数的广义积分或瑕积分).

相应地,前面的定积分则称为正常积分或常义积分.

## 一、无穷限的反常积分

**定义 1**:设函数 $f(x)$ 在区间 $[a, +\infty)$ 上连续,取 $b>a$. 如果极限 $\lim\limits_{b \to +\infty} \int_{a}^{b} f(x) \mathrm{d}x$ 存在,则称此极限为函数 $f(x)$ 在无穷区间 $[a, +\infty)$ 上的反常积分,记作 $\int_{a}^{+\infty} f(x) \mathrm{d}x$,即 $\int_{a}^{+\infty} f(x) \mathrm{d}x = \lim\limits_{b \to +\infty} \int_{a}^{b} f(x) \mathrm{d}x$. 这时也称反常积分 $\int_{a}^{+\infty} f(x) \mathrm{d}x$ 收敛. 如果上述极限不存在,函数 $f(x)$ 在无穷区间 $[a, +\infty)$ 上的反常积分 $\int_{a}^{+\infty} f(x) \mathrm{d}x$ 就没有意义,此时称反常积分 $\int_{a}^{+\infty} f(x) \mathrm{d}x$ 发散.

**定义 2**:设函数 $f(x)$ 在区间 $(-\infty, b]$ 上连续,如果极限 $\lim\limits_{a \to -\infty} \int_{a}^{b} f(x) \mathrm{d}x (a < b)$ 存在,则称此极限为函数 $f(x)$ 在无穷区间 $(-\infty, b]$ 上的反常积分,记作 $\int_{-\infty}^{b} f(x) \mathrm{d}x$,即 $\int_{-\infty}^{b} f(x) \mathrm{d}x = \lim\limits_{a \to -\infty} \int_{a}^{b} f(x) \mathrm{d}x$. 这时也称反常积分 $\int_{-\infty}^{b} f(x) \mathrm{d}x$ 收敛. 如果上述极限不存在,则称反常积分

$\int_{-\infty}^{b} f(x)\,\mathrm{d}x$ 发散.

**定义 3**:设函数 $f(x)$ 在区间 $(-\infty,+\infty)$ 上连续,如果反常积分 $\int_{-\infty}^{0} f(x)\,\mathrm{d}x$ 和 $\int_{0}^{+\infty} f(x)\,\mathrm{d}x$ 都收敛,则称上述两个反常积分的和为函数 $f(x)$ 在无穷区间 $(-\infty,+\infty)$ 上的反常积分,记作 $\int_{-\infty}^{+\infty} f(x)\,\mathrm{d}x$,即

$$\int_{-\infty}^{+\infty} f(x)\,\mathrm{d}x = \int_{-\infty}^{0} f(x)\,\mathrm{d}x + \int_{0}^{+\infty} f(x)\,\mathrm{d}x = \lim_{a\to-\infty}\int_{a}^{0} f(x)\,\mathrm{d}x + \lim_{b\to+\infty}\int_{0}^{b} f(x)\,\mathrm{d}x.$$

这时也称反常积分 $\int_{-\infty}^{+\infty} f(x)\,\mathrm{d}x$ 收敛.如果上式右端有一个反常积分发散,则称反常积分 $\int_{-\infty}^{+\infty} f(x)\,\mathrm{d}x$ 发散.

反常积分的几何意义如下:

由反常积分的定义知,如果 $f(x) \geqslant 0$,则反常积分 $\int_{a}^{+\infty} f(x)\,\mathrm{d}x$ 表示由直线 $x=a$ , $x$ 轴和曲线 $y=f(x)$ 所围不封闭的曲边梯形的面积(图 $6-6$). 同样也可以给出反常积分 $\int_{-\infty}^{b} f(x)\,\mathrm{d}x$ 和 $\int_{-\infty}^{+\infty} f(x)\,\mathrm{d}x$ 的几何意义.

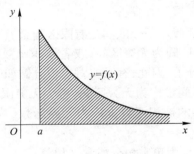

图 6-6

反常积分的计算方法如下:

对比正常定积分的牛顿-莱布尼茨公式,有

设 $F(x)$ 为 $f(x)$ 在给定区间上的一个原函数,则

$$\int_{a}^{b} f(x)\,\mathrm{d}x = F(b) - F(a).$$

为书写方便,当 $\lim\limits_{x\to+\infty} F(x)$、$\lim\limits_{x\to-\infty} F(x)$ 存在时,常记

$$F(+\infty) = \lim_{x\to+\infty} F(x), F(-\infty) = \lim_{x\to-\infty} F(x),$$

则上述三种无穷限的反常积分可表示成简洁写法:

$$\int_{a}^{+\infty} f(x)\,\mathrm{d}x = F(x)\,\big|_{a}^{+\infty} = F(+\infty) - F(a),$$

$$\int_{-\infty}^{b} f(x)\,\mathrm{d}x = F(x)\,\big|_{-\infty}^{b} = F(b) - F(-\infty),$$

$$\int_{-\infty}^{+\infty} f(x)\,\mathrm{d}x = F(x)\,\big|_{-\infty}^{+\infty} = F(+\infty) - F(-\infty).$$

从形式上看,上面三个式子与定积分的牛顿−莱布尼茨公式非常相似.

**例 1**:求 $\int_0^{+\infty} e^{-x} dx$.

**解**: $\int_0^{+\infty} e^{-x} dx = \lim_{b \to +\infty} \int_0^b e^{-x} dx = \lim_{b \to +\infty} (-e^{-x} \big|_0^b) = 1$.

为书写简便,实际运算过程中常省去极限记号,而形式地把 $\infty$ 当成一个“数”,直接利用牛顿−莱布尼茨公式的格式进行计算.

$$\int_0^{+\infty} f(x) dx = F(x) \Big|_a^{+\infty} = F(+\infty) - F(a),$$

$$\int_{-\infty}^{+\infty} f(x) dx = F(x) \big|_{-\infty}^{+\infty} = F(+\infty) - F(-\infty),$$

其中: $F(x)$ 为 $f(x)$ 的原函数,记号 $F(\pm\infty)$ 应理解为极限运算:

$$F(\pm\infty) = \lim_{x \to +\infty} F(x).$$

**例 2**:计算反常积分 $\int_0^{+\infty} t e^{-t} dt$.

**解**: $\int_0^{+\infty} t e^{-t} dt = \int_0^{+\infty} (-t) de^{-t} = (-t e^{-t}) \big|_0^{+\infty} + \int_0^{+\infty} e^{-t} dt = (-e^{-t}) \big|_0^{+\infty} = 1$.

**例 3**:求由曲线 $y = e^{-x}$, $x$ 轴正半轴以及 $y$ 轴所围成的“开口曲边梯形”的面积.

**解**:如图 6−7 所示,开口曲边梯形的面积为

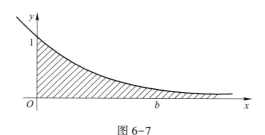

图 6−7

$$\lim_{b \to +\infty} \int_0^b e^{-x} dx = \int_0^{+\infty} e^{-x} dx = (-e^{-x}) \big|_0^{+\infty}$$
$$= -(\lim_{x \to +\infty} e^{-x} - 1) = 1.$$

## 二、无界函数的反常积分(瑕积分)

将定积分推广为被积函数是无界函数的情形.

若 $\lim_{x \to x_0} f(x) = \infty$,或 $\lim_{x \to x_0^+} f(x) = \infty$,或 $\lim_{x \to x_0^-} f(x) = \infty$,称 $x_0$ 为函数 $f(x)$ 的瑕点.

**定义 3**:设函数 $f(x)$ 在区间 $(a,b]$ 上连续,而在点 $a$ 的右邻域内无界.取 $\varepsilon > 0$,如果极限 $\lim_{t \to a^+} \int_t^b f(x) dx$ 存在,则称此极限为函数 $f(x)$ 在 $(a,b]$ 上的反常积分,仍然记作 $\int_a^b f(x) dx$,即 $\int_a^b f(x) dx = \lim_{t \to a^+} \int_t^b f(x) dx$,则称反常积分 $\int_a^b f(x) dx$ 收敛.如果上述极限不存在,就称反常积分 $\int_a^b f(x) dx$ 发散.

**定义 4**：设函数 $f(x)$ 在区间 $[a,b)$ 上连续，而在点 $b$ 的左邻域内无界.取 $\varepsilon > 0$，如果极限 $\lim\limits_{t \to b^-} \int_a^t f(x)\mathrm{d}x$ 存在，则称此极限为函数 $f(x)$ 在 $[a,b)$ 上的反常积分，仍然记作 $\int_a^b f(x)\mathrm{d}x$，即

$$\int_a^b f(x)\mathrm{d}x = \lim_{t \to b^-} \int_a^t f(x)\mathrm{d}x，$$ 则称反常积分 $\int_a^b f(x)\mathrm{d}x$ 收敛.如果上述极限不存在，就称反常积分 $\int_a^b f(x)\mathrm{d}x$ 发散.

**定义 5**：设函数 $f(x)$ 在区间 $[a,b]$ 上除点 $c(a < c < b)$ 外连续，而在点 $c$ 的邻域内无界.如果两个反常积分 $\int_a^c f(x)\mathrm{d}x$ 与 $\int_c^b f(x)\mathrm{d}x$ 都收敛，则定义 $\int_a^b f(x)\mathrm{d}x = \int_a^c f(x)\mathrm{d}x + \int_c^b f(x)\mathrm{d}x$，则称反常积分 $\int_a^b f(x)\mathrm{d}x$ 收敛.否则，就称反常积分 $\int_a^b f(x)\mathrm{d}x$ 发散.

**注**：(1) 瑕点：如果函数 $f(x)$ 在点 $a$ 的任一邻域内都无界，那么点 $a$ 称为函数 $f(x)$ 的瑕点，也称为无界.

(2) 无界函数的反常积分也称为瑕积分.

瑕积分的计算方法如下：

如果 $F(x)$ 为 $f(x)$ 的原函数，则有

(1) 当 $a$ 为瑕点时，$\int_a^b f(x)\mathrm{d}x = \big[F(x)\big]_a^b = F(b) - \lim\limits_{x \to a^+} F(x)$；

(2) 当 $b$ 为瑕点时，$\int_a^b f(x)\mathrm{d}x = \big[F(x)\big]_a^b = \lim\limits_{x \to b^-} F(x) - F(a)$.

(3) 当 $c(a < c < b)$ 为瑕点时，$\int_a^b f(x)\mathrm{d}x = \int_a^c f(x)\mathrm{d}x + \int_c^b f(x)\mathrm{d}x = \big[\lim\limits_{x \to c^-} F(x) - F(a)\big] + \big[F(b) - \lim\limits_{x \to c^+} F(x)\big]$.

**例 4**：计算反常积分 $\int_0^a \dfrac{\mathrm{d}x}{\sqrt{a^2 - x^2}}$ $(a > 0)$.

**解**：因为 $f(x) = \dfrac{1}{\sqrt{a^2 - x^2}}$ 在 $[0,a)$ 上连续，且

$$\lim_{x \to a^-} \frac{1}{\sqrt{a^2 - x^2}} = +\infty.$$

所以，该积分是右端点 $a$ 为瑕点的反常积分.于是

$$\int_0^a \frac{1}{\sqrt{a^2 - x^2}}\mathrm{d}x = \arcsin\frac{x}{a}\Big|_0^a = \lim_{x \to a^-}\arcsin\frac{x}{a} - 0 = \frac{\pi}{2}.$$

**注**：反常积分 $\int_0^a \dfrac{\mathrm{d}x}{\sqrt{a^2 - x^2}}$ 的几何意义是：位于 $y = \dfrac{1}{\sqrt{a^2 - x^2}}$ 下方，$x$ 轴上方，直线 $x = 0$ 与 $x = a$ 之间的图形的面积.

**例 5**：讨论反常积分 $\int_{-1}^1 \dfrac{1}{x^2}\mathrm{d}x$ 的敛散性.

**解**：被积函数 $f(x) = \dfrac{1}{x^2}$ 在区间 $[-1,1]$ 上除 $x = 0$ 外连续，且 $\lim\limits_{x \to 0} \dfrac{1}{x^2} = +\infty$.由于

$$\lim_{\varepsilon \to 0^+} \int_{-1}^{0-\varepsilon} \frac{1}{x^2} \mathrm{d}x = \lim_{\varepsilon \to 0^+} \left( -\frac{1}{x} \right) \Big|_{-1}^{-\varepsilon} = \lim_{\varepsilon \to 0^+} \left( \frac{1}{\varepsilon} - 1 \right) = +\infty,$$

即广义积分 $\int_{-1}^{0} \frac{1}{x^2}$ 发散,所以反常积分 $\int_{-1}^{1} \frac{1}{x^2} \mathrm{d}x$ 发散.

**注**:(1) 一般而言,判断无穷区间上的反常积分相对容易,一目了然,而瑕积分与定积分容易混淆. 例 5 中如果忽略了 $\frac{1}{x^2}$ 在 $x = 0$ 处无界而按定积分计算,则有错误结果:

$$\int_{-1}^{1} \frac{1}{x^2} \mathrm{d}x = -\frac{1}{x} \Big|_{-1}^{1} = -1 - 1 = -2.$$

(2) 定积分的计算方法与性质,不能随意地直接应用到反常积分中,否则会出错. 如 $\int_{-\infty}^{+\infty} \frac{x}{1 + x^2} \mathrm{d}x$ 是发散的,若此积分是对称区间上的奇函数,就会得处此积分为零的错误结果.

最后,几个常用的反常积分如下:

(1) 设反常积分 $\int_{a}^{+\infty} \frac{1}{x^p} \mathrm{d}x$ ($a>0$),则

当 $p = 1$ 时,$\int_{a}^{+\infty} \frac{1}{x^p} \mathrm{d}x = \int_{a}^{+\infty} \frac{1}{x} \mathrm{d}x = [\ln x]_{a}^{+\infty} = +\infty$.

当 $p < 1$ 时,$\int_{a}^{+\infty} \frac{1}{x^p} \mathrm{d}x = \left[ \frac{1}{1-p} x^{1-p} \right]_{a}^{+\infty} = +\infty$.

当 $p > 1$ 时,$\int_{a}^{+\infty} \frac{1}{x^p} \mathrm{d}x = \left[ \frac{1}{1-p} x^{1-p} \right]_{a}^{+\infty} = \frac{a^{1-p}}{p-1}$.

因此,当 $p > 1$ 时,此反常积分收敛,其值为 $\frac{a^{1-p}}{p-1}$;当 $p \leqslant 1$ 时,此反常积分发散.

(2) 设反常积分 $\int_{a}^{b} \frac{\mathrm{d}x}{(x-a)^q}$,则

当 $q = 1$ 时,$\int_{a}^{b} \frac{\mathrm{d}x}{(x-a)^q} = \int_{a}^{b} \frac{\mathrm{d}x}{x-a} = [\ln(x-a)]_{a}^{b} = +\infty$.

当 $q > 1$ 时,$\int_{a}^{b} \frac{\mathrm{d}x}{(x-a)^q} = \left[ \frac{1}{1-q} (x-a)^{1-q} \right]_{a}^{b} = +\infty$.

当 $q < 1$ 时,$\int_{a}^{b} \frac{\mathrm{d}x}{(x-a)^q} = \left[ \frac{1}{1-q} (x-a)^{1-q} \right]_{a}^{b} = \frac{1}{1-q} (b-a)^{1-q}$.

因此,当 $q < 1$ 时,此反常积分收敛,其值为 $\frac{1}{1-q} (b-a)^{1-q}$;当 $q \geqslant 1$ 时,此反常积分发散.

## 习题 6.4

1. 判断下列反常积分的敛散性,若收敛,计算其值:

(1) $\int_{0}^{+\infty} \frac{1}{1+x^2} \mathrm{d}x$;

(2) $\int_{1}^{+\infty} \frac{1}{\sqrt{x}} \mathrm{d}x$;

$(3) \int_0^{+\infty} e^{-ax}dx(a > 0)$;

$(4) \int_0^{+\infty} \dfrac{x}{1 + x^2}dx$;

$(5) \int_{-\infty}^{+\infty} \dfrac{1}{x^2 + 2x + 2}dx$;

$(6) \int_{-\infty}^0 xe^x dx$;

$(7) \int_{-1}^0 \dfrac{1}{1 + x}dx$;

$(8) \int_0^1 \dfrac{x}{\sqrt{1 - x^2}}dx$;

$(9) \int_0^1 \dfrac{1}{\sqrt{1 - x}}dx$;

$(10) \int_1^2 \dfrac{x}{\sqrt{x - 1}}dx$;

$(11) \int_1^e \dfrac{1}{x\sqrt{1 - (\ln x)^2}}dx$;

$(12) \int_{-\frac{\pi}{4}}^{\frac{2\pi}{4}} \dfrac{1}{\cos^2 x}dx$.

2. 已知 $\lim\limits_{x\to\infty}\left(\dfrac{x + c}{x - c}\right)^x = \int_{-\infty}^c te^{2t}dt$, 求 $c$ 值.

## 6.5 定积分的应用

定积分的应用非常广泛,本节主要介绍定积分在几何、力学和经济学上的简单应用.

### 一、定积分元素法

定积分应用的理论基础是定积分元素法,它通常在分析复杂问题时比较方便,因此我们要了解定积分元素法的主要思想方法,而对于定积分的具体应用只要学会运用由此推导的公式就行了.

一般地,如果某一实际问题中的所求量 $U$ 符合下列条件:

(1) $U$ 是与一个变量 $x$ 的变化区间 $[a,b]$ 有关的量;

(2) $U$ 对于区间 $[a,b]$ 具有可加性,就是说,如果把区间 $[a,b]$ 分成许多部分区间,则 $U$ 相应的分成许多部分量,而 $U$ 等于所有部分量之和;

(3) 部分量 $\Delta U_i$ 的近似值可表示为 $f(\xi_i)\Delta x_i$,那么,就可以考虑用定积分来表达这个量 $U$,即 $U = \int_a^b f(x)dx$. 这种求某一量 $U$ 的值的方法称为定积分的元素法(或微元法).

定积分元素法的步骤,如下:

求某一量 $U$ 的定积分元素法的一般步骤:

(1) 根据问题的具体情况,选取一个变量. 例如:$x$ 为积分变量,并确定它的变化区间 $[a,b]$.

(2) 设想把区间 $[a,b]$ 分成 $n$ 个小区间,取其中任一小区间并记作 $[x,x+dx]$,求出相应于这个小区间的部分量 $\Delta U$ 的近似值. 如果 $\Delta U$ 能近似地表示为 $[a,b]$ 上的一个连续函数在 $x$ 处的值 $f(x)$ 与 $dx$ 的乘积,就把 $f(x)dx$ 称为量 $U$ 的元素且记作 $dU$,即

$$dU = f(x)dx.$$

(3) 以所求量 $U$ 的元素 $f(x)dx$ 为被积表达式,在区间 $[a,b]$ 上作定积分,得

$$U = \int_a^b f(x)\,\mathrm{d}x.$$

这就是所求量 $U$ 的积分表达式.

## 二、平面图形面积

1. 求平面图形面积的步骤

求平面图形的面积,一般按下述步骤处理:

（1）画出草图,确定欲求面积的图形的形状与位置.

（2）选择积分变量,确定积分限,设想将图形分别向 $x$ 轴与 $y$ 轴上投影,得积分区间,积分变量的选择则以边界曲线尽量不是分段函数为原则,否则必得分块计算. 求出必要的边界曲线交点的坐标,为定限作准备.

（3）应用下列计算定积分得面积的公式,求得相应的平面图形面积.

2. 求平面图形面积的公式

（1）由曲线 $y = f(x)$ 和直线 $x = a, x = b (a < b)$ 及 $x$ 轴围成的封闭平面图形（图6-8）的面积 $S = \int_a^b |f(x)|\,\mathrm{d}x$.

（2）由曲线 $x = \varphi(y)$,直线 $y = c, y = d (c < d)$ 与 $y$ 轴所围成的封闭平面图形（图6-9）的面积 $S = \int_c^d |\varphi(y)|\,\mathrm{d}y$.

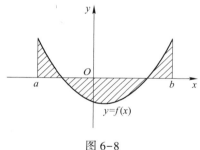

图 6-8

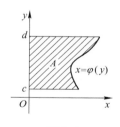

图 6-9

（3）由曲线 $y = f(x), y = g(x)$ 和直线 $x = a, x = b (a < b)$ 所围成的封闭平面图形为 $X$ 型区域（图6-10）,其面积 $S = \int_a^b |f(x) - g(x)|\,\mathrm{d}x$.

（4）由曲线 $x = \varphi(y), x = \psi(y)$ 与直线 $y = c, y = d (c < d)$ 所围成的封闭平面图形为 $Y$ 型区域（图6-11）,其面积 $S = \int_c^d |\varphi(y) - \psi(y)|\,\mathrm{d}y$.

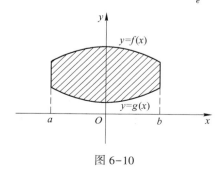

图 6-10

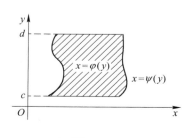

图 6-11

（5）在极坐标系下，由曲线 $\rho = \rho(\theta)(0 \le \rho \le \rho(\theta), \alpha \le \theta \le \beta)$ 所围成的封闭平面图形（图 6-12），其面积 $S = \dfrac{1}{2} \displaystyle\int_{\alpha}^{\beta} \rho^2(\theta) \mathrm{d}\theta$.

（6）在极坐标系下，由曲线 $\rho = \rho_1(\theta), \rho = \rho_2(\theta)(\rho_1(\theta) < \rho_2(\theta), \alpha \le \theta \le \beta)$ 所围成的封闭平面图形（图 6-13），其面积 $S = \dfrac{1}{2} \displaystyle\int_{\alpha}^{\beta} [\rho_2^2(\theta) - \rho_1^2(\theta)] \mathrm{d}\theta$.

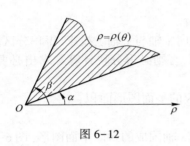

图 6-12

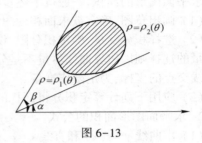

图 6-13

**例 1**：计算曲线 $y = \mathrm{e}^x$ 与直线 $y = 0, x = 0$ 及 $x = 1$ 所围成平面图形的面积.

**解**：平面图形如图 6-14 所示，取 $x$ 为积分变量，则积分区间为 $[0, 1]$，所求平面图形的面积为

$$A = \int_0^1 (\mathrm{e}^x - 0) \mathrm{d}x = \int_0^1 \mathrm{e}^x \mathrm{d}x = \mathrm{e}^x \big|_0^1 = \mathrm{e} - 1.$$

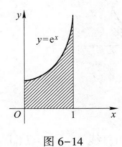

图 6-14

**例 2**：由曲线 $y = \dfrac{4}{x}$ 和直线 $y = x$ 及 $y = 4x$ 在第一象限中围成的平面图形的面积为

_____.

**解**：平面图形如图 6-15 所示，所求平面图形的面积为

$$A = \int_0^1 (4x - x) \mathrm{d}x + \int_1^2 \left( \frac{4}{x} - x \right) \mathrm{d}x$$

$$= \frac{3}{2} x^2 \bigg|_0^1 + \left( 4\ln x - \frac{1}{2} x^2 \right) \bigg|_1^2 = 4\ln 2.$$

**例 3**：计算两条抛物线 $y^2 = x, y = x^2$ 围成图形的面积.

**解**：两条曲线所围成的图形如图 6-16 所示，联立方程组得

$$\begin{cases} y^2 = x, \\ y = x^2. \end{cases}$$

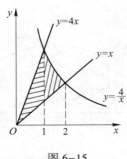

图 6-15

146

得交点 $(0,0),(1,1)$,选 $x$ 为积分变量,$x \in [0,1]$,所求图形的面积为

$$A = \int_0^1 (\sqrt{x} - x^2) \mathrm{d}x = \left[ \frac{2}{3} x^{\frac{3}{2}} - \frac{1}{3} x^3 \right]_0^1 = \frac{1}{3}.$$

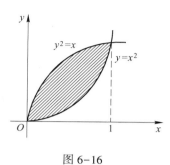

图 6-16

**例 4**:求心形线 $r = a(1 + \cos \theta)$ 所围平面图形的面积 $(a > 0)$.

**解**:所围成的图形如图 6-17 所示,由对称性及极坐标面积公式得

$$S = 2 \cdot \frac{1}{2} \int_0^\pi r^2 \mathrm{d}\theta = a^2 \int_0^\pi (1 + 2\cos \theta + \cos^2 \theta) \mathrm{d}\theta$$

$$= a^2 \left( \frac{3\theta}{2} + 2\sin \theta + \frac{1}{4} \sin 2\theta \right) \Big|_0^\pi = \frac{3}{2} \pi a^2.$$

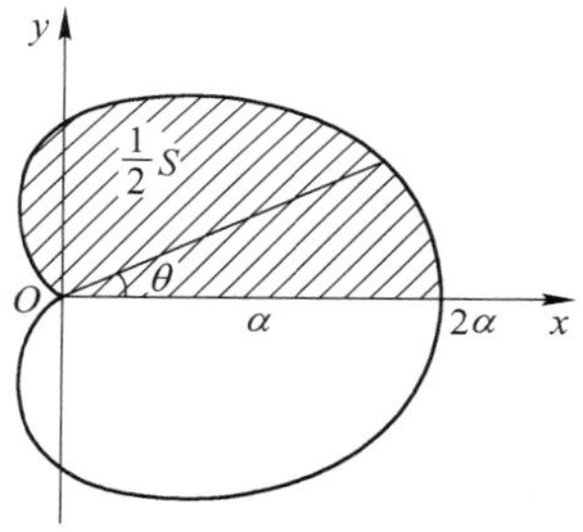

### 三、空间立体的体积

1. 截面面积为已知的立体体积(图 6-18)

若垂直于 $x$ 轴的平面截立体 $\Omega$ 所得截面积是 $x$ 的连续函数 $A(x)(a \leqslant x \leqslant b)$,则 $\Omega$ 的体积为

图 6-17

2. 求旋转体的体积公式

$$V = \int_a^b A(x) \mathrm{d}x (a < b).$$

(1)由曲线 $y = f(x) > 0$ 和直线 $x = a, x = b(a < b)$ 及 $x$ 轴围成的图形:

① 绕 $x$ 轴旋转一周所成的旋转体(图 6-19)的体积为 $V_x = \pi \int_a^b f^2(x) \mathrm{d}x$.

② 绕 $y$ 轴旋转一周所成的旋转体的体积为 $V_y = 2\pi \int_a^b x f(x) \mathrm{d}x$,其中:$0 \leqslant a < b$.

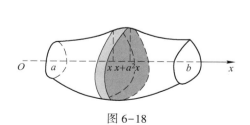

图 6-18

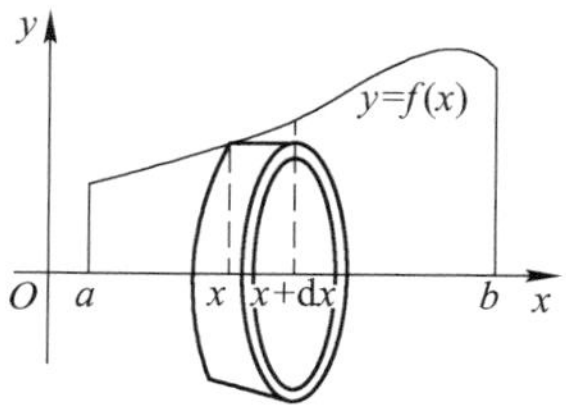

图 6-19

(2)由曲线 $y = f_1(x), y = f_2(x)(f_1(x) \leqslant f_2(x))$ 和直线 $x = a, x = b(a < b)$ 围成的图形:

147

① 绕 $x$ 轴旋转一周所成的旋转体的体积为

$$V_x = \pi \int_a^b [f_2^2(x) - f_1^2(x)] \, \mathrm{d}x.$$

② 绕 $y$ 轴旋转一周所成的旋转体的体积为

$$V_y = 2\pi \int_a^b x [f_2(x) - f_1(x)] \, \mathrm{d}x.$$

**例 5**：曲线 $y = \sqrt{x^2 - 1}$，直线 $x = 2$ 及 $x$ 轴所围的平面图形绕 $x$ 轴旋转所成的旋转体的体积为_____.

**解**：曲线所围成的平面图形如图 6-20 所示，则所求旋转体体积为

$$V_x = \int_1^2 \pi y^2 \, \mathrm{d}x = \pi \int_1^2 (x^2 - 1) \, \mathrm{d}x = \frac{4}{3}\pi.$$

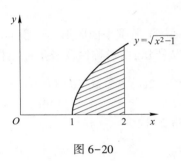

图 6-20

**例 6**：计算 $y = \sin x, y = 0, 0 \leqslant x \leqslant \pi$ 围成的图形绕 $x$ 轴旋转一周所得旋转体的体积.

**解**：曲线所围成的平面图形如图 6-21 所示，则由旋转体的体积公式得

$$V_x = \int_0^\pi \pi \sin^2 x \, \mathrm{d}x = \frac{\pi}{2} \int_0^\pi (1 - \cos 2x) \, \mathrm{d}x$$

$$= \frac{\pi}{2} \left[ x - \frac{\sin 2x}{2} \right]_0^\pi = \frac{\pi^2}{2}.$$

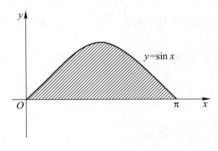

图 6-21

## 四、求平面曲线的弧长

不同情形下的曲线弧长的计算公式：

（1）直角坐标下．

① 光滑曲线的方程为 $y = f(x)(a \leq x \leq b)$ 的弧长为 $l = \int_a^b \sqrt{1 + f^2(x)} \, \mathrm{d}x$;

② 光滑曲线的方程为 $x = g(y)(c \leq y \leq d)$ 的弧长为 $l = \int_c^d \sqrt{1 + g^2(y)} \, \mathrm{d}y$.

（2）极坐标系下．

曲线方程为 $\rho = \rho(\theta)(\alpha \leq \theta \leq \beta)$ 的弧长为 $l = \int_0^\beta \sqrt{\rho'^2(\theta) + \rho^2(\theta)} \, \mathrm{d}\theta$.

（3）曲线方程为参数式 $\begin{cases} x = \varphi(t), \\ y = \psi(t), \end{cases} \alpha \leq t \leq \beta$，则其弧长为

$$l = \int_\alpha^\beta \sqrt{\varphi'^2(t) + \psi'^2(t)} \, \mathrm{d}t.$$

**例 7**：计算曲线 $y = \dfrac{2}{3}x^{\frac{3}{2}}$ 上相应于 $x$ 从 0 到 3 的一段弧的长度．

**解**：由于 $y' = x^{\frac{1}{2}}$，因此所求弧段长度为

$$s = \int_0^3 \sqrt{1 + x} \, \mathrm{d}x = \left[ \frac{2}{3}(1 + x)^{\frac{3}{2}} \right]_0^3 = \frac{14}{3}.$$

### 五、变力沿直线做功

（1）质点在平行于 $x$ 轴的力 $F(x)$ 作用下，沿 $x$ 轴从 $a$ 移动到 $b$，则力 $F(x)$ 所作的功是

$$W = \int_a^b F(x) \, \mathrm{d}x.$$

（2）设一容器，水表面与 $Ox$ 轴相截于 $x = a$，底面与 $Ox$ 轴相截于 $b$，垂直于 $Ox$ 轴的平面截容器所得的截面面积为 $S(x)$，则将容器中的水全部抽出所作的功为

$$W = \int_a^b \rho g x S(x) \, \mathrm{d}x.$$

其中：$\rho$ 为液体密度；$g$ 为重力加速度．

**例 8**：已知弹簧每拉长 0.02m，要用力 9.8N，求把弹簧拉长 0.1m 所做的功．

**解**：在弹性限度内，拉长（或压缩）弹簧所用的力 $f(x)$ 与弹簧的伸长量（或压缩量）$x$ 成正比，所以 $f(x) = kx$，其中：$k$ 为常数．

由题意知 $9.8 = k \times 0.02$，所以 $k = 4.9 \times 10^2$，因此 $f(x) = 4.9 \times 10^2 x$.

在区间 $[0, 0.1]$ 内任取一个子区间 $[x, x + \mathrm{d}x]$，以弹簧被拉长 $x$ 时所需的力 $f(x)$ 近似代替在区间 $[x, x + \mathrm{d}x]$ 内所需的力，于是得到功的微元 $\mathrm{d}W = f(x)\mathrm{d}x = 4.9 \times 10^2 x \mathrm{d}x$，因此有 $W = \int_0^{0.1} 4.9 \times 10^2 x \mathrm{d}x = 2.45(\mathrm{J})$.

### 六、定积分在经济上的应用

（1）已知边际成本求总成本函数．

设 $C'(x)$ 为边际成本，$C_0 = C(0)$ 为固定成本，$x$ 为产量，则总成本函数为

$$C = C(x) = \int_0^x C'(t) \, \mathrm{d}t + C_0.$$

（2）已知边际收益求总收益函数．

设 $R'(x)$ 为边际收益，$x$ 为销量，则总收益函数为

$$R = R(x) = \int_0^x R'(t)\mathrm{d}t.$$

**例 9：**已知某产品生产 $x$ 件时，边际成本 $C'(x) = 0.4 - 12x$（元/件），固定成本 50 元，
（1）求其成本函数；（2）求产量为多少时，平均成本最低．

**解：**（1）由已知条件得

$$C'(x) = 0.4 - 12x，C(0) = 50.$$

因此，生产 $x$ 件商品的总成本为

$$C(x) = \int_0^x C'(t)\mathrm{d}t + C(0) = \int_0^x (0.4 - 12t)\mathrm{d}t + 200 = 0.2x^2 - 12x + 50（元）$$

（2）$\begin{cases} \overline{C}(x) = 0.2x - 12 + \dfrac{50}{x}, \\ \overline{C}'(x) = 0.2 - \dfrac{50}{x^2}. \end{cases}$

令 $\overline{C}(x) = 0$，得 $x_1 = 50$（舍去 $x_2 = -50$）．

因此，$\overline{C}(x)$ 仅有一个驻点 $x_1 = 50$，再由实际问题可知 $\overline{C}(x)$ 有最小值．

故当产量为 50 吨时，平均成本最低．

**例 10：**设生产某产品的固定成本为 60，产量为 $x$ 单位时的边际收入函数为 $R'(x) = 100 - 2x$，边际成本函数为 $C'(x) = x^2 - 14x + 111$.

（1）求总收益函数、总成本函数、总利润函数；

（2）求当产量为多少时利润最大并求最大利润．

**解：**（1）总收益函数 $R(x) = \int_0^x (100 - 2t)\mathrm{d}t = 100x - x^2$

总成本函数 $C(x) = \int_0^x (t^2 - 14t + 111)\mathrm{d}t + C(0) = \dfrac{1}{3}x^3 - 7x^2 + 111x + 60.$

总利润函数 $L(x) = R(x) - C(x) = 100x - x^2 - \left( \dfrac{1}{3}x^3 - 7x^2 + 111x + 60 \right)$

$$= -\dfrac{1}{3}x^3 + 6x^2 - 11x - 60.$$

（2）令 $L'(x) = R'(x) - C'(x) = 0$ 得 $x_1 = 1, x_2 = 11$.

又因为 $L''(x) = R''(x) - C''(x) = -2 - 2x + 14 = 12 - 2x$.

于是 $L''(1) = 10 > 0, L''(11) = -8 < 0$，所以当 $x = 11$ 时利润最大，最大利润为

$$L(11) = -\dfrac{1}{3} \times 11^3 + 6 \times 11^2 - 11 - 60 \approx 111.3.$$

**例 11：**设生产某种机器的固定成本为 1.2 万元，每月生产 $x$ 台的边际成本为 $C'(x) = 0.6x - 0.2$（万元），每台售价为 1.6 万元，问每月生产多少台时利润最大，最大利润是多少？

**解：**设总成本函数、总收益函数、总利润函数分别为 $C(x)$、$R(x)$、$L(x)$，则

$$C(x) = \int_0^x (0.6t - 0.2)\mathrm{d}t + C(0) = 0.3x^2 - 0.2x + 1.2.$$

$$R(x) = 1.6x.$$

$$L(x) = R(x) - C(x) = 1.6x - (0.3x^2 - 0.2x + 1.2) = -0.3x^2 + 1.8x - 1.2.$$

令 $L'(x) = -0.6x + 1.8 = 0$,得 $x = 3$,又因 $L''(3) = -0.6 < 0$,所以每月生产 3 台时利润最大,最大利润为

$$L(3) = -0.3 \times 3^2 + 1.8 \times 3 - 1.2 = 1.5 \text{(万元)}.$$

## 习题 6.5

1. 求下列各题中的平面图形的面积:
(1) 曲线 $y = x^2 + 3$ 在区间 $[0,1]$ 上的曲边梯形;
(2) 曲线 $y = x^2$ 与 $y = 2 - x^2$ 所围成的图形;
(3) 抛物线 $y^2 = 2x$ 与直线 $y = x - 2$ 所围成的图形.

2. 求下列平面图形绕 $x$ 轴,$y$ 轴旋转产生的立体的体积:
(1) 曲线 $y = \sqrt{x}$ 与直线 $x = 1, x = 4, y = 0$ 所围成的图形;
(2) 曲线 $y = x^3$ 与直线 $x = 2, y = 0$ 所围成的图形.

3. 已知某产品的总产量的变化率是时间 $t$(单位:年)的函数 $f(t) = 2t + 5 (t \geq 0$,求第一个五年和第二个五年的总产量各为多少?

4. 已知某产品的边际成本和边际收益函数分别为 $C'(Q) = Q^2 - 4Q + 6, R'(Q) = 105 - 2Q$,其中:$Q$ 为销售量,且固定成本为 100. $C(Q)$ 为总成本,$R(Q)$ 为总收益. 求最佳销售量及最大利润.

5. 求在区间 $\left[0, \dfrac{\pi}{2}\right]$ 上,由曲线 $y = \sin x$ 与直线 $x = \dfrac{\pi}{2}, y = 0$ 所围成的图形分别绕 $x$ 轴、$y$ 轴旋转所得的两个旋转体的体积.

# 第七章　微分方程

高等数学研究的对象是函数关系,但在实际问题中,往往很难直接得到所研究的变量之间的函数关系,却比较容易建立起这些变量与它们的导数或微分之间的联系,从而得到一个关于未知函数的导数或微分的方程,即微分方程. 通过求解这种方程,同样可以找到指定未知量之间的函数关系. 因此,微分方程是数学联系实际并应用于实际的重要途径和桥梁,是各个学科进行科学研究的强有力的工具.

现在微分方程已经从高等数学中发展成为一门独立的数学学科,有完整的理论体系. 本章主要介绍微分方程的一些基本概念,几种常用的微分方程的求解方法及线性微分方程解的理论.

## 7.1　微分方程的基本概念

### 一、引例

为了便于阐述微分方程的基本概念,先看下面的实际问题.

**例1**:一平面曲线上任一点 $M(x,y)$ 处的切线的斜率为 $2x$,且曲线通过点 $(0,1)$,求此曲线的方程.

**解**:设所求曲线的方程: $y=y(x)$. 根据导数的几何意义,可知未知函数 $y=y(x)$ 应满足关系式:

$$\frac{\mathrm{d}y}{\mathrm{d}x} = 2x. \tag{1}$$

并且满足条件:当 $x=0$ 时, $y=1$. 对式(1)两端积分,即 $y=\int 2x\mathrm{d}x$,

得
$$y = x^2 + C, \tag{2}$$

其中: $C$ 是任意常数.

把条件"当 $x=0$ 时, $y=1$"代入式(2),得 $1=0^2+C$,由此得出 $C=1$. 把 $C=1$ 代入式(2),即得所求曲线方程为

$$y = x^2 + 1.$$

可见,在方程(1)中含未知函数的导数,这样的方程称为常微分方程,简称为微分方程.

### 二、微分方程的概念

**定义1**:含未知函数的导数(或微分)的方程,称为微分方程.

未知函数是一元函数的微分方程,叫做常微分方程;未知函数是多元函数的微分方程,叫做偏微分方程,本章只讨论常微分方程.

**定义 2**:微分方程中未知函数的最高阶导数的阶数,叫做微分方程的阶.

例如:方程 $\dfrac{\mathrm{d}y}{\mathrm{d}x}=2x$ 是一阶微分方程;方程 $y''-4y'+y=3x^2$ 是二阶微分方程;方程 $x^3y'''+x^2y''-4xy'=3x^2$ 是三阶微分方程.

一般地,$n$ 阶微分方程的形式为

$$F(x,y,y',\cdots,y^{(n)})=0, \tag{3}$$

或
$$y^{(n)}=f(x,y,y',\cdots,y^{(n-1)}) \tag{4}$$

方程(3)称为隐式微分方程,方程(4)称为显式微分方程.

### 三、微分方程的解

在例 1 中,将 $y=x^2+C,y=x^2+1$ 代入到方程(1),则方程(1)成为恒等式,我们称 $y=x^2+C,y=x^2+1$ 为微分方程(1)的解.

**定义 3**:将函数 $y=\varphi(x)$ 代入微分方程后,能使该方程变为恒等式,则 $y=\varphi(x)$ 称为该微分方程的解.

在例 1 中,方程(1)的解 $y=x^2+C$ 中含有任意常数 $C$,且任意常数的个数正好与微分方程的阶数相同,这样的解称为方程(1)的通解,方程(1)的解 $y=x^2+1$ 中不含任意常数,这样的解称为方程(1)的特解.

**定义 4**:如果微分方程的解中含有任意常数,且任意常数的个数与微分方程的阶数相同,这样的解叫做微分方程的通解;不含有任意常数的解称为微分方程的特解.

### 四、微分方程的初值问题

**定义 5**:用来确定特解的条件,称为初始条件.

一般,设微分方程中的未知函数为 $y=y(x)$,一阶微分方程的初始条件为

当 $x=x_0$ 时,$y=y_0$,或写成 $y|_{x=x_0}=-y_0$,

二阶微分方程初始条件为

当 $x=x_0$ 时,$y=y_0$,$y'=y'_0$,或写成 $y|_{x=x_0}=y_0$,$y'|_{x=x_0}=y'_0$,

其中:$x_0$、$y_0$ 和 $y'_0$ 都是给定的值.

**定义 6**:求微分方程满足初始条件的特解的问题称为微分方程的初值问题.

一阶微分方程的初值问题,记作

$$\begin{cases} y'=f(x,y), \\ y|_{x=x_0}=y_0. \end{cases}$$

二阶微分方程的初值问题,记作

$$\begin{cases} y''=f(x,y,y'), \\ y|_{x=x_0}=y_0,y'|_{x=x_0}=y'_0. \end{cases}$$

**例 2**:验证 $x^2+y^2=C$ 是微分方程 $y'=-\dfrac{x}{y}$ 的通解.

**解**:$x^2+y^2=C$ 的两边对 $x$ 求导,得

$$2x+2yy'=0,$$

即
$$y' = -\frac{x}{y},$$

可见 $x^2 + y^2 = C$ 确定的隐函数满足微分方程 $y' = -\frac{x}{y}$，且含有一个任意常数，因此是所给方程的通解.

**例 3**：求微分方程 $y'' = 2x+1$ 的通解和满足初始条件 $y|_{x=0} = 1, y'|_{x=1} = 2$ 的特解.

**解**：对方程 $y'' = 2x+1$ 两边求不定积分，得
$$y' = \int (2x+1)\,\mathrm{d}x = x^2 + x + C_1. \tag{1}$$

再对式（1）两边求不定积分，得
$$y = \frac{1}{3}x^3 + \frac{1}{2}x^2 + C_1 x + C_2. \tag{2}$$

因为式（2）含有两个独立的任意常数 $C_1$、$C_2$，所以式（2）是方程的通解.

将初始条件 $y|_{x=0} = 1, y'|_{x=1} = 2$ 分别代入式（2）和式（1），得
$$\begin{cases} 1 = 0 + 0 + 0 + C_2, \\ 2 = 1 + 1 + C_1. \end{cases}$$

解此方程组，得 $C_1 = 0, C_2 = 1$. 所以微分方程满足初始条件的特解为
$$y = \frac{1}{3}x^3 + \frac{1}{2}x^2 + 1.$$

# 习题 7.1

1. 判断下列微分方程的阶：

（1）$y\mathrm{d}x + (x-3)\mathrm{d}y = 0$；  （2）$(y'')^2 + 2y' = \mathrm{e}^x$；

（3）$(y''')^3 + x^2 y'' + y\sin x = 0$；  （4）$(y')^3 + y'' + xy^4 = 0$.

2. 验证下列各给定函数是其对应微分方程的解：

（1）$y'' - \frac{2}{x}y' + \frac{2y}{x^2} = 0, y = c_1 x + c_2 x^2$；

（2）$xy'' + 2y' - xy = 0, xy = c_1 \mathrm{e}^x + c_2 \mathrm{e}^{-x}$；

（3）$xyy'' + x(y')^2 - yy' = 0, \dfrac{x^2}{c_1} + \dfrac{y^2}{c_2} = 1$；

（4）$4y' = 2y - x, y = \dfrac{x}{2} + 1$.

3. 下列各题给出了微分方程的通解，按照所给的初值条件确定特解：

（1）$x^2 - 4y^2 = C, y|_{x=0} = 1$；

（2）$y = (C_1 + C_2 x)\mathrm{e}^{2x}, y|_{x=0} = 0, y'|_{x=0} = 1$；

（3）$y = C_1\cos 2x + C_2\sin 2x, y|_{x=0} = 5, y'|_{x=0} = 0$.

4. 已知曲线上任一点 $(x,y)$ 处的切线斜率等于该点的横坐标与纵坐标的乘积，求该曲线所满足的微分方程.

# 7.2  一阶微分方程

一阶微分方程是微分方程中最基本的一种方程,应用十分广泛,本节介绍几种常见一阶微分方程的解法.

## 一、可分离变量的微分方程

### 1. 定义 1

形如

$$\frac{\mathrm{d}y}{\mathrm{d}x} = f(x)g(y) \tag{1}$$

的方程称为可分离变量的微分方程.

### 2. 解法

可分离变量方程通常用"分离变量"的方法求解,步骤如下:

第一步:分离变量:当 $g(y) \neq 0$ 时,方程(1)可化为

$$\frac{\mathrm{d}y}{g(y)} = f(x)\mathrm{d}x.$$

第二步:两边积分:

$$\int \frac{1}{g(y)}\mathrm{d}y = \int f(x)\mathrm{d}x.$$

设 $G(x)$,$F(x)$ 分别为 $\frac{1}{g(y)}$,$f(x)$ 的原函数,则可得方程(1)的隐式通解为

$$G(x) = F(x) + C.$$

**例 1**:求 $\sin x \cos y \mathrm{d}x - \cos x \sin y \mathrm{d}y = 0$ 的通解,并求满足初始条件 $y(0) = \frac{\pi}{4}$ 的特解.

**解**:方程可变为 $\frac{\sin x}{\cos x}\mathrm{d}x = \frac{\sin y}{\cos y}\mathrm{d}y$,两边积分,得 $-\ln\cos x = -\ln\cos y - \ln C$,

即  $\cos y = C\cos x$ 为方程的通解.

又 $y(0) = \frac{\pi}{4}$,代入,得 $\cos \frac{\pi}{4} = C\cos 0$,$\therefore C = \frac{\sqrt{2}}{2}$,

即满足初始条件的特解为 $\cos y = \frac{\sqrt{2}}{2}\cos x$.

**例 2**:求 $y' = \mathrm{e}^{x+y}$ 的通解.

**解**:由 $y' = \mathrm{e}^{x+y} = \mathrm{e}^x \mathrm{e}^y$,分离变量,得 $\frac{\mathrm{d}y}{\mathrm{e}^y} = \mathrm{e}^x \mathrm{d}x$,两边积分,得 $-\mathrm{e}^{-y} = \mathrm{e}^x + c$,即方程的隐式通解.

**例 3**:求微分方程 $\mathrm{d}x + xy\mathrm{d}y = y^2\mathrm{d}x + y\mathrm{d}y$ 的通解.

**解**:先合并 $\mathrm{d}x$ 及 $\mathrm{d}y$ 的各项,得 $y(x-1)\mathrm{d}y = (y^2-1)\mathrm{d}x$.

设 $y^2 - 1 \neq 0, x - 1 \neq 0$, 分离变量得 $\quad \dfrac{y}{y^2 - 1}\mathrm{d}y = \dfrac{1}{x - 1}\mathrm{d}x$ .

两端积分 $\displaystyle\int \dfrac{y}{y^2 - 1}\mathrm{d}y = \int \dfrac{1}{x - 1}\mathrm{d}x$ 得 $\quad \dfrac{1}{2}\ln|y^2 - 1| = \ln|x - 1| + \ln|C_1|$ .

于是 $y^2 - 1 = \pm C_1^2 (x - 1)^2$ 记 $C = \pm C_1^2$ , 则得到题设方程的通解 $y^2 - 1 = C(x - 1)^2$ .

## 二、齐次微分方程——可化为可分离变量的微分方程

### 1. 定义 2

如果一阶微分方程 $\dfrac{\mathrm{d}y}{\mathrm{d}x} = f(x, y)$ 中的函数 $f(x, y)$ 可写成 $\dfrac{y}{x}$ 的函数, 即 $f(x, y) = \varphi\left(\dfrac{y}{x}\right)$ , 则称这方程为齐次方程.

### 2. 齐次微分方程的解法

在齐次方程 $\dfrac{\mathrm{d}y}{\mathrm{d}x} = \varphi\left(\dfrac{y}{x}\right)$ 中, 令 $u = \dfrac{y}{x}$ , 即 $y = ux$ , 有 $u + x\dfrac{\mathrm{d}u}{\mathrm{d}x} = \varphi(u)$ .

分离变量, 得

$$\frac{\mathrm{d}u}{\varphi(u) - u} = \frac{\mathrm{d}x}{x} .$$

两端积分, 得 $\displaystyle\int \frac{\mathrm{d}u}{\varphi(u) - u} = \int \frac{\mathrm{d}x}{x}$ .

求出积分后, 再用 $\dfrac{y}{x}$ 代替 $u$ , 便得所给齐次方程的通解.

**例 4**: 求 $(y + \sqrt{x^2 + y^2})\mathrm{d}x - x\mathrm{d}y = 0$ 的通解.

**解**: 原方程可化为 $\dfrac{\mathrm{d}y}{\mathrm{d}x} = \dfrac{y}{x} + \sqrt{1 + \left(\dfrac{y}{x}\right)^2}$ , 令 $u = \dfrac{y}{x}$ , 即 $y = ux$ , 代入方程, 得

$$u + x\frac{\mathrm{d}u}{\mathrm{d}x} = u + \sqrt{1 + u^2} , \text{化简} \quad \frac{\mathrm{d}u}{\sqrt{1 + u^2}} = -\frac{\mathrm{d}x}{x} ,$$

积分, 得 $u + \sqrt{1 + u^2} = \dfrac{c}{x}$ , 将 $u = \dfrac{y}{x}$ 回代, 得通解为 $y + \sqrt{x^2 + y^2} = c$ .

**例 5**: 求解微分方程 $\dfrac{\mathrm{d}x}{x^2 - xy + y^2} = \dfrac{\mathrm{d}y}{2y^2 - xy}$ .

**解**: 原方程变形为 $\dfrac{\mathrm{d}y}{\mathrm{d}x} = \dfrac{2y^2 - xy}{x^2 - xy + y^2} = \dfrac{2\left(\dfrac{y}{x}\right)^2 - \dfrac{y}{x}}{1 - \dfrac{y}{x} + \left(\dfrac{y}{x}\right)^2}$ ,

令 $u = \dfrac{y}{x}$ , 则 $\dfrac{\mathrm{d}y}{\mathrm{d}x} = u + x\dfrac{\mathrm{d}u}{\mathrm{d}x}$ , 方程化为 $u + x\dfrac{\mathrm{d}u}{\mathrm{d}x} = \dfrac{2u^2 - u}{1 - u + u^2}$ ,

分离变量得 $\left[\dfrac{1}{2}\left(\dfrac{1}{u - 2} - \dfrac{1}{u}\right) - \dfrac{2}{u - 2} + \dfrac{1}{u - 1}\right]\mathrm{d}u = \dfrac{\mathrm{d}x}{x}$ ,

两边积分得

156

$$\ln(u-1) - \frac{3}{2}\ln(u-2) - \frac{1}{2}\ln u = \ln x + \ln C,$$

整理得
$$\frac{u-1}{\sqrt{u}\,(u-2)^{3/2}} = Cx.$$

所求微分方程的解为 $(y-x)^2 = Cy(y-2x)^3$.

**例 6**：求解微分方程 $y^2 + x^2 \dfrac{dy}{dx} = xy \dfrac{dy}{dx}$.

**解**：原方程变形为 $\dfrac{dy}{dx} = \dfrac{y^2}{xy - x^2} = \dfrac{\left(\dfrac{y}{x}\right)^2}{\dfrac{y}{x} - 1}$（齐次方程）.

令 $u = \dfrac{y}{x}$，则 $y = ux$，$\dfrac{dy}{dx} = u + x\dfrac{du}{dx}$，故原方程变为 $u + x\dfrac{du}{dx} = \dfrac{u^2}{u-1}$，即 $x\dfrac{du}{dx} = \dfrac{u}{u-1}$.

分离变量得 $\left(1 - \dfrac{1}{u}\right)du = \dfrac{dx}{x}$. 两边积分得 $u - \ln|u| + C = \ln|x|$ 或 $\ln|xu| = u + C$.

回代 $u = \dfrac{y}{x}$，便得所给方程的通解为 $\quad \ln|y| = \dfrac{y}{x} + C$.

**例 7**：求下列微分方程的通解：
$$x(\ln x - \ln y)dy - ydx = 0.$$

**解**：原方程变形为 $\ln\dfrac{y}{x}dy + \dfrac{y}{x}dx = 0$，令 $u = \dfrac{y}{x}$，则 $\dfrac{dy}{dx} = u + \dfrac{du}{dx}$，

代入原方程并整理，得
$$\frac{\ln u}{u(\ln u + 1)}du = -\frac{dx}{x}.$$

两边积分，得 $\quad \ln u - \ln(\ln u + 1) = -\ln x + \ln C$，即 $y = C(\ln u + 1)$.

变量回代得所求通解：
$$y = C\left(\ln\frac{y}{x} + 1\right).$$

## 三、一阶线性微分方程

**1. 标准形**

方程：
$$\frac{dy}{dx} + P(x)y = Q(x),$$

叫做一阶线性微分方程.

如果 $Q(x) \equiv 0$，则方程称为齐次线性方程，否则方程称为非齐次线性方程.

方程：
$$\frac{dy}{dx} + P(x)y = 0,$$

叫做对应于非齐次线性方程 $\dfrac{dy}{dx} + P(x)y = Q(x)$ 的齐次线性方程.

例如:方程 $\dfrac{\mathrm{d}y}{\mathrm{d}x} - \dfrac{2y}{x+1} = (x+1)^{\frac{5}{2}}$，$x\mathrm{d}y = (-y + \sin x)\mathrm{d}x$，$\dfrac{\mathrm{d}y}{\mathrm{d}x} - \dfrac{y}{x} = 0$ 均为一阶线性方程,

其中:前两个方程为一阶非齐次线性方程,他们对应的齐次线性方程分别为 $\dfrac{\mathrm{d}y}{\mathrm{d}x} - \dfrac{2y}{x+1} = 0$,

$\dfrac{\mathrm{d}y}{\mathrm{d}x} + \dfrac{y}{x} = 0$,第三个方程为一阶齐次线性方程.

### 2. 一阶线性非齐次微分方程解法

设非齐次线性方程 $\dfrac{\mathrm{d}y}{\mathrm{d}x} + P(x)y = Q(x)$ ,则

第一步:先求 $\dfrac{\mathrm{d}y}{\mathrm{d}x} + P(x)y = Q(x)$ 对应的齐次线性方程 $\dfrac{\mathrm{d}y}{\mathrm{d}x} + P(x)y = 0$ 的通解.

方程 $\dfrac{\mathrm{d}y}{\mathrm{d}x} + P(x)y = 0$ 也可视为是可分离变量的微分方程,分离变量,得

$$\frac{\mathrm{d}y}{y} = -P(x)\mathrm{d}x,$$

两端积分,得

$$\ln y = -\int P(x)\mathrm{d}x + \ln C,$$

于是, $y = Ce^{-\int P(x)\mathrm{d}x}$ 为对应的齐次线性微分方程的通解.

第二步:常数变易法求方程 $\dfrac{\mathrm{d}y}{\mathrm{d}x} + P(x)y = Q(x)$ 通解.

常用"常数变易法"求方程 $\dfrac{\mathrm{d}y}{\mathrm{d}x} + P(x)y = Q(x)$ 的通解,这种方法是将对应的齐次线性

方程 $\dfrac{\mathrm{d}y}{\mathrm{d}x} + P(x)y = 0$ 的通解 $y = Ce^{-\int P(x)\mathrm{d}x}$ 中的 $C$ 换成函数 $u(x)$ ,把

$$y = u(x)e^{-\int P(x)\mathrm{d}x}$$

设想成非齐次线性微分方程的通解,代入非齐次线性微分方程求得

$$u'(x)e^{-\int P(x)\mathrm{d}x} - u(x)e^{-\int P(x)\mathrm{d}x}P(x) + P(x)u(x)e^{-\int P(x)\mathrm{d}x} = Q(x),$$

化简得

$$u'(x) = Q(x)e^{-\int P(x)\mathrm{d}x},$$

$$u(x) = \int Q(x)e^{-\int P(x)\mathrm{d}x}\mathrm{d}x + C,$$

于是非齐次线性微分方程的通解为

$$y = e^{-\int P(x)\mathrm{d}u}\Big[\int Q(x)e^{-\int P(x)\mathrm{d}x}\mathrm{d}x + C\Big],$$

或

$$y = Ce^{-\int P(x)\mathrm{d}x} + e^{-\int P(x)\mathrm{d}x}\int Q(x)e^{-\int P(x)\mathrm{d}x}\mathrm{d}x, \tag{1}$$

即非齐次线性微分方程的通解等于对应的齐次线性微分方程通解与非齐次线性微分方程的
一个特解之和,式(1)可以作为求解一阶非齐次线性微分方程通解的公式.

**例 8**：求微分方程 $y' + 3y = e^{-2x}$ 的通解．

**解**：一阶线性非齐次方程中 $P(x) = 3, Q(x) = e^{-2x}$，其通解为

$$y = e^{-\int 3dx}\left(\int e^{-2x}e^{\int 3dx}dx + C\right) = e^{-3x}\left(\int e^{-2x}e^{3x}dx + C\right)$$

$$= e^{-3x}\left(\int e^x dx + C\right) = e^{-3x}(e^x + C)$$

**例 9**：求方程 $\dfrac{dy}{dx} - \dfrac{2y}{x+1} = (x+1)^{5/2}$ 的通解．

**解**：这是一个非齐次线性方程．先求对应齐次方程的通解．

由 $\dfrac{dy}{dx} - \dfrac{2}{x+1}y = 0 \Rightarrow \dfrac{dy}{y} = \dfrac{2dx}{x+1} \Rightarrow \ln y = 2\ln(x+1) + \ln C \Rightarrow y = C(x+1)^2$．

用常数变易法，把 $C$ 换成 $u$，即令 $y = u(x+1)^2$，则有 $\dfrac{dy}{dx} = u'(x+1)^2 + 2u(x+1)$，代

入所给非齐次方程得 $u' = (x+1)^{2/1}$，两端积分得 $u = \dfrac{2}{3}(x+1)^{3/2} + C$，回代得所求方程的

通解为

$$y = (x+1)^2\left[\frac{2}{3}(x+1)^{3/2} + C\right].$$

**例 10**：求下列微分方程满足所给初始条件的特解．

$$x\ln x\,dy + (y - \ln x)dx = 0, \quad y|_{x=e} = 1.$$

**解**：将方程标准化为 $y' + \dfrac{1}{x\ln x}y = \dfrac{1}{x}$，于是

$$y = e^{-\int \frac{dx}{x\ln x}}\left(\int \frac{1}{x}e^{\int \frac{dx}{x\ln x}}dx + C\right) = e^{-\ln\ln x}\left(\int \frac{1}{x}e^{\ln\ln x}dx + C\right) = \frac{1}{\ln x}\left(\frac{1}{2}\ln^2 x + C\right).$$

由初始条件 $y|_{x=e} = 1$，得 $C = \dfrac{1}{2}$，故所求特解为 $y = \dfrac{1}{2}\left(\ln x + \dfrac{1}{\ln x}\right)$．

**例 11**：求方程 $y^3 dx + (2xy^2 - 1)dy = 0$ 的通解．

**解**：当将 $y$ 看作 $x$ 的函数时，方程变为

$$\frac{dy}{dx} = \frac{y^3}{1 - 2xy^2},$$

这个方程不是一阶线性微分方程，不便求解．如果将 $x$ 看作 $y$ 的函数，方程改写为

$$y^3\frac{dx}{dy} + 2y^2 x = 1,$$

则为一阶线性微分方程，于是对应齐次方程为

$$y^3\frac{dx}{dy} + 2y^2 x = 0,$$

分离变量，并积分得 $\quad \displaystyle\int \frac{dx}{x} = -\int \frac{2dy}{y}$，即 $x = C_1\dfrac{1}{y^2}$．

其中：$C_1$ 为任意常数，利用常数变易法，设题设方程的通解为 $x = u(y)\dfrac{1}{y^2}$，代入原方程，得

$$u'(y) = \frac{1}{y}.$$

积分得　$u(y) = \ln|y| + C.$

故原方程的通解为 $x = \dfrac{1}{y^2}(\ln|y| + C)$，其中：$C$ 为任意常数.

## 习题 7.2

1. 求下列各微分方程的通解或在给定初始条件下的特解：

（1）$(1 + y)\mathrm{d}x - (1 - x)\mathrm{d}y = 0$；

（2）$(1 + 2y)x\mathrm{d}x + (1 + x^2)\mathrm{d}y = 0$；

（3）$y\ln x \mathrm{d}x + x\ln y \mathrm{d}y = 0$；

（4）$\dfrac{\mathrm{d}x}{y} + \dfrac{\mathrm{d}y}{x} = 0, y|_{x=3} = 4.$

2. 求下列微分方程的通解：

（1）$y' + 2xy = x\mathrm{e}^{-x^2}$；

（2）$y' + y\tan x = \sin 2x$；

（3）$xy' - y - x\ln x = 0$；

（4）$xy' + (1 + x)y = 3x^2\mathrm{e}^{-x}$；

（5）$(y^2 - 6x)y' + 2y = 0.$

3. 求下列微分方程满足所给初值条件的特解：

（1）$y' + y\tan x = \sec x(y|_{x=0} = 2)$；

（2）$y' - y\cos x = \dfrac{1}{2}\sin 2x(y|_{x=0} = 1).$

4. 已知函数 $y(x)$ 满足方程 $y = \mathrm{e}^x + \displaystyle\int_0^x y(t)\mathrm{d}t$，求 $y(x)$.

## 7.3　可降阶的二阶微分方程

本节介绍三种特殊类型二阶微分方程的解法，即降阶法，这种解法的基本思想是通过变量代换，将它化成较低阶的方程来求解.

### 一、$y'' = f(x)$ 型的微分方程

方程 $y'' = f(x)$ 通过 2 次积分就可以得到它的通解.

$$y' = \int f(x)\mathrm{d}x + C_1,$$

$$y = \int\left[\int f(x)\mathrm{d}x + C_1\right]\mathrm{d}x + C_2.$$

**例 1**：求微分方程 $y'' = \mathrm{e}^x + \cos x$ 的通解.

**解**：对所给方程两边积分，得 $y' = \mathrm{e}^x + \sin x + C_1$，将上式积分，得 $y = \mathrm{e}^x - \cos x + C_1 x + C_2$.

一般地，若 $y^{(n)} = f(x)$，可以通过 $n$ 次积分得通解，通解中包含 $n$ 个任意常数.

### 二、$y'' = f(x, y')$ 型的微分方程

方程：$\qquad\qquad\qquad\qquad y'' = f(x, y')$

的特点是:不显含未知函数 $y$,可先把 $y'$ 看作未知函数,作变换:

$$y' = p,则 y'' = \frac{\mathrm{d}p}{\mathrm{d}x} = p',$$

代入原方程,便把它降阶成变量为 $x$、$p$ 的一阶微分方程:

$$p' = f(x,p).$$

设该方程的通解为

$$p = \varphi(x,C_1),$$

由于 $p = \frac{\mathrm{d}y}{\mathrm{d}x}$,因此又得到一个一阶微分方程:

$$\frac{\mathrm{d}y}{\mathrm{d}x} = \varphi(x,C_1),$$

对它进行积分,便得到原方程的通解:

$$y = \int \varphi(x,C_1)\mathrm{d}x + C_2.$$

解这类方程的步骤:

第一步,令 $y' = p$,则 $y'' = \frac{\mathrm{d}p}{\mathrm{d}x} = p'$,原方程化为一阶方程 $p' = f(x,p)$.

第二步,求解一阶方程 $p' = f(x,p)$ 的解,得 $p$ 的表达式.

第三步,将 $p$ 的表达式代入 $y' = p$,得第二个一阶方程,求其解得原方程的通解.

**例 2**:求方程 $y'' + y' = x^2$ 的通解.

**解**:方程属 $y'' = f(x,y')$ 型. 令 $p = y'$,则 $p' = y''$,则 $p' + p = x^2$ 为一阶线性非齐次微分方程,则 $p = \mathrm{e}^{-\int \mathrm{d}x}\left( \int x^2 \mathrm{e}^{\int \mathrm{d}x}\mathrm{d}x + C \right) = \mathrm{e}^{-x}\left( \int x^2 \mathrm{e}^x \mathrm{d}x + C \right)$ ,

得通解: $p = x^2 - 2x + 2 + c_1 \mathrm{e}^{-x}$.

又 $p = y'$,所以通解 $y = \frac{1}{3}x^3 - x^2 + 2x - c_1 \mathrm{e}^{-x} + c_2$.

**例 3**:求方程 $(1 + x^2)\frac{\mathrm{d}^2y}{\mathrm{d}x^2} - 2x\frac{\mathrm{d}y}{\mathrm{d}x} = 0$ 的通解.

**解**:这是一个不显含有未知函数 $y$ 的方程. 令 $\frac{\mathrm{d}y}{\mathrm{d}x} = p(x)$,则 $\frac{\mathrm{d}^2y}{\mathrm{d}x^2} = \frac{\mathrm{d}p}{\mathrm{d}x}$,于是题设方程降阶为 $(1 + x^2)\frac{\mathrm{d}p}{\mathrm{d}x} - 2px = 0$,即 $\frac{\mathrm{d}p}{p} = \frac{2x}{1 + x^2}\mathrm{d}x$. 两边积分,得

$$\ln|p| = \ln(1 + x^2) + \ln|C_1|,即 p = C_1(1 + x^2) 或 \frac{\mathrm{d}y}{\mathrm{d}x} = C_1(1 + x^2).$$

再积分得原方程的通解

$$y = C_1\left( x + \frac{x^3}{3} \right) + C_2.$$

**例 4**:求微分方程初值问题.

$$(1 + x^2)y'' = 2xy',\ y\big|_{x=0} = 1,\ y'\big|_{x=0} = 3$$

的特解.

**解**：题设方程属 $y'' = f(x, y')$ 型．设 $y' = p$，代入方程并分离变量后，有 $\dfrac{\mathrm{d}p}{p} = \dfrac{2x}{1 + x^2}\mathrm{d}x$．

两端积分，得 $\ln|p| = \ln(1 + x^2) + C$，即 $p = y' = C_1(1 + x^2)$ $(C_1 = \pm e^c)$．

由条件 $y'|_{x=0} = 3$，得 $C_1 = 3$，所以 $y' = 3(1 + x^2)$．

两端再积分，得 $y = x^3 + 3x + C_2$．又由条件 $y|_{x=0} = 1$，得 $C_2 = 1$，

于是所求的特解为 $\qquad\qquad y = x^3 + 3x + 1.$

### 三、$y'' = f(y, y')$ 型的微分方程

方程 $y'' = f(y, y')$ 的特点：不显含自变量 $x$．

令 $y' = p = p(y)$，按照复合函数求导法则，得

$$y'' = \frac{\mathrm{d}p}{\mathrm{d}x} = \frac{\mathrm{d}p}{\mathrm{d}y} \cdot \frac{\mathrm{d}y}{\mathrm{d}x} = p\frac{\mathrm{d}p}{\mathrm{d}y},$$

这样，原方程就成为 $\qquad\qquad p\dfrac{\mathrm{d}p}{\mathrm{d}y} = f(y, p),$

这是一个关于变量 $y$、$p$ 的一阶微分方程．设它的通解为

$$y' = p = \varphi(y, C_1),$$

分离变量并积分，便得原方程的通解：

$$\int \frac{\mathrm{d}y}{\varphi(y, C_1)} = x + C_2.$$

解这类方程的步骤，如下：

第一步：令 $y' = p$，则 $y'' = p\dfrac{\mathrm{d}p}{\mathrm{d}y}$，原方程化为一阶方程 $p\dfrac{\mathrm{d}p}{\mathrm{d}y} = f(y, p)$．

第二步：求解一阶方程 $p\dfrac{\mathrm{d}p}{\mathrm{d}y} = f(y, p)$，得 $p$ 的表示式．

第三步：将 $p$ 的表达式代入 $y' = p$，得第二个一阶方程，求解得原方程的通解．

**例 5**：设微分方程 $y'' = 2y^3$，求 $y(0) = y'(0) = 1$ 时的特解．

**解**：令 $p = y'$，则 $y'' = p\dfrac{\mathrm{d}p}{\mathrm{d}y}$，从而 $p\dfrac{\mathrm{d}p}{\mathrm{d}y} = 2y^3$，$p\mathrm{d}p = 2y^3\mathrm{d}y$，

积分，得 $\qquad \dfrac{1}{2}p^2 = \dfrac{1}{2}y^4 + \dfrac{c_1}{2}$，由 $y(0) = y'(0) = 1$，得 $c_1 = 0$，

因此 $\qquad\qquad p = \pm y^2$．由 $y'(0) = 1$ 知 $p = y^2 = \dfrac{\mathrm{d}y}{\mathrm{d}x}$，

所以 $\qquad\quad -\dfrac{1}{y} = x + c_2$．由 $y(0) = 1$ 知 $c_2 = -1$．$\therefore y = \dfrac{1}{1 - x}$．

**例 6**：求微分方程 $yy'' - y'^2 = 0$ 的通解．

**解**：设 $y' = p$，则 $y'' = p\dfrac{\mathrm{d}p}{\mathrm{d}y}$，代入方程，得

$$yp\frac{\mathrm{d}p}{\mathrm{d}y} - p^2 = 0,$$

在 $y \neq 0$、$p \neq 0$ 时,约去 $p$ 并分离变量,得

$$\frac{\mathrm{d}p}{p} = \frac{\mathrm{d}y}{y},$$

两边积分得

$$\ln |p| = \ln |y| + \ln C_1,$$

即

$$p = Cy \text{ 或 } y' = Cy (C = \pm C_1).$$

再分离变量并两边积分,便得原方程的通解为

$$\ln |y| = Cx + C_2,$$

或

$$y = C_3 \mathrm{e}^{Cx} (C_3 = \mathrm{e}^{c_2}).$$

## 习题 7.3

1. 求下列各微分方程的通解:

(1) $y'' = \dfrac{1}{1 + x^2}$;  (2) $y'' = 6x - \cos x$;

(3) $\dfrac{\mathrm{d}^2 y}{\mathrm{d}x^2} - \dfrac{9}{4} x = 0$;  (4) $y'' = y' + x$;

(5) $(1 + x^2) y'' = 2xy'$;  (6) $y'' = 1 + y'^2$;

(7) $y'' = (y')^3 + y'$;  (8) $y'' - \dfrac{2}{1 - y} y'^2 = 0$.

2. 求下列各微分方程满足所给初始条件的特解:

(1) $y'' = \mathrm{e}^x, y|_{x=1} = y'|_{x=1} = 0$;

(2) $y'' = x + \sin x, y|_{x-0} = 1, y'|_{x=0} = 1$;

(3) $y'' = y' + x, y|_{x=0} = y'|_{x=0} = 0$;

(4) $y'' - \mathrm{e}^{2y} = 0, y|_{x=0} = y'|_{x=0} = 0$;

(5) $y^3 y'' + 1 = 0, y|_{x=1} = 1, y'|_{x=1} = 0$;

(6) $y'' - (y')^2 = 0, y|_{x=0} = 1, y'|_{x=0} = -1$.

# 7.4 二阶常系数线性微分方程

本节介绍二阶常系数微分方程通解的解法.

形如 $y'' + py' + qy = f(x)$ 的微分方程称为二阶常系数微分方程. 其中:$p, q$ 为常数,$f(x)$ 为的连续函数.

当 $f(x) = 0$ 时,方程 $y'' + py' + qy = 0$ 称为二阶常系数齐次线性微分方程;当 $f(x) \neq 0$ 时,方程 $y'' + py' + qy = f(x)$ 称为二阶常系数非齐次线性微分方程.

## 一、二阶常系数齐次线性微分方程

### 1. 方程①:$y'' + py' + qy = 0$ 的解的性质

(1) 如果函数 $y_1$ 和 $y_2$ 是方程 ① 的两个解,则 $y = C_1 y_1 + C_2 y_2$ 也是方程①的解,其中:

$C_1$、$C_2$ 为常数.

设 $y_1 = y_1(x)$ 和 $y_2 = y_2(x)$ 是定义在某区间内的函数,而 $\dfrac{y_1}{y_2} = k$. 若 $k$ 为常数,则称 $y_1$ 和 $y_2$ 线性相关;若 $k$ 不为常数,则称 $y_1$ 和 $y_2$ 线性无关.

例如:函数 $x$ 与 $\mathrm{e}^x$,$\mathrm{e}^x$ 与 $\mathrm{e}^{2x}$,$x-3$ 与 $x^2+1$ 都是线性无关的;而 $x^2$ 与 $2x^2$,$\cos x$ 与 $3\cos x$ 都是线性相关的.

(2) 如果函数 $y_1$ 和 $y_2$ 是方程①的两个线性无关的特解,则 $y = C_1 y_1 + C_2 y_2$($C_1$、$C_2$ 为常数)是方程①的通解.

**2. 二阶常系数齐次线性微分方程特征方程的根与通解的关系**

设微分方程 $y'' + py' + qy = 0$,其中:$p$、$q$ 均为常数,则一元二次方程 $r^2 + pr + q = 0$ 叫做微分方程 $y'' + py' + qy = 0$ 的特征方程.特征方程的两个根 $r_1$、$r_2$ 可用公式 $r_{1,2} = \dfrac{-p + \pm \sqrt{p^2 - 4q}}{2}$ 求出.

**定理 1**:设方程 $r^2 + pr + q = 0$ 的特征方程为 $r^2 + pr + q = 0$,特征根为 $r_{1,2} = \dfrac{-p + \pm \sqrt{p^2 - 4q}}{2}$.

(1) 特征方程有两个不相等的实根 $r_1$、$r_2$ 时,函数 $y_1 = \mathrm{e}^{r_1 x}$,$y_2 = \mathrm{e}^{r_2 x}$ 是方程的两个线性无关的解.因此方程的通解为 $y = C_1 \mathrm{e}^{r_1 x} + C_2 \mathrm{e}^{r_2 x}$.

(2) 特征方程有两个相等的实根 $r_1 = r_2$ 时,函数 $y_1 = \mathrm{e}^{r_1 x}$,$y_2 = x\mathrm{e}^{r_1 x}$ 是二阶常系数齐次线性微分方程的两个线性无关的解.因此方程的通解为 $y = C_1 \mathrm{e}^{r_1 x} + C_2 x\mathrm{e}^{r_1 x}$.

(3) 特征方程有一对共轭复根 $r_{1,2} = \alpha \pm i\beta$ 时,函数 $y = \mathrm{e}^{(\alpha + i\beta)x}$,$y = \mathrm{e}^{(\alpha - i\beta)x}$ 是微分方程的两个线性无关的复数形式的解.函数 $y = \mathrm{e}^{\alpha x}\cos \beta x$,$y = \mathrm{e}^{\alpha x}\sin \beta x$ 是微分方程的两个线性无关的实数形式的解.因此方程的通解为 $y = \mathrm{e}^{\alpha x}(C_1 \cos \beta x + C_2 \sin \beta x)$.

**3. 求二阶常系数齐次线性微分方程 $y'' + py' + qy = 0$ 的通解的步骤(表(7-1))**

第一步:写出微分方程的特征方程:
$$r^2 + pr + q = 0.$$
第二步:求出特征方程的两个根 $r_1$、$r_2$.

第三步:根据特征方程的两个根的不同情况,写出微分方程的通解.

表 7-1

| 特征方程 $r^2 + pr + q = 0$ 的根 | 微分方程 $y'' + py' + qy = 0$ 的通解 |
|---|---|
| 有二个不相等的实根 $r_1$,$r_2$ | $y = C_1 \mathrm{e}^{r_1 x} + C_2 \mathrm{e}^{r_2 x}$ |
| 有二重根 $r_1 = r_2$ | $y = (C_1 + C_2 x)\mathrm{e}^{r_1 x}$ |
| 有一对共轭复根 $\begin{array}{l} r_1 = \alpha + i\beta \\ r_2 = \alpha - i\beta \end{array}$ | $y = \mathrm{e}^{\alpha x}(C_1 \cos \beta x + C_2 \sin \beta x)$ |

这种根据二阶常系数齐次线性方程的特征方程的根直接确定其通解的方法称为特征方程法.

**例 1**:求方程 $y'' - 2y' - 3y = 0$ 的通解.

**解**:所给微分方程的特征方程为 $r^2 - 2r - 3 = 0$,

其根 $r_1 = -1$，$r_2 = 3$ 是两个不相等的实根,因此所求通解为 $y = C_1 \mathrm{e}^{-x} + C_2 \mathrm{e}^{3x}$.

**例 2**:求方程 $y'' + 4y' + 4y = 0$ 的通解.

**解**:特征方程为 $r^2 + 4r + 4 = 0$,解得 $r_1 = r_2 = -2$,故所求通解为 $y = (C_1 + C_2 x) \mathrm{e}^{-2x}$.

**例 3**:求方程 $y'' + 2y' + 5y = 0$ 的通解.

**解**:特征方程为 $r^2 + 2r + 5 = 0$,解得 $r_{1,2} = -1 \pm 2i$,故所求通解为

$$y = \mathrm{e}^{-x}(C_1 \cos 2x + C_2 \sin 2x).$$

## 二、二阶常系数非齐次线性微分方程

**1. 二阶常系数非齐次线性微分方程的解的性质及通解结构**

**定义**:形如

$$y'' + py' + qy = f(x) \quad (f(x) \neq 0) \tag{1}$$

的方程(其中 $p,q$ 是实常数)称为二阶常系数非齐次线性微分方程,$f(x)$ 称为自由项. 称

$$y'' + py' + qy = 0 \tag{2}$$

为方程(1)对应的齐次线性微分方程.

关于二阶常系数非齐次线性微分方程解的性质,有如下定理

**定理 1(非齐次线性方程解的结构)**:设 $y^*(x)$ 是二阶常系数非齐次线性微分方程

$$y'' + py' + qy = f(x)$$

的一个特解,$Y(x)$ 是与之对应的二阶齐次线性微分方程(2)的通解,那么

$$y = Y(x) + y^*(x)$$

是二阶常系数非齐次线性微分方程(1)的通解.

**定理 2**:设 $y_1^*(x)$ 与 $y_2^*(x)$ 分别是方程:

$$y'' + py' + qy = f_1(x)$$

与

$$y'' + py' + qy = f_2(x)$$

的特解,那么 $y = y_1^*(x) + y_2^*(x)$ 是方程:

$$y'' + py' + qy = f_1(x) + f_2(x) \tag{3}$$

的特解.

二阶常系数非齐次线性方程求解的步骤:

第一步:求二阶常系数非齐次线性方程对应的齐次方程的通解 $Y(x)$.

第二步:求二阶常系数非齐次线性方程的一个特解 $y^*(x)$.

第三步:写出二阶常系数非齐次线性方程的通解 $y = Y(x) + y^*(x)$.

由于齐次方程(2)的通解求法已讨论过,这里只讨论方程(1)特解 $y^*$ 的求法. 方程(1)右端自由项 $f(x)$ 常见为下面两种形式,下面介绍当自由项 $f(x) = \mathrm{e}^{\lambda x} P_m(x)$、$f(x) = A\cos \beta x + B\sin \beta x$ 时,用"待定系数法"求特解 $y^*$ 的方法.

**2. 自由项为 $f(x) = \mathrm{e}^{\lambda x} P_m(x)$ 型(表(7-2))**

设 $f(x) = \mathrm{e}^{\lambda x} P_m(x)$,其中:$\lambda$ 是常数,$P_m(x)$ 是 $x$ 的 $m$ 次多项式:

$$P_m(x) = a_0 x^m + a_1 x^{m-1} + \cdots + a_{m-1} x + a_m$$

这时方程(1)变成

$$y'' + py' + qy = \mathrm{e}^{\lambda x} P_m(x). \tag{4}$$

则可设二阶常系数非齐次线性微分方程(4)的特解形式为

$$y^* = x^k Q_m(x) e^{\lambda x}$$

其中:$Q_m(x)$ 是与 $P_m(x)$ 同次的多项式,而 $k$ 按 $\lambda$ 不是特征方程的根、是特征方程的单根或是特征方程的重根依次取为 0、1 或 2.

表 7-2

| 与特征根的关系 | 特解 $y^*$,其中:$Q_m(x)$ 是 $m$ 次多项式 |
|---|---|
| $\lambda$ 不是特征根 | $y^* = Q_m(x) e^{\lambda x}$ |
| $\lambda$ 是特征根 | $y^* = x Q_m(x) e^{\lambda x}$ |
| $\lambda$ 是特征重根 | $y^* = x^2 Q_m(x) e^{\lambda x}$ |

**例 4:** 求微分方程 $y'' - 2y' - 3y = 3x + 1$ 的一个特解.

**解:** 这是二阶常系数非齐次线性微分方程,且函数 $f(x)$ 是 $P_m(x) e^{\lambda x}$ 型(其中:$P_m(x) = 3x + 1, \lambda = 0$).

与所给方程对应的齐次方程为

$$y'' - 2y' - 3y = 0,$$

它的特征方程为

$$r^2 - 2r = 3 = 0.$$

由于 $\lambda = 0$ 不是特征方程的根,所以应设特解为

$$y^* = b_0 x + b_1.$$

把它代入所给方程,得

$$-3b_0 x - 2b_0 - 3b_1 = 3x + 1,$$

比较两端 $x$ 同次幂的系数,得

$$\begin{cases} -3b_0 = 3, \\ -2b_0 - 3b_1 = 1, \end{cases} \quad -3b_0 = 3, \ -2b_0 - 3b_1 = 1.$$

由此求得 $b_0 = -1, b_1 = \dfrac{1}{3}$. 于是求得所给方程的一个特解为

$$y^* = -x + \frac{1}{3}.$$

**例 5:** 求方程 $y'' - 3y' + 2y = x e^{2x}$ 的通解.

**解:** 特征方程 $r^2 - 3r + 2 = 0$,特征根 $r_1 = 1, r_2 = 2$

对应齐次方程通解:$Y = C_1 e^x + C_2 e^{2x}$.

因为 $\lambda = 2$ 是单根,所以可设原方程的特解为 $y^* = x(Ax + B) e^{2x}$,代入原方程,得 $2Ax + B + 2A = x$.

因此 $\begin{cases} A = \dfrac{1}{2}, \\ B = -1. \end{cases}$

于是 $y^* = x\left(\dfrac{1}{2}x - 1\right) e^{2x}$.

故原方程通解为 $y = C_1 \mathrm{e}^x + C_2 \mathrm{e}^{2x} + x\left(\dfrac{1}{2}x - 1\right)\mathrm{e}^{2x}$.

**3. $f(x) = \mathrm{e}^{\lambda x}\left[P_l(x)\cos \omega x + P_n(x)\sin \omega x\right]$ 型（表（7-3））**

设方程 $y'' + py' + qy = P(x)\mathrm{e}^{(\lambda+i\omega)x}$ 的特解为 $y_1^* = x^k Q_m(x)\mathrm{e}^{(\lambda+i\omega)x}$，则 $\overline{y_1^*} = x^k \overline{Q}_m(x)\mathrm{e}^{(\lambda-i\omega)}$ 必是方程 $y'' + py' + qy = \overline{P}(x)\mathrm{e}^{(\lambda-i\omega)}$ 的特解,其中:$k$ 按 $\lambda \pm i\omega$ 不是特征方程的根或是特征方程的根依次取 0 或 1.

于是方程 $y'' + py' + qy = \mathrm{e}^{\lambda x}\left[P_l(x)\cos \omega x + P_n(x)\sin \omega x\right]$ 的特解为

$$
\begin{aligned}
y^* &= x^k Q_m(x)\mathrm{e}^{(\lambda+i\omega)x} + x^k \overline{Q}_m(x)\mathrm{e}^{(\lambda-i\omega)x} \\
&= x^k \mathrm{e}^{\lambda x}\left[Q_m(x)(\cos \omega x + i\sin \omega x) + \overline{Q}_m(x)(\cos \omega x - i\sin \omega x)\right] \\
&= x^k \mathrm{e}^{\lambda x}\left[R_m^{(1)}(x)\cos \omega x + R_m^{(2)}(x)\sin \omega x\right].
\end{aligned}
$$

综上所述,有如下结论:如果 $f(x) = \mathrm{e}^{\lambda x}\left[P_l(x)\cos \omega x + P_n(x)\sin \omega x\right]$,则二阶常系数非齐次线性微分方程 $y'' + py' + qy = f(x)$ 的特解可设为 $y^* = x^k \mathrm{e}^{\lambda x}\left[R_m^{(1)}(x)\cos \omega x + R_m^{(2)}(x)\sin \omega x\right]$,其中:$R_m^{(1)}(x)$、$R_m^{(2)}(x)$ 是 $m$ 次多项式,$m = \max\{l,n\}$,而 $k$ 按 $\lambda + i\omega$（或 $\lambda - i\omega$）不是特征方程的根或是特征方程的单根依次取 0 或 1.

所以,对于自由项 $f(x) = \mathrm{e}^{\lambda x}\left[P_l(x)\cos \omega x + P_n(x)\sin \omega x\right]$ 的二阶常系数非齐次线性微分方程,它的特解可按下表确定.

表 7-3

| $\lambda \pm i\omega$ 与特征根关系 | 特解 $y^*$,其中 $m = \max\{l,n\}$ |
|---|---|
| $\lambda \pm i\omega$ 不是特征根 | $y^* = \mathrm{e}^{\lambda x}\left[R_m^{(1)}(x)\cos \omega x + R_m^{(2)}(x)\sin \omega x\right]$ |
| $\lambda \pm i\omega$ 是特征根 | $y^* = \mathrm{e}^{\lambda x}\left[R_m^{(1)}(x)\cos \omega x + R_m^{(2)}(x)\sin \omega x\right]$ |

**例 6**:求方程 $y'' - y = \cos 2x$ 的一个特解.

**解**:原方程所对应的齐次方程的特征方程为 $r^2 - 1 = 0$,其特征根为 $r_1 = 1, r_2 = -1$.

由 $f(x) = \cos 2x$ 知,$\lambda = 0, l = 0, n = 0, m = \max\{l,n\} = 0, \omega = 2$,且 $\lambda + i\omega = 0 + 2i$ 不是特征方程的根,因此,可设原二阶非齐次线性微分方程的一个特解为

$$y^*(x) = a\cos 2x + b\sin 2x. \tag{1}$$

则

$$\left[y^*(x)\right]'' = -4a\cos 2x + 4b\sin 2x. \tag{2}$$

将式(1),式(2)代入原方程并整理,得

$$-5a\cos 2x - 5b\sin 2x = \cos 2x.$$

比较等式两端同类项系数,得 $a = -\dfrac{1}{5}, b = 0$,所以原方程的一个特解为

$$y^*(x) = -\dfrac{1}{5}\cos 2x.$$

**例 7**:求微分方程 $y'' - y' - 2y = x\cos x + \sin x$ 的通解.

**解**:原方程所对应的齐次方程的特征方程为 $r^2 - r - 2 = 0$,其根为 $r_1 = -1, r_2 = 2$,故对应的齐次方程的通解为

$$Y(x) = C_1 \mathrm{e}^{-x} + C_2 \mathrm{e}^{2x}.$$

由 $f(x) = x\cos x + \sin x$ 知,$\lambda = 0, \omega = 1, l = 1, n = 0, m = \max\{l,n\} = 1$,且 $\lambda + i\omega = 0 + i$

不是特征方程的根,因此,可设原二阶非齐次线性微分方程的一个特解为

$$y^*(x) = (ax + b)\cos x + (cs + d)\sin x. \tag{1}$$

则

$$[y^*(x)]' = (cx + a + d)\cos x + (-ax - b + c)\sin x. \tag{2}$$

$$[y^*(x)]'' = (-ax - b + 2c)\cos x - (-cx + 2a + d)\sin x. \tag{3}$$

将式(1)~式(3)代入原方程并整理,得

$$[-(3a+c)x - (a+3b-2c+d)]\cos x + [(a-3c)x + (-2a+b-c-3d)]\sin x = x\cos x + \sin x.$$

比较等式两边同类项的系数,得

$$\begin{cases} -(3a+c)x - (a+3b-2c+d) = x, \\ (a-3c)x + (-2a+b-c-3d) = 1. \end{cases}$$

从而

$$\begin{cases} -(3a+c) = 1, \\ a + 3b - 2c + d = 0, \\ a - 3c = 0, \\ -2a + b - c - 3d = 1. \end{cases}$$

解上面方程组,得

$$\begin{cases} a = -\dfrac{3}{10}, \\ b = \dfrac{3}{50}, \\ c = -\dfrac{1}{10}, \\ d = -\dfrac{2}{25}. \end{cases}$$

所以

$$y^*(x) = \left(-\frac{3}{10}x + \frac{3}{50}\right)\cos x + \left(-\frac{1}{10}x - \frac{2}{25}\right)\sin x.$$

所以,原方程的通解为

$$y = Y(x) + y^*(x) = C_1 e^{-x} + C_2 e^{2x} + \left(-\frac{3}{10}x + \frac{3}{50}\right)\cos x + \left(-\frac{1}{10}x - \frac{2}{25}\right)\sin x.$$

## 习题 7.4

1. 求下列微分方程的通解:

(1) $y'' - 6y' = 0$;　　　　(2) $y'' - 6y' + 9y = 0$;　　　　(3) $y'' + 16y = 0$;

(4) $y'' + 6y' + 13y = 0$;　　(5) $2y'' - 3y' + y = 0$;　　(6) $4y'' + 4y' + y = 0$.

2. 求下列微分方程满足初始条件的特解:

(1) $y'' - 4y' + 3y = 0, y(0) = 6, y'(0) = 10$; (2) $9y'' + 6y' + y = 0, y(0) = 1, y'(0) = 2$;

(3) $y'' + 4y = 0, y(0) = 1, y'(0) = 4$.

3. 设某个二阶常系数齐次线性方程的特征方程的一个根为 3+2i,求此微分方程,并求其通解.

4. 写出下列非齐次线性微分方程的特定特解的形式(不用借出):

(1) $y'' - y' + 4y = 3$;

(2) $y'' - y' = 5$;

(3) $y'' - 7y' + 6y = (2x - 1)e^{2x}$;

(4) $y'' - 6y' + 9y = (2x + 3)e^{3x}$;

(5) $y'' - 4y' + 7y = \cos\sqrt{3}x$;

(6) $y'' + 3y = \cos\sqrt{3}x$.

5. 求下列非齐次线性微分方程的通解:

(1) $y'' + 5y' + 4y = 3 - 4x$;

(2) $y'' + 2y' + y = 5e^{-x}$;

(3) $y'' + y' - 2y = 2e^x$;

(4) $y'' - y' = 7e^{-x}$;

(5) $y'' - 4y' + 4y = e^{-2x}$;

(6) $y'' - 4y' + 4y = 3xe^{2x}$;

(7) $y'' + 4y' = 4\sin 2x$;

(8) $y'' - y = 4\sin x$.

169

# 附录　习题参考答案

## 习题 2.1

1. (A);  $\begin{cases} 1 + \lg(x-1) \neq 0, \\ x - 1 > 0 \end{cases} \Rightarrow x \in (1, 1.1) \cup (1.1, +\infty).$

2. (C);  $\begin{cases} \dfrac{(x+1)(x-1)}{x-2} \geqslant 0, \\ x - 2 \neq 0 \end{cases} \Rightarrow x \in [-1, 1] \cup (2, +\infty).$

3. (D); 根据题意,显然有 $\begin{cases} 1 + x \geqslant 0, \\ 1 - x \geqslant 0, \\ 0 \leqslant \sin \pi x \leqslant 1, \\ 0 \leqslant 1 + \cos \pi x \leqslant 1, \end{cases}$ 解得 $0.5 \leqslant x \leqslant 1.$

4. (D);判断函数是否相同,仅根据确定函数的两大要素:定义域与对应规则.

(A); $\log_a x^2$ 的定义域为 $(-\infty, 0) \cup (0, +\infty)$,而 $2\log_a x$ 的定义域为 $(0, +\infty)$.

(B); $\sqrt{\dfrac{x+1}{x-1}}$ 的定义域是 $(-\infty, -1] \cup (1, +\infty)$,而 $\sqrt{\dfrac{\sqrt{x+1}}{\sqrt{x-1}}}$ 的定义域是 $(1, +\infty)$.

(C); $(\sqrt{1-x})^2$ 的定义域是 $(-\infty, 1]$,而 $\sqrt{(1-x)^2}$ 的定义域是全体实数.

5. (C);根据基本初等函数的性质和图形特点易判断,在 $(0, +\infty)$ 内只有选项(C)是正确的,所以选(C). 选项(A)是非单调的,选项(B)、(D)是单调减少的.

6. (D);根据奇函数的定义 $f(-x) = -f(x)$ 判断.

(A) $f(-x) = -x - x^2 \neq -f(x)$,　　　　　　(B) $f(-x) = \ln|-x| = \ln|x| \neq -f(x)$,

(C) $f(-x) = \begin{cases} x^2, x \geqslant 0, \\ x^2 - x, x < 0 \end{cases} \neq -f(x)$,　　　　(D) $f(-x) = \dfrac{a^{-x} + 1}{a^{-x} - 1} = \dfrac{1 + a^x}{1 - a^x} = -f(x).$

7. (B);(1) $f(-x) = \ln(\sqrt{1+x^2} + x) = \ln \dfrac{1}{\sqrt{1+x^2} - x} = -\ln(\sqrt{1+x^2} - x) = -f(x),$

所以为奇函数.

(2) $f(-x) = \mathrm{e}^{-x^2}\left(\dfrac{1}{a^{-x}+1} - \dfrac{1}{2}\right) = \mathrm{e}^{-x^2}\left(\dfrac{1}{\frac{1}{a^x}+1} - \dfrac{1}{2}\right) = \mathrm{e}^{-x^2}\left(\dfrac{1}{2} - \dfrac{1}{1+a^x}\right) = -f(x),$

所以为奇函数.

(3) $f(-x) = \sqrt[3]{-x}\,\dfrac{\mathrm{e}^{-x} - \mathrm{e}^x}{\mathrm{e}^{-x} + \mathrm{e}^x} = \sqrt[3]{x}\,\dfrac{\mathrm{e}^x - \mathrm{e}^{-x}}{\mathrm{e}^x + \mathrm{e}^{-x}} = f(x)$,所以为偶函数.

(4) $f(-x) = |-x+1| \neq -f(x) \neq f(x)$,所以为非奇非偶函数.

8.（C）；(1) $F(-x)=f(-x)\ln\dfrac{a+x}{a-x}=f(x)\left(-\ln\dfrac{a-x}{a+x}\right)=-F(x)$，所以为奇函数.

(2) $F(-x)=-\left|f(-x)\right|=-\left|f(x)\right|=F(x)$，所以为偶函数.

(3) $F(-x)=-f(-x)=-f(x)=F(x)$，所以为偶函数.

(4) $F(-x)=f(\mathrm{e}^{-x}-\mathrm{e}^{x})=f(\mathrm{e}^{x}-\mathrm{e}^{-x})=F(x)$，所以为偶函数.

9.（D）；当 $|x|\leqslant1$ 时，$f(x)-1\Rightarrow g(f(x))=g(1)=-2$.

当 $|x|>1$ 时，$f(x)=-1\Rightarrow g(f(x))=g(-1)=-2\Rightarrow g(f(x))=-2,x\in(-\infty,+\infty)$.

10. A；$F(-x)=f(-x)\left(\dfrac{1}{a^{-x}+1}-\dfrac{1}{2}\right)=-f(x)\left(\dfrac{a^{x}}{a^{x}+1}-\dfrac{1}{2}\right)=-f(x)\left(\dfrac{1}{2}-\dfrac{1}{a^{x}+1}\right)=$
$F(x)$，为偶函数.

## 习题 2.2

1.（1）0；（2）$\dfrac{1}{2}$；（3）1；（4）无极限；（5）1；（6）1.

2.（1）6；（2）$\dfrac{1}{2}$；（3）1；（4）2.

3.（1）分析：考查极限的四则运算以及数列求和技巧.

因为 $1+2+3+\cdots+n=\dfrac{n(n+1)}{2}$，所以原式 $=\lim\limits_{n\to\infty}\dfrac{n(n+1)}{2n^{k}}=\dfrac{1}{2}\lim\limits_{n\to\infty}\left(\dfrac{1}{n^{k-2}}+\dfrac{1}{n^{k-1}}\right)=$

$\begin{cases}0, & k>2,\\ \dfrac{1}{2}, & k=2,\\ +\infty, & k<2.\end{cases}$

（2）因为 $\dfrac{1}{4k^{2}-1}=\dfrac{1}{2}\left(\dfrac{1}{2k-1}-\dfrac{1}{2k+1}\right)(k=1,2,\cdots,n)$，所以 原式 $=\dfrac{1}{2}$
$\lim\limits_{n\to\infty}\left[\left(1-\dfrac{1}{3}\right)+\left(\dfrac{1}{3}-\dfrac{1}{5}\right)+\cdots+\left(\dfrac{1}{2n-1}-\dfrac{1}{2n+1}\right)\right]=\dfrac{1}{2}\lim\limits_{n\to\infty}\left(1-\dfrac{1}{2n+1}\right)=\dfrac{1}{2}$.

（3）原式 $=\lim\limits_{n\to\infty}\dfrac{\dfrac{1}{2}n(n+1)}{n^{2}}=\lim\limits_{n\to\infty}\left(\dfrac{1}{2}+\dfrac{1}{2n}\right)=\dfrac{1}{2}$.

（4）分析：若是求形如 $\lim\limits_{n\to\infty}a_{1}a_{2}\cdots a_{n}$ 型极限，常用化简技巧是先适当分解因子，然后约去公因子.

因为 $1-\dfrac{1}{k^{2}}=\dfrac{k-1}{k}\cdot\dfrac{k+1}{k}(k=2,\cdots,n)$，所以原式 $=\lim\limits_{n\to\infty}\left(\dfrac{1}{2}\times\dfrac{3}{2}\times\dfrac{2}{3}\times\dfrac{4}{3}\cdots\cdots\cdot\dfrac{n-1}{n}\cdot\dfrac{n+1}{n}\right)=$
$\lim\limits_{n\to\infty}\dfrac{n+1}{2n}=\dfrac{1}{2}$.

## 习题 2.3

1.（1）$-3$；（2）2；（3）3；（4）1.

2. $(1)\dfrac{1}{2}$;$(2)0$;$(3)1$;$(4)\infty$.

3. $(1)\ \dfrac{1}{2}$;$(2)w$;$(3)\dfrac{3}{2}$;$(4)\ \dfrac{\alpha}{\beta}(\beta\neq 0)$.

4. $(1)e^{-1}$;$(2)e^{-2}$;$(3)e$;$(4)e^{2}$

5. $a=1,b=-2.$ 提示:由极限为$\dfrac{0}{0}$型知,分子的极限$\lim\limits_{n\to 1}(x^{2}+ax+b)=1+a+b=0,$

$b=-1-a.$ 于是$I=\lim\limits_{x\to 1}\dfrac{x^{2}+ax-a-1}{x-1}=\lim\limits_{x\to 1}\dfrac{(x-1)(x+a+1)}{x-1}=a+2=3,a=1,b=-2.$

## 习题 2.4

1. (1)无穷小量;(2)非无穷小量,也非无穷大量;(3)无穷大量;(4)无穷小量.

2. (1) 当 $x\to 1$ 时为无穷小量,当 $x\to\infty$ 时为无穷大量.

(2) 当 $x\to 0$ 时为无穷小量,当 $x\to\infty$ 时为无穷大量.

(3) 当 $x\to-\infty$ 时为无穷小量,当 $x\to+\infty$ 时为无穷大量.

(4) 当 $x\to\infty$ 时为无穷小量,当 $x\to 2$ 时为无穷大量.

3. $x^{3}-x^{2}$ 为高阶无穷小.

4. 同阶且等价.

6. $(1)\ 1$;$(2)\ \dfrac{3}{2}$;$(3)\ 1$;$(4)\ \dfrac{1}{2}$.

## 习题 2.5

1. 连续区间为$(-\infty,-3),(-3,2),(2,+\infty),\lim\limits_{x\to 0}f(x)=\dfrac{1}{2},\lim\limits_{x\to-3}f(x)=-\dfrac{8}{5}.$

2. (1)连续.(2)第一类间断点,且为跳跃间断点.

3. 令 $f(x)=x-a\sin x-b$,显然,$f(0)=-b<0$,又 $f(a+b)=a+b-a\sin(a+b)-b=$ $a[1-\sin(a+b)]\geqslant 0.$

(1)若$f(a+b)=0$,即 $a+b$ 是 $f(x)$ 的零点,也是方程 $x=a\sin x+b$ 的根,此时得证.

(2)若$f(a+b)\neq 0$,必有$f(a+b)>0$,因为$f(x)$ 在 $[0,a+b]$ 上是连续的,所以由零点定理,至少 $\xi\in(0,a+b)$,使得$f(\xi)=0$,即 $\xi$ 为 $x=a\sin x+b$ 的根,所以此时也得证.

4. (1);1(2) 3.

## 习题 3.1

1. 排除法:即说明 A,B,C 中的三个命题都正确

由$\lim\limits_{x\to 0}\dfrac{f(x)}{x}$存在,且其分母趋于零,则$\lim\limits_{x\to 0}f(x)=0$,又$f(x)$ 在 $x=0$ 处连续,则$\lim\limits_{x\to 0}f(x)=$ $f(0)=0$,则 A 中命题正确,同理可说明 B 中命题正确.

由$\lim\limits_{x\to 0}\dfrac{f(x)}{x}=0$,知$f(0)=0$,则

$$\lim_{x\to 0}\frac{f(x)}{x}=\lim_{x\to 0}\frac{f(x)-f(0)}{x}=f'(0)=0,$$

从而（C）中命题也正确. 故应选（D）.

2. (1) 2; (2) 5; (3) $\dfrac{1}{3}$; (4) $\dfrac{1}{2}$; (5) $-\dfrac{\sqrt{3}}{2}$; (6) $\dfrac{1}{4\ln 5}$.

3. (1) $x-4y+4=0, 4x+y-18=0$;      (2) $2x-y+3=0, x+2y-1=0$.

4. (1) 连续, 不可导; (2) 连续, 可导.

5. (A); $f(x)$ 在 $x=1$ 点连续 $\Rightarrow \lim\limits_{x\to 1^+}f(x)=e, \lim\limits_{x\to 1^-}f(x)=a+b \Rightarrow a+b=e, \cdots (1).$ $f'_-(1)=$
$\lim\limits_{x\to 1^-}(ax^2+b)'=2a, f'_+(1)=\lim\limits_{x\to 1^+}(e^{\frac{1}{x}})'=-e \Rightarrow -e=2a\cdots(2).$

## 习题 3.2

1. (1) $2e^x-\dfrac{35}{x^8}$; (2) $2^x\ln 2+2x$; (3) $\operatorname{arccot} x-\dfrac{x}{1+x^2}$; (4) $\dfrac{2+\ln x}{2\sqrt{x}}-\dfrac{1}{\sqrt{1-x^2}}$;

(5) $-\dfrac{5}{(x+2)^2}$; (6) $\tan x+x\sec^2 x+\dfrac{1}{x}\csc^2 x+\dfrac{\cot x}{x^2}$; (7) $\dfrac{\sin x-x}{1-\cos x}$;

(8) $xe^x\left(2\log_3 x+x\log_3 x+\dfrac{1}{\ln 3}\right)$; (9) $\dfrac{-2\csc x[\cot x\cdot(1+x^2)+2x]}{(1+x^2)^2}$;

(10) $-\dfrac{1+x}{\sqrt{x}(1-x)^2}$.

2. (1) $-6(2-3x)$; (2) $-2xe^{-x^2}$; (3) $3\sec^3 x\cdot\tan x$; (4) $-3x^2(\csc x^3)^2$; (5)
$-\dfrac{\sin\ln x}{x}$;

(6) $\dfrac{1}{(1-x)\sqrt{1-x^2}}$; (7) $\dfrac{-1}{2(2-x)\sqrt{1-x}}$; (8) $-\dfrac{e^{\arccos\sqrt{x}}}{2\sqrt{x(1-x)}}$; (9) $-\dfrac{2}{x^2}\cdot\tan\dfrac{1}{x}\cdot$

$\sec^2\dfrac{1}{x}$; (10) $2e^{2x}\sin 2e^{2x}$; (11) $\dfrac{1}{x\ln x\cdot\ln(\ln x)}$; (12) $\dfrac{1}{\sqrt{a^2+x^2}}$; (13) $6x(\sin x^2)^2\cos x^2$;

(14) $-\dfrac{1}{2}e^{-\frac{x}{2}}\sin 2x+2e^{-\frac{x}{2}}\cos 2x$; (15) $n\cos^{n-1}x\cos(n+1)x$; (16) $\dfrac{1}{x(1+\ln^2 x)}+$

$\dfrac{1}{(1+x^2)\arctan x}$.

3. (1) $e^{f(x)}f(x)f'(x)[2+f(x)]$; (2) $\dfrac{1}{1+x^2}f'\left(\operatorname{arccot}\dfrac{1}{x}\right)$.

4. $\dfrac{3\pi}{4}$.

## 习题 3.3

1. (1) $\dfrac{x^2-2xy}{x^2-y^2}$;                        (2) $\dfrac{e^x-y}{e^y+x}$;

(3) $\dfrac{e^{x+y} - y}{x - e^{x+y}}$;　　　　　　　(4) $\dfrac{(3x^2y + \cos x)(x^2 + y) - 2x}{1 - x^3(x^2 + y)}$.

2. (1) $(\cos x)^{\sin x}\left[\cos x \cdot \ln(\cos x) - \dfrac{\sin^2 x}{\cos x}\right]$;

　(2) $\dfrac{(3x - 5) \cdot \sqrt[3]{x - 2}}{\sqrt{x + 1}}\left[\dfrac{3}{3x - 5} + \dfrac{1}{3(x - 2)} - \dfrac{1}{2(x + 1)}\right]$;

　(3) $\dfrac{(x + 1)^2\sqrt{x - 3}}{e^x(3x + 2)}\left[\dfrac{2}{x + 1} + \dfrac{1}{2(x - 3)} - \dfrac{3}{3x + 2} - 1\right]$;

　(4) $\dfrac{1}{3}\sqrt[3]{\dfrac{x(x - 1)}{(x - 2)(x - 3)}}\left(\dfrac{1}{x} + \dfrac{1}{x - 1} - \dfrac{1}{x - 2} - \dfrac{1}{x - 3}\right)$;

　(5) $\dfrac{(\ln x + 2)x^{\sqrt{x}}}{2\sqrt{x}}$;

　(6) $\dfrac{\sqrt{x}(1 + \sqrt{2x})(1 + \sqrt{3x}) + \sqrt{2x}(1 + \sqrt{x})(1 + \sqrt{3x}) + \sqrt{3x}(1 + \sqrt{x})(1 + \sqrt{2x})}{2x}$.

3. $3x + 2y - 6\sqrt{2} = 0, 4x - 6y + 5\sqrt{2} = 0$.

4. $x + y - 2 - e = 0$.

5. (1) $\dfrac{1 - \sin t}{2}$; (2) $\dfrac{\sin t + \cos t}{-\sin t + \cos t}$; (3) $\dfrac{3}{2}(1 + t)$; (4) $\dfrac{e^t}{\ln t + 1}$.

## 习题 3. 4

1. (1) $12x - \dfrac{1}{x^2}$; (2) $2\sec^2 x\tan x$; (3) $2\arctan x + \dfrac{2x}{1 + x^2}$;

　(4) $2xe^x(3 + 2x^2)$; (5) $-\dfrac{x}{(x^2 + 1)^{\frac{3}{2}}}$;

　(6) $\dfrac{2x}{(1 - x^2)^2} + \dfrac{(1 + 2x^2)\arcsin x + x\sqrt{1 - x^2}}{(1 - x^2)^{\frac{5}{2}}}$.

2. (1) $2f'(x^2) + 4x^2f''(x^2)$;　　　(2) $e^{-x}f'(e^{-x}) + e^{-2x}f''(e^{-x})$;

　(3) $\dfrac{f''(\ln x)}{x^2} - \dfrac{f'(\ln x)}{x^2}$;　　　(4) $\dfrac{f''(x)f(x) - (f'(x))^2}{f^2(x)}$.

3. (1) $-\dfrac{1}{y^3}$; (2) $\dfrac{2y}{x^2}$; (3) $\dfrac{e^{2y}(3 - y)}{(2 - y)^3}$; (4) $\dfrac{2(x^2 + y^2)}{(x - y)^3}$.

4. (1) $\dfrac{1}{t^3}$; (2) $-\dfrac{1}{4a\sin^4\dfrac{t}{2}}$.

5. 略.

6. (1) 6;　　　　　　　　　(2) $\dfrac{93}{4}$;

(3) $\dfrac{6! \cdot 2^6}{(1+2x)^7}$;　　　　　　(4) $e^x(x^2+48x+551)$.

7. (1) $ne^x+xe^x$;　　　　　(2) $2^{n-1}\sin\left(2x+\dfrac{\pi}{2}(n-1)\right)$;

(3) $(-1)^{n-1}\dfrac{1}{3}(n-1)!\left[(1+x)^{-n}-(x-2)^{-n}\right]$;

(4) $\dfrac{(a-b)^n}{2}\cos\left((a-b)x+\dfrac{n}{2}\pi\right)-\dfrac{(a+b)^n}{2}\cos\left((a+b)x+\dfrac{n}{2}\pi\right)$.

## 习题 3.5

1. (1) $\dfrac{x}{\sqrt{2+x^2}}dx$;　　　　　(2) $2x(\sin 2x+x\cos 2x)dx$;

(3) $\dfrac{x(2\ln x-1)}{\ln^2 x}dx$;　　　　　(4) $a^x\ln a\cot a^x dx$;

(5) $-\dfrac{2x}{1+x^4}dx$;　　　　　(6) $\cos xf'(\sin x)dx$;

(7) $-e^{-x}f'(e^{-x})dx$;　　　　　(8) $\left[f'(e^x)e^x e^{f(x)}+e^{f(x)}f'(x)f(e^x)\right]dx$.

2. 0.75.

3. (1) $\sin 2x+C$;　　　　　(2) $\sec x+C$;

(3) $\dfrac{2}{3b}(a+bx)^{3/2}+C$;　　(4) $\dfrac{1}{2}\ln^2 x+c$.

4. (1) $dy=\dfrac{3x^2y^2 dx}{4y^3\cos y^4-2x^3y}$;　(2) $dy=\dfrac{1}{(x+y)^2}dx$;

(3) $dy=\dfrac{x+y}{x-y}dx$;　　　　　(4) $dy=\dfrac{x\ln y-y}{y\ln x-x}\cdot\dfrac{y}{x}dx$.

5. (1) $-\dfrac{1}{2}dx$;　　　(2) $\dfrac{2e^2}{e^2+1}dx$;　　　(3) $-\dfrac{89\sqrt{2}}{192}dx$.

## 习题 4.1

1. (1)满足, $\xi=\dfrac{1}{4}$;　　(2)满足, $\xi=0$.

2. (1)满足, $\xi=\dfrac{5-\sqrt{43}}{3}$;　(2)满足, $\xi=e-1$.

3. 满足, $\xi=\dfrac{14}{9}$.

4. 取函数 $f(x)=\arcsin x+\arccos x, x\in[-1,1]$. 因

$$f'(x)=\dfrac{1}{\sqrt{1-x^2}}-\dfrac{1}{\sqrt{1-x^2}}\equiv 0,$$

故 $f(x) \equiv C.$ 取 $x = 0,$ 得 $f(0) = C = \dfrac{\pi}{2}.$ 因此 $\arcsin x + \arccos x = \dfrac{\pi}{2}, x \in [-1, 1].$

## 习题 4.2

1. $(1)\,5;(2)\,0;(3)\,1;(4)\,\dfrac{1}{3}a^{-\frac{2}{3}};(5)\,-4;(6)\,0;(7)\,\dfrac{1}{6}.$

2. $(1)+\infty;(2)\,\dfrac{1}{2};(3)\,\dfrac{1}{2};(4)\,\mathrm{e};(5)\,\mathrm{e};(6)\,1.$

3. $\lim\limits_{x \to \infty}\dfrac{x - \sin x}{x + \sin x} = 1,$ 但不能用洛必达法则.

## 习题 4.3

1. (1) 在 $(-\infty, -1)$ 及 $(3, +\infty)$ 内单调增加,在 $(-1, 3)$ 内单调减少;

   (2) 在 $(-\infty, +\infty)$ 内单调增加;

   (3) 在 $\left(0, \dfrac{1}{2}\right)$ 内单调减少,在 $\left(\dfrac{1}{2}, +\infty\right)$ 内单调增加;

   (4) 在 $(-\infty, -2)$ 及 $(2, +\infty)$ 内单调增加,在 $(-2, 0)$ 及 $(0, 2)$ 内单调减少;

   (5) 在 $(-\infty, -2)$ 及 $(0, +\infty)$ 内单调增加,在 $(-2, 0)$ 内单调减少;

   (6) 在 $(0, n)$ 内单调增加,在 $(n, +\infty)$ 内单调减少;

   (7) 在 $(-\infty, +\infty)$ 内单调增加;

   (8) 在 $(-\infty, +\infty)$ 单调减少.

2. 略.

3. (1) 极小值 $f(0) = 0;$ (2) 极大值 $f(0) = 1,$ 极小值 $f(2) = -7;$

   (3) 极大值 $f(-1) = -2,$ 极小值 $f(1) = 2;$ (4) 极大值 $f(\mathrm{e}^2) = \dfrac{4}{\mathrm{e}^2},$ 极小值 $f(1) = 0;$

   (5) 极大值 $f\left(\dfrac{3}{2}\right) = \dfrac{27}{16};$ (6) 极大值 $f(1) = \dfrac{\pi}{4} - \dfrac{1}{2}\ln 2;$

   (7) 极大值 $f(2) = \dfrac{4}{\mathrm{e}^2},$ 极小值 $f(0) = 0;$ (8) 极大值 $f(-1) = 1,$ 极小值 $f(0) = 0.$

4. (1) 最大值 $y(4) = 80,$ 最小值 $y(-1) = -5;$

   (2) 最大值 $y\left(\dfrac{3}{4}\right) = 1.25,$ 最小值 $y(-5) = -5 + \sqrt{6};$

   (3) 最大值 $y(2) = \ln 5,$ 最小值 $y(0) = 0;$

   (4) 最大值 20,最小值 0.

## 习题 4.4

1. (1) $(-\infty, -1)$ 上为凹;$(-1, 1)$ 上为凸;$(1, +\infty)$ 上为凹;拐点为 $(-1, \ln 2), (1, \ln 2);$

   (2) $(-\infty, 0)$ 上为凹;$(0, +\infty)$ 上为凸;拐点为 $(0, 0).$

2. $a = -1.5, b = 4.5.$

3.（1）无水平渐近线,铅垂渐近线为 $x = \dfrac{1}{2}$,斜渐近线为 $y = \dfrac{x}{2} + \dfrac{1}{4}$.

（2）无水平渐近线,铅垂渐近线为 $x = -\dfrac{1}{e}$,斜渐近线为 $y = x + \dfrac{1}{e}$.

4.（1）定义域为 $(-\infty, +\infty)$,函数为奇函数,图形关于原点对称,故可以先画出函数在 $(0, +\infty)$ 内的图形.

$$f'(x) = \frac{1 - x^2}{(1 + x^2)^2}, f''(x) = \frac{2x(x^2 - 3)}{(1 + x^2)^3}.$$

（2）在区间 $[0, +\infty)$ 内,$f'(x) = 0$ 的根为 $x_1 = 1$;$f''(x) = 0$ 的根为 $x_2 = 0, x_3 = \sqrt{3}$.

（3）列表分析如下:

| $x$ | 0 | $(0,1)$ | 1 | $(1,\sqrt{3})$ | $\sqrt{3}$ | $(\sqrt{3}, +\infty)$ |
|---|---|---|---|---|---|---|
| $f'(x)$ | + | + | 0 | − | − | − |
| $f''(x)$ | 0 | − | − | − | 0 | + |
| $f(x)$ | 拐点 | ↗ | 极大值 | ↘ | 拐点 | ⌣ |

所以,极大值 $f(1) = \dfrac{1}{2}$,拐点 $(0,0)$,$\left(\sqrt{3}, \dfrac{\sqrt{3}}{4}\right)$.

（4）因为 $\lim\limits_{x \to \infty} f(x) = 0$,所以曲线有水平渐近线 $y = 0$.

（5）综合上述分析,先画出函数在 $[0, +\infty)$ 上的图形,再利用对称性,画出函数 $y = \dfrac{x}{1 + x^2}$. 在 $(-\infty, 0]$ 上 的图形,从而得到定义域 $(-\infty, +\infty)$ 内的图形.

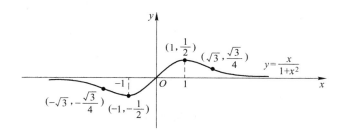

## 习题 4.5

1.（1）$x^2(3 - x)e^{-x}, (3 - x)$;（2）$\dfrac{(2x - 1)e^2}{x^2}, 2x - 1$;

（3）$x^2(3 - 5x)e^{-5(x+4)}, 3 - 5x$;（4）$a^x \ln a, x \ln a$.

2.（1）$5 - 0.006Q$;（2）2;（3）$-\dfrac{1}{2}$.

3.（1）5.5 元;（2）18 元.

4.（1）$10Q e^{-\frac{Q}{2}}, 10e^{-\frac{Q}{2}}, 5(2 - Q)e^{-\frac{Q}{2}}$;（2）$20e^{-1}, 10e^{-1}, 0$.

5. $-Q^2+38Q-100, 19.$

6. $-10$, 经济意义是, 价格为 5 时, 价格上涨(下降)1 个单位, 需求量将减少(增加)10 个单位.

7. 产量为 $Q = 20$ 时利润最大, 最大利润为 2346 元.

8. (1) 当产量为 $Q^* = \dfrac{50 - t}{4}$ 时, 企业利润最大;

    (2) 政府对每件商品征收销售税 $t = 25$ 时, 在企业获得最大利润的情况下, 总税额最大.

9. $Q = 400.$

## 习题 5.1

1. (1) $\dfrac{4}{7}x^{\frac{7}{4}}+C$;
                  (2) $8x - 6x^2 + 2x^3 - \dfrac{1}{4}x^4 + C$;

  (3) $\dfrac{2}{3}x^{\frac{3}{2}} - \ln|x| - 2x^{-\frac{1}{2}} + C$;
   (4) $\dfrac{2}{5}x^{\frac{5}{2}} + x - \dfrac{1}{2}x^2 - 2\sqrt{x} + C$;

  (5) $-\cot x - \dfrac{1}{x} + C$;
        (6) $-\dfrac{1}{x} - \arctan x + C$;

  (7) $2\arcsin x + C$;
            (8) $3\arctan x - 2\arcsin x + C$;

  (9) $\dfrac{2^{2x} \cdot 3^x}{2\ln 2 + \ln 3} + C$;
      (10) $2x - \dfrac{5 \cdot \left(\dfrac{2}{3}\right)^x}{\ln 2 - \ln 3} + C$;

  (11) $e^x + x + C$;
            (12) $-\cot x - x + C$;

  (13) $\dfrac{1}{2}\tan x + C$;
          (14) $\sin x + \cos x + C$;

  (15) $-\tan x - \cot x + C$;
    (16) $\tan x - \sec x + C$.

2. $y = \sqrt{x} + 1$.

## 习题 5.2

1. (1) $-\dfrac{x^{n+1}}{\mu + 1} + C(\mu \neq -1)$, $-\ln|1 - x| + C(\mu = -1)$;  (2) $\dfrac{2}{9}(2 + 3x)^{\frac{3}{2}} + C$;

  (3) $\dfrac{1}{12}(1 + 2x^2)^3 + C$;   (4) $\dfrac{1}{2}\ln|2x - 1| + C$;   (5) $-\sqrt{1 - x^2} + C$;  (6) $\ln(1 + e^x) + C$;

  (7) $-\dfrac{1}{3}\cos(3x + 1) + C$;  (8) $\dfrac{1}{2(1 + \cos x)^2} + C$;  (9) $-e^{x^2} + C$;  (10) $-\dfrac{3^{-x}}{\ln 3} + C$;

  (11) $\cos \dfrac{1}{x} + C$;  (12) $\dfrac{1}{6}\arctan \dfrac{2}{3}x + C$;  (13) $\dfrac{-1}{\ln|x|} + C$;  (14) $-\sqrt{a^2 - x^2} + C$;

  (15) $\dfrac{1}{2}\arcsin x^2 + C$;  (16) $x - \ln(x + 1) + C$;  (17) $\dfrac{1}{4}\sin 2x - \dfrac{1}{8}\sin 4x + C$;

(18) $\dfrac{1}{12}\sin 6x + \dfrac{1}{8}\sin 4x + C$；(19) $\sin x - \cos x + C$；(20) $\dfrac{1}{5}\sec^3 x + C$；

(21) $\sqrt{2x} - \ln(1 + \sqrt{2x}) + C$；(22) $\dfrac{2}{3}e^{\sqrt[3]{x}} + C$；(23) $\dfrac{1}{4}\arcsin 2x + \dfrac{x}{2}\sqrt{1 - 4x^2} + C$；

(24) $-\dfrac{\sqrt{1 - x^2}}{x} + C$；(25) $\dfrac{x}{\sqrt{1 + x^2}} + C$；(26) $\sqrt{x^2 - 4} - 2\arccos\dfrac{2}{x} + C$；

(27) $\arctan e^x + C$.

## 习题 5.3

1. (1) $-\dfrac{1}{3}x\cos 3x + \dfrac{1}{9}\sin 3x + C$；　　　　　(2) $x^2\sin x + 2x\cos x - 2\sin x + C$；

(3) $\dfrac{xe^{2x}}{2} - \dfrac{e^{2x}}{4} + C$；　　　　　　　　(4) $-e^{-x}(x^3 + 3x^2 + 6x + 6) + C$；

(5) $\dfrac{1}{3}x^3\ln x - \dfrac{1}{9}x^3 + C$；

(6) $\dfrac{1}{3}x^3\arctan x - \dfrac{1}{6}x^2 + \dfrac{1}{6}\ln(1 + x^2) + C$；

(7) $x\arcsin x + \sqrt{1 - x^2} + C$；

(8) $\dfrac{1}{3}x^3\arccos x + \dfrac{1}{3}\left[-\sqrt{1 - x^2} + \dfrac{1}{3}(1 - x^2)^{\frac{1}{2}}\right] + C$；

(9) $\dfrac{e^x}{2}(\sin x - \cos x) + C$；

(10) $\dfrac{x}{2}[\sin(\ln x) + \cos(\ln x)] + C$；

(11) $\dfrac{2}{5}x^2\left[\sin(\ln x) - \dfrac{1}{2}\cos(\ln x)\right] + C$；

(12) $-\dfrac{1}{x}\arcsin x + \ln\left|\dfrac{1 - \sqrt{1 - x^2}}{x}\right| + C$；

(13) $x\ln(x + \sqrt{1 + x^2}) - \sqrt{1 + x^2} + C$；

(14) $x\arctan\sqrt{x} - \sqrt{x} + \arctan\sqrt{x} + C$；

(15) $x\ln\left|\dfrac{1 + x}{1 - x}\right| + \ln|1 - x^2| + C$；

(16) $\left(\dfrac{x^3}{3} + \dfrac{3x^2}{2} + x\right)\ln x - \left(\dfrac{x^3}{9} + \dfrac{3x^2}{4} + x\right) + C$；

(17) $x(\arcsin x)^2 + 2\sqrt{1 - x^2}\arcsin x - 2x + C$；

(18) $\dfrac{1}{2}(\sec x\tan x + \ln|\sec x + \tan x|) + C$；

(19) $-e^{-x}\ln(e^x + 1) - \ln(e^{-x} + 1) + C$；

$(20)\ 2x\sqrt{e^x-1}-4\sqrt{e^x-1}+4\arctan\sqrt{e^x-1}+C.$

2. $\dfrac{1}{4}\tan^4 x-\dfrac{1}{2}\tan^2 x-\ln|\cos x|+C.$

3. $2\ln x-\ln^2 x+C.$

## 习题 5.4

1. $(1)\ \dfrac{1}{3}x^3-\dfrac{3}{2}x^2+9x-27\ln|x+3|+C;$

$(2)\ \dfrac{1}{3}x^3+\dfrac{1}{2}x^2+x+8\ln|x|-4\ln|x+1|-3\ln|x-1|+C;$

$(3)\ \ln|x|-\dfrac{1}{2}\ln|1+x^2|+C;$   $(4)\ -\dfrac{1}{x-1}-\dfrac{1}{(x-1)^2}+C;$

$(5)\ 2\ln\left|\dfrac{x+3}{x+2}\right|-\dfrac{3}{x+3}+C;$

$(6)\ \dfrac{1}{2}\ln|x^2-1|+\dfrac{1}{x+1}+C;$

$(7)\ \ln|x+1|-\dfrac{1}{2}\ln|x^2-x+1|+\sqrt{3}\arctan\dfrac{2x-1}{\sqrt{3}}+C;$

$(8)\ \ln|x|-\dfrac{1}{2}\ln|x+1|-\dfrac{1}{4}\ln|x^2+1|-\dfrac{1}{2}\arctan x+C;$

$(9)\ 2\ln|x+2|-\dfrac{3}{2}\ln|x+3|-\dfrac{1}{2}\ln|x+1|+C.$

2. $(1)\ \dfrac{1}{\sqrt{2}}\arctan\dfrac{\tan\dfrac{x}{2}}{\sqrt{2}}+C;$   $(2)\ \dfrac{2}{\sqrt{3}}\arctan\dfrac{2\tan\dfrac{x}{2}+1}{\sqrt{3}}+C;$

$(3)\ \dfrac{\sqrt{3}}{6}\arctan\dfrac{\sqrt{3}\tan x}{2}+C;$   $(4)\ \dfrac{1}{2}(x+\ln|\cos x+\sin x|)+C.$

## 习题 6.1

1. $(1)\ \dfrac{b^2-a^2}{2};(2)\ e-1.$   2. 略.

3. $(1)\ 6\leqslant\displaystyle\int_1^4(x^2+1)\mathrm{d}x\leqslant 51;$   $(2)\ \pi\leqslant\displaystyle\int_{\frac{\pi}{4}}^{\frac{5}{4}\pi}(1+\sin^2 x)\mathrm{d}x\leqslant 2\pi;$

$(3)\ \dfrac{2}{5}\leqslant\displaystyle\int_1^2\dfrac{x}{1+x^2}\mathrm{d}x\leqslant\dfrac{1}{2};$   $(4)\ -2e^2\leqslant\displaystyle\int_2^0 e^{x^2-x}\mathrm{d}x\leqslant-2e^{-\frac{1}{4}}.$

4. $(1)\ \displaystyle\int_0^{\frac{\pi}{2}}x\mathrm{d}x$ 较大; $(2)\ \displaystyle\int_0^1 x^2\mathrm{d}x$ 较大; $(3)\ \displaystyle\int_1^2\ln x\mathrm{d}x$ 较大; $(4)\ \displaystyle\int_0^1 e^x\mathrm{d}x$ 较大.

## 习题 6.2

1. $(1)\ \arctan x^2;(2)\ -xe^{-x};(3)\ \dfrac{2x}{\sqrt{1+x^4}};(4)\ 3x^2 e^{x^3}-2xe^{x^2}.$

180

2. $-2$.

3. $(1) 6$;　　$(2) \dfrac{21}{8}$;　　$(3) \dfrac{271}{6}$;　　$(4) 1 + \dfrac{\pi}{4}$;

　　$(5) \dfrac{\pi}{3}$;　　$(6) \dfrac{\pi}{3a}$;　　$(7) 1 - \dfrac{\pi}{4}$;　　$(8) 4$.

4. $\dfrac{2}{3} + e^3 - e$.

5. $(1) \dfrac{1}{2}$;　　$(2) 1$;　　$(3) 1$;　　$(4) 12$.

6. $f(x)$.

习题 6.3

1. $(1) \pi - \dfrac{4}{3}$; $(2) 2\left(1 + \ln \dfrac{2}{3}\right)$; $(3) (\sqrt{3} - 1)|a|$; $(4) 2(\sqrt{3} - 1)$; $(5) \dfrac{3}{2}$; $(6) -\dfrac{1}{8}(\ln 2)^2$.

2. $(1) 0$; $(2) \dfrac{3}{2}\pi$; $(3) \dfrac{\pi^3}{324}$; $(4) 0$.

3. 略.

4. $(1) 1 - \dfrac{2}{e}$; $(2) \pi$; $(3) \dfrac{1}{2} - \dfrac{3}{4e^2} + \dfrac{3}{4}e^4$; $(4) -\dfrac{1}{2} + \dfrac{5}{2}e^2$; $(5) 1$; $(6) \dfrac{\sqrt{2}}{24}\pi + \dfrac{1}{3} + \dfrac{2}{9}\sqrt{2}$.

习题 6.4

1. $(1)\ \dfrac{1}{2\sqrt{3}}\arctan \dfrac{2\tan x}{\sqrt{3}} + C$;　　　　$(2)\ \tan \dfrac{x}{2} + \ln\left(1 + \tan^2 \dfrac{x}{2}\right) + C$;

　$(3)\ \dfrac{1}{2}\sec\tan x - \dfrac{1}{2}\ln|\sec x + \tan x| + C$;　$(4)\ \ln(1 + \sin x) + C$;

　$(5)\ x - \dfrac{1}{\sqrt{2}}\arctan(\sqrt{2}\tan , x) + C$;　　　$(6)\ \dfrac{1}{\sqrt{5}}\arctan \dfrac{3\tan \dfrac{x}{2} + 1}{\sqrt{5}} + C$.

2. $c = \dfrac{5}{2}$.

习题 6.5

1. $(1) \dfrac{10}{3}$;　　$(2) \dfrac{8}{3}$;　　$(3) 5(\sqrt{5} - 1)$.

2. $(1)\ V_x = 7.5\pi, V_y = 24.8\pi$; $(2)\ V_x = \dfrac{128}{7}\pi, V_y = \dfrac{64}{5}\pi$.

3. $50, 100$.

4. 最佳的销售量 $q = 11$, 最大利润为 $666\dfrac{1}{3}$.

5. $V_x = \dfrac{1}{4}\pi^2, V_y = 2\pi$.

## 习题 7. 1

1. (1) 一阶;(2) 二阶;(3) 三阶;(4) 二阶.

2. 略.

3. (1) $x^2 - 4y^2 = -4$;    (2) $y = xe^{2x}$;      (3) $y = 5\cos 2x$.

4. $\dfrac{dy}{dx} = xy$.

## 习题 7. 2

1. (1) $(1 - x)(1 + y) = c$;      (2) $(1 + x^2)(1 + 2y) = c$;

   (3) $\ln^2 x + \ln^2 y = c$;      (4) $x^2 + y^2 = 25$.

2. (1) $y = e^{-x^2}\left(C + \dfrac{x^2}{2}\right)$;      (2) $y = \cos x(C - 2\cos x)$;

   (3) $y = \dfrac{x}{2}(\ln x)^2 + Cx$;      (4) $y = \dfrac{e^{-x}}{x}(C + x^3)$;

   (5) $x = y^3\left(\dfrac{1}{2y} + C\right)$.

3. (1) $y = \sin x + 2\cos x$;      (2) $y = 1 - \sin x$.

4. $y(x) = e^x(x + 1)$.

## 习题 7. 3

1. (1) $y = x\arctan x - \ln\sqrt{1 + x^2} + C_1 x + C_2$; (2) $y = x^3 + \sin x + C_1 x + C_2$;

   (3) $y = \dfrac{3}{8}x^3 + C_1 x + C_2$; (4) $y = -\dfrac{x^2}{2} - x + C_1 e^x + C_2$; (5) $y = C_1\left(x + \dfrac{1}{3}x^3\right) + C_2$;

   (6) $y = -\ln|\cos(x + C_1)| + C_2$; (7) $y = \arcsin(C_2 e^x) + C_1$;

   (8) $(y - 1)^3 = C_1 x + C_2$.

2. (1) $y = e^x - ex$; (2) $y = \dfrac{1}{6}x^3 - \sin x + 2x + 1$; (3) $y = -\dfrac{x^2}{2} - x + e^x - 1$;

   (4) $y = \ln\sec x$; (5) $y = \sqrt{2x - x^2}$; (6) $y = -\ln|x + 1| + 1$.

## 习题 7. 4

1. (1) $y = C_1 + C_2 e^{6x}$;      (2) $y = (C_1 + C_2 x)e^{3x}$;

   (3) $y = C_1\cos 4x + C_2\sin 4x$; (4) $y = e^{-3x}(C_1\cos 2x + C_2\sin 2x)$;

   (5) $y = C_1 e^{\frac{x}{2}} + C_2 e^x$;      (6) $y = (C_1 + C_2 x)e^{-\frac{x}{2}}$.

2. (1) $y = 4e^x + 2e^{3x}$;      (2) $y = \left(1 + \dfrac{7}{3}x\right)e^{3x}$;      (3) $y = \cos 2x + 2\sin 2x$.

3. $y'' - 6y' + 13y = 0$,通解 $y = e^{3x}(C_1\cos 2x + C_2\sin 2x)$.

4. (1) $y^* = a$; (2) $y^* = ax$; (3) $y^* = (ax + b)e^{2x}$; (4) $y^* = x^2(ax + b)e^{3x}$;

   (5) $y^* = a\cos\sqrt{3}x + b\sin\sqrt{3}x$; (6) $y^* = x(a\cos\sqrt{3}x + b\sin\sqrt{3}x)$.

5. (1) $y = C_1 e^{-x} + C_2 e^{-4x} + 2 - x$; (2) $y = (C_1 + C_2 x) e^{-x} + \dfrac{5}{2} x^2 e^{-x}$;

(3) $y = C_1 e^x + C_2 e^{-2x} + \dfrac{2}{3} x e^x$; (4) $y = C_1 + C_2 e^x + \dfrac{7}{2} e^{-x}$;

(5) $y = (C_1 + C_2 x) e^{2x} + \dfrac{1}{16} e^{-2x}$; (6) $y = (C_1 + C_2 x) e^{2x} + \dfrac{1}{2} x^3 e^{2x}$;

(7) $y = C_1 \cos 2x + C_2 \sin 2x - x\cos 2x$; (8) $y = C_1 e^x + C_2 e^{-x} - 2\sin x$.

# 参 考 文 献

[1] 习近平 . 习近平谈治国理政:第二卷[M]. 北京:外文出版社,2017.

[2] 康永强,陈燕燕 . 应用数学与数学文化[M]. 2 版 . 北京:高等教育出版社,2019.

[3] 陆全,冯晓慧 . 高等数学[M]. 西安:西北大学出版社,2015.

[4] 尹志平 . 高等数学[M]. 成都:西南交通大学出版社,2018.

[5] 史悦,李晓莉 . 高等数学[M]. 北京:北京邮电大学出版社,2020.

[6] 王德印,崔永新 . 高等数学[M]. 北京:中国传媒大学出版社,2010.

[7] 胡先富 . 高等数学[M]. 成都:电子科技大学出版社,2009.

[8] 铁军,李强 . 考研数学新典型 1000 题精编[M]. 北京:人民日报出版社,2006.

[9] 同济大学数学系 . 高等数学:上册 [M]. 7 版 . 北京:高等教育出版社,2014.

[10] 同济大学数学系 . 高等数学:下册 [M]. 7 版 . 北京:高等教育出版社,2014.